Historical

Architecture

in

Inner Mongolia

内蒙古历史建筑

贺龙　编著

中国建筑工业出版社
CHINA ARCHITECTURE & BUILDING PRESS

序

应贺龙老师盛情邀请，我欣然接受了本书序言部分的写作任务。虽然本书的编写本人并未直接参与，但对本书整个产生的过程，却是最了解不过了。

贺龙在教学科研之余，多年来一直随我参与各类社会建筑项目实践。于我而言，除了希望青年老师们能在社会实践中发挥自己的专业所长之外，更多意义上，希望他们能在社会实践中，更准确地捕捉到贴合实际的研究素材与问题，从而反哺于自己的教学和科研。甚是欣慰的是，贺龙在这方面的表现，完全验证了我设想的正确性：通过多年的项目实践，贺龙不仅在建筑设计能力方面有了快速的进步，同时结合实践，逐渐形成了对地域建筑设计方法的研究兴趣。

本书的成形，同样是积淀于社会实践基础之上的：多年历史建筑保护与利用的实践经验，促成了团队能够参与包头市历史建筑普查与认定工作的机会，贺龙作为这项工作的具体负责人，深入参与了整个普查与认定工作的各个环节，从而形成了较为系统的历史建筑认知，在此基础上，又参与完成了呼和浩特市历史建筑普查与认定的工作。至此，内蒙古历史建筑两个最为典型区域的建筑信息已全面掌握，作为一个研究领域的拓展，再没有比这更完美的开始了。因此，随着内蒙古自治区整体历史建筑普查与认定工作的完成，贺龙带领研究团队进一步完成了内蒙古自治区历史建筑的全面调研，以此作为下一步研究的基础。

在这样一个研究节点上，之所以鼓励贺龙出版此书，主要还有以下几个方面的考虑：

1. 警示

事实上，目前内蒙古历史建筑的价值并未得到社会上应有的认可，保护利用工作的缺失，致使内蒙古历史建筑正面临着快速消亡的威胁。本书出版之所以紧迫，在于希望通过本书，尽早促进社会认识的觉醒。

2. 自审

对于历史建筑的研究，本书可理解为前期基础研究工作结束的节点。本书的编写工作，实际是前期研究工作的自我审视，在此基础上系统性地查缺补漏，才可以更好地支撑下一步研究工作的深入开展。

3. 共享

我始终相信，研究不是独立个体的事情，及时地公开内蒙古历史建筑的基础信息，供相关研究学者来批评与借鉴，是历史建筑研究领域共同进步的一个最好状态。

最后，希望本书的出版，成为内蒙古历史建筑研究工作一个美好的开始！

2019 年 11 月 20 日

前言

历史建筑承载着不可再生的历史信息和宝贵的文化资源，具有重要的历史价值。为贯彻中央、国务院关于历史文化街区划定和历史建筑确定工作的有关精神，依据内蒙古自治区住房和城乡建设厅、文物局《关于开展全区历史文化街区、历史建筑普查工作的通知》（内建规〔2016〕182号）的工作任务，内蒙古各盟市政府首次开展了历史文化街区、历史建筑的普查与认定工作，并于2018年3月开始，各地区陆续公布了历史建筑名单。这批历史建筑的公布，及时地将内蒙古地区一大批亟待保护与利用的建筑从法规层面予以了认定。

相比于其他省份，内蒙古各地区政府历史建筑的普查工作尚存在一定的经验不足的地方，最终表现为历史建筑的基本信息不尽完善和全面，对下一步内蒙古地区历史建筑保护与利用工作还缺乏有效的指导。

基于此，笔者在前期内蒙古各地区历史建筑普查工作的基础上，对已经公布的历史建筑进行二次的调研与整理，旨在进一步补充和完善历史建筑的基础信息，建立相对深入与完整的内蒙古历史建筑档案。

另外，笔者有幸参与了呼和浩特市与包头市的历史建筑普查与认定工作，其间深刻体会到历史建筑保护利用与城市建设发展之间存在着千丝万缕的制约与促进关系。因此，如何科学客观地树立历史建筑的价值观，制定有效的认定、保护与利用措施，也成为本书重点探讨的内容之一。

本书内容共成分为四个部分：

第一部分为综述篇，对历史建筑的基本概念、评定方式、保护利用研究进行了整体总结，并对内蒙古地区历史建筑的总体分布规律、类型特征等进行了宏观的分析与整理。

第二部分至第四部分为内蒙古中部、西部和东部三个地区的历史建筑介绍。每一部分设置三个章节，三个章节的内容分别为：地区历史建筑的总体特征总结；代表性历史建筑信息的系统梳理与展示；其他历史建筑信息的档案化整理。

本书的作用，除了在于健全内蒙古历史建筑档案信息之外，对于内蒙古的建筑工作者，本书还希望至少具有以下两个方面的意义：

1. 历史建筑的保护与利用是所有工作的最终指向，本书的编写出版仅仅是一个基础性的开端。希望本书所展现的内蒙古历史建筑的文化价值和保护现状，可以起到一定的宣传与推动作用，作为推动下一步保护与利用工作的源动力。

2. 内蒙古历史建筑是内蒙古近代建筑发展的一个典型缩影，代表了当时最为优秀的建筑技艺和文化价值，希望本书的建筑信息能成为挖掘和总结前人建造智慧和哲学思想的现实研究标本。

本书的编写团队来自于内蒙古工业大学地域建筑研究所，研究所曾完成过《中国传统建筑解析与传承　内蒙古卷》、《内蒙古藏传佛教建筑》、《内蒙古古建筑》等图书的编著工作，对内蒙古地区建筑的发展脉络有着较为深入的理解，为本书的编撰提供了较好的指导，在此对上述研究同仁们表示感谢。

同时，本书的编写工作能在有限的时间内顺利完成，还有赖于全体编委的热情和执着。具体编撰分工如下：

贺　龙：大纲和内容的策划、全文审定、第一部分的编写、第二部分至第四部分的“地区历史建筑总体概述”编写以及呼和浩特市、包头市历史建筑基础档案的整理。

马德宇：内蒙古东部地区与部分中部地区历史建筑的调研、拍照。

吕　保：内蒙古东部地区与部分中部地区历史建筑的基本信息整理。

张黎曼：内蒙古东部地区与部分中部地区历史建筑的总图绘制与页面编排。

任赫龙：内蒙古西部地区与部分中部地区历史建筑的调研、拍照。

耿　雨：内蒙古西部地区与部分中部地区历史建筑的基本信息整理。

陈斯莹：内蒙古西部地区与部分中部地区历史建筑的总图绘制与页面编排。

张文俊：各地区历史建筑前期基本信息的收集整理、第二部分至第四部分历史建筑信息的审核。

张鹏举：特约审稿和序言的编写。

另，李铸、郝占国、李超明为本书的编写提供了相关资料和设备上的支持。

对他们付出的劳动表示感谢。

在本书编写过程中，参考了大量国内外相关历史建筑的研究成果，在本书中进行了逐一引注。在此，对前人的研究献上由衷的敬意。

需要特别说明的是，这项工作得到了内蒙古自治区住房和城乡建设厅有关领导和各盟市规划部门的指导与帮助，也在此对他们的肯定和支持表示由衷的感谢！

贺 龙

2019 年 9 月 20 日

目录

第三部分　西部地区

第一部分 综述

PART 1 Overview

1

第1章 历史建筑概述

Overview of Historic Building

第 1 章 历史建筑概述

我国城市建设与发展的进程，从来没有像今天这样日新月异，但面对城市快速发展而带来的种种矛盾，大量的历史建筑却沦为了城市快速扩张和急剧变革的殉葬品。毋庸置疑，历史建筑所承载的历史文化和技术信息是一笔不可再生的建筑遗产，是一座城市文化内涵的直观表现，是街区风貌特色的重要构成要素。如不及时正视历史建筑在城市系统中的职能与作用，必然将导致城市建设发展的失衡与不可持续。

因此，历史建筑的普查、评价、认定、保护及利用等工作就显得尤为重要与急迫。

但就目前来讲，社会对历史建筑的理解，还处在表象的、混乱的认知阶段，表现在历史建筑的认定工作滞后，缺乏相应保护利用措施，相关管理规定和法规制度建设存在大面积的空白与歪曲，部分出台的保护利用措施过分僵化，一定程度上又成为城市建设不必要的绊脚石。从这一层面来讲，客观、科学的认识与评价历史建筑，从学科的角度厘清历史建筑的基本概念、从现实的角度建立历史建筑的基本信息、从发展的角度挖掘历史建筑的特色价值，是历史建筑保护与利用工作中最先行的一步，也是最重要的一步。

1.1 历史建筑概念之辨

在不同的历史阶段，学术界关于历史建筑的概念，曾发生过不同程度的改变，造成了目前历史建筑的涵盖对象较为混乱的现象。同时，社会上对历史建筑名词的使用较为随意，不同语境下所指对象各不相同，进而使历史建筑发展成为一种广义的、对建筑遗产笼统性描述的提法。

本节内容对历史建筑概念的发展进行一定程度的梳理，对相近的建筑名词加以比较区分，进而明确提出本书历史建筑的基本概念与涵盖对象。

1.1.1 历史建筑基本概念的发展与演变

1.1.1.1 狭义的“历史建筑”

一般认为，对历史建筑一词的首次定位是在 15 世纪的意大利，法国古物搜集家米林（Millin）所著的《国家古物遗迹和纪念物搜集》一书中就提到历史建筑一词，指出历史建筑是从古代到 15 ～ 18 世纪一直延续下来的。发展到 19 世纪以后，历史建筑逐渐成了应该受保护的建筑遗产的代名词。

这一段时间里，历史建筑一词被译为“Historic Building”，“Historic”字面本身强调了“重大历史意义”的概念，并因其重要历史意义的价值而延伸出一种纪念性的属性。因此，这一时期历史建筑的概念相对狭义，主要关注的是对人类文明史影响大的、等级高的、纪念性强的建筑遗产。在早期的国际宪章中，对于历史建筑一词较为相近的描述，更多的是“Monument”一词的使用，直到 1975 年的《阿姆斯特丹宣言》，“Historic Building”才第一次出现在国际宪章中[1]。我国在中华人民共和国成立初期也曾按西方传统将应受保护的建筑遗产称为历史性建筑，后来在苏联的影响下改称为纪念性建筑，再后来干脆称为古建筑[2]。可以看出当时人们对于历史建筑的基本价值观。

这种强调重要历史意义的高等级建筑遗产的价值观一直延续到 20 世纪 60 年代。

1.1.1.2 广义的“历史建筑”

随着国际上建筑文化遗产保护理论的迅速发展，人们对于历史建筑的概念在不断地拓展。

1964 年《威尼斯宪章》指出历史古迹（Historic Monument）不仅指单体建筑物，也指可显示某种独特文明、可作为某种重大发展或历史事件见证的城市或者乡村环境。不仅指伟大的艺术作品，而且可以是一些因历经岁月而具有文化意义的较朴实的作品[3]。一方面，历史建筑的构成除了本体以外，同时还包括建筑周围的社会环境和城市环境。另一方面，历史建筑不再只关注那些伟大的艺术作品，一些随着时光沉淀而承载了一定文化意义的比较重要的建筑也被囊括其中。

罗马国际文物研究与保护中心前主席伯纳德·费尔登（Bernard. Feilden）在 1982 年对“历

1 朱光亚，杨丽霞．历史建筑保护管理的困惑与思考．建筑学报，2010（2）：18—22.

2 汝军红．历史建筑保护导则和保护技术研究．天津大学，2017.

3 杨冕．城市更新中的历史建筑再生问题研究——以“武汉天地”为例．华中科技大学，2010.

史建筑”进行过定义：“历史建筑是能给我们惊奇的感觉，并令我们想去了解更多有关创造它的民族和文化的建筑物（Building）。它具有建筑、美学、历史、记录、考古学、经济、社会，甚至是政治和精神或象征性的价值；但最初的冲击总是情感上的，因为它是我们文化自明性和连续性的象征——我们传统遗产的一部分。如果它已克服危险而继续存在了 100 年的可利用状态，则它具有真正的资格被称为历史性（Historic）的”。这一观点，除了表达了历史建筑 100 年以上的时间指标，但更为重要的是强调了主观认知在历史建筑界定中的判定因素。这一因素一定程度上已经超越了时间上的指标，成为更为前端的价值指标。

可以看出，历史建筑涵盖的范围变得更综合，其基本概念开始从“Historic”向”Historical”的意义转变，涵盖了不同级别的保护建筑，例如，英国政府文件对历史建筑就有明确的界定，主要包括以下几类：（1）登录建筑；（2）保护区内的建筑；（3）具有地方历史 / 建筑价值且地方政府发展规划必须考虑的建筑；（4）位于国家公园、杰出自然风景区和世界遗产地范围内具有历史和建筑价值的建筑物[1]。历史建筑从而走向一种更为广义的概念。

1.1.1.3 另一种狭义的“历史建筑”

与英国对历史建筑界定的政府文件类似，我国在2005年颁布的《历史文化名城保护规划规范》中，也有相类似的界定，不过在名称方面，我国采用了“历史性建筑”对应了国际上“历史建筑”的概念。我国将“历史性建筑”分为四类，根据保护等级的高低，依次是：（1）文物保护单位；（2）保护建筑；（3）历史建筑；（4）一般建（构）筑物。值得注意的是，我国政府文件用“历史性建筑”代表了广义的、综合的建筑遗存，从而解放出“历史建筑”一词，专门指向其中一种保护级别的建筑。文件中对历史建筑的定义为：

历史建筑（Historic Building）：有一定历史、科学、艺术价值的，反映城市历史风貌和地方特色的建（构）筑物。

至此，历史建筑通过技术规范的方式，被赋予了一种特殊的含义。

2008 年国务院公布的《历史文化名城名镇名村保护条例》，其中第四十七条对历史建筑进行了明确规定：

历史建筑：是指经城市、县人民政府确定公布的具有一定保护价值，能够反映历史风貌和地方特色，未公布为文物保护单位，也未登记为不可移动文物的建筑物、构筑物。

至此，历史建筑的概念具有了法律的意义和效益。这一概念的界定，将历史建筑从广义概念中抽取出来，明确区别于文物建筑、保护建筑和一般建（构）筑物，变成一种专指性的狭义概念。但这一狭义概念和早期国际上对历史建筑狭义的界定，在建筑等级的指向上完全不同。

1.1.2 本书“历史建筑”的概念

本书所指的历史建筑，严格遵从了《历史文化名城名镇名村保护条例》的概念界定。书中全部历史建筑的案例，均属于内蒙古各地政府正式公布与挂牌的建筑。

1.2 历史建筑普查与评定

从工作程序与评定标准来说，历史建筑的普查与评定并没有非常细致的工作指导文件，现实操作过程中，各地区历史建筑普查与评定的工作方式较为开放，虽然从最终结果表象上看，似乎各地区均有所工作成果，但从历史建筑公布的数量和质量上可以清晰地反映出，各地方历史建筑普查与评定工作的深度与广度差距较为明显。

表面上，历史建筑的普查评定与历史建筑的保护利用分属于两个独立的工作阶段，但事实上，两部分工作必须是一个统一的整体，前端工作的开展方式完全取决于后续工作的思路与目标，因此，历史建筑的普查与评定工作需要有一种全局性的工作视野，在普查方式、评定主体、评定程序与评定标准等方面统筹考虑。

1.2.1 历史建筑普查

1.2.1.1 普查对象

历史建筑普查对象的设定是决定历史建筑是否全面的第一步，但历史建筑不像等级较高的文

1 朱光亚，杨丽霞．历史建筑保护管理的困惑与思考．建筑学报，2010（2）：18—22.

物建筑，潜在对象已有相对明确的档案库。从历史建筑的级别来看，比历史建筑再低一级别的就是日常的一般性建（构）筑物。因此，在一定程度上，潜在的历史建筑就需要从一般性建（构）筑物中进行初步筛查，这部分工作涉及面巨大，而且各地方均没有任何基础性的工作成果，很难做到没有纰漏。

内蒙古住建厅《关于开展全区历史文化街区、历史建筑普查工作的通知》（内建规〔2016〕182号）对历史建筑普查对象进行了如下明确：

历史建筑，是指具有一定保护价值，能够反映历史风貌和地方特色，未公布为文物保护单位，也未登记为不可移动文物的建筑物和构筑物。

建成50年以上，且具有下列情形之一的，均列入普查范围：

1. 反映地区历史文化和民俗传统，具有特定时代特征和地域特色的；

2. 建筑风格、工程技术、结构形式、建筑材料、施工工艺等方面具有艺术特色或科学研究价值的；

3. 与重要政治、经济、文化、军事等历史事件或者著名人物相关的代表性或纪念性建（构）筑物；

4. 在各行业发展史上具有代表性或里程碑式的；

5. 著名建筑师的代表作品；

6. 其他具有历史文化意义的。

建成30年以上不满50年，具有特殊历史、科学、艺术价值或者具有重要纪念意义、教育意义的建构（筑）物，也列入普查范围[1]。

部分城市在普查过程中，针对实际情况对于普查范围的要求略有不同，如鄂尔多斯市，将1980年定为普查范围的一个重要时间指标。

大部分城市对于历史建筑普查效果的把控，市级部门主要负责组织协调、技术培训、信息汇总等工作，具体普查任务分解至各区县级的住建部门来完成。虽然在文件下达时，会重点强调基础数据的真实可靠，不得出现虚报、瞒报等行为，但实际的监督工作很难落地，历史建筑普查的深度与广度难以控制。

笔者有幸参与了呼和浩特市与包头市的历史建筑普查与认定工作，针对普查范围较大、普查对象不明确等问题，两市均针对市域范围和县域范围制定了不同的工作实施方案。

市域范围：委托专业团队进行地毯式排查。

针对市域范围建筑分布较为集中，潜在历史建筑存量相对较大，呼和浩特和包头两个城市专门建立专业的普查团队进行了重点排查，普查团队虽然在调研前期通过资料查阅和相关专家提供的线索，掌握了一定的建筑资料，但仍需要通过阵地战的方式，逐个街区进行初步排查，对于疑似对象进行现场走访，如建成年代较早，则列为详细普查对象，对其按照普查要求进行相应的信息调研与记录。

这样的工作方案基本能保障普查工作的全面性，但在人力和财力上的投入巨大。

县域范围：各地住建局等单位自行线索性收集。

呼和浩特和包头地区各旗县的县域范围大，建筑分布离散，并不具备地毯式排查的条件。因此，只能通过地方住建局、文物管理所等部门发动当地人提供线索，进而针对性地进行信息调研与记录。

两种工作方式虽然在普查精度上有所差别，但与当地的实际情况相对契合。从工作成果来看，普查工作的深度与预期目标也较为接近。

1.2.1.2 普查信息

普查信息是历史建筑评定最为直接的资料，因此，必须与历史建筑的评定标准相呼应。在评定标准相对模糊的情况下，住房和城乡建设部办公厅印发了《历史文化街区划定和历史建筑确定工作方案》，其中对于历史建筑的评定给了参考标准，并结合评定标准，对上报的历史建筑现状信息统计做了如下表格要求（表1-1）：

省（自治区、直辖市）城市历史建筑现状统计表

表 1-1

编号	城市名称	建筑名称	所在位置（门牌号）	建筑面积（平方米）	建筑年代	公布时间	历史建筑简介（包括历史建筑位置、历史沿革、价值特色等，200字以内）

注：可参照《历史建筑认定标准》确定上报。

1 摘自《关于开展全区历史文化街区、历史建筑普查工作的通知》（内建规〔2016〕182号）

以上指导意见使普查工作的信息要素相对具体，但作为历史建筑的评定材料来说仍显不足，包头市在历史建筑普查过程中，市规划局在住建部指导意见的基础上，结合实际调研难度以及后期评定的需求，重新制定了普查信息登记表，供县域范围的普查工作使用，具体示例如下（表1-2）：

包头市历史建筑普查登记表　　表 1-2

盟市　　旗县、市（区）　　编号

建筑名称		建设年代	
是否经城市、旗县政府公布		公布时间及文号	
建筑类别	宅第民居□　学堂书院□　店铺作坊□ 名人故居□　桥涵码头□　堤坝渠堰□ 池塘井泉□　重要历史事件和重要机构旧址□ 文化教育□　医疗卫生□　商业建筑□ 办公建筑□　军事建筑□　工业遗存□　牌坊□ 宗教建筑□　其他建筑□		
位　　置	＿＿区，＿＿以东，＿＿以南，＿＿以西， ＿＿以北；或＿＿旗（县、区）＿＿乡镇＿＿村		
占地面积	（m²）	建筑面积	（m²）
建筑高度		建筑层数	
主体材料	砖□　石□ 木□　水泥□ 混凝土□ 钢材□　其他□	现状使用状况	商业□ 居住□ 办公□ 闲置□ 其他□
建筑质量	完好□　基本完好□　一般损坏□ 严重损坏□　危险房屋□		
权　　属	国有□　集体□　个人□　其他□		
历史建筑特色价值概述（另附照片）	总体布局和周边环境情况（图文）		
	单体建筑和建筑风格特色（图文）		
	其他特色价值（图文）		

填表人：　　　　年　月　日

历史建筑特色价值概述

根据调研与走访，该建筑大概建于 20 世纪 80 年代，是当时重要的公共文化建筑。对于该区域有着重要文化、娱乐职能。同时建筑立面较为特别，具有较高的保留与再利用价值。

区位图

建筑位于包头市东河区，环城西路与西门外大街交汇处。南侧为人民公园，东侧为包头市东河区医院，北侧为住宅区，西侧为城市道路环岛，建筑处于南北向城市视觉中心处，地理位置重要。

建筑周边环境

东河区医院

东河区菜市场

十三中　　东河区菜市场

周边建筑类型丰富，东侧紧邻东河区医院，东南侧为东河区菜市场与包头市十三中学，西侧为住宅区，整个街道临街建筑均较为老旧，建筑尺度适宜，城市环境与风貌由一定的历史沧桑感，体现出典型的旧城区特点。

建筑总平面与建筑外观

建筑总平面

建筑造型为仿中式建筑，分为三个单体，分别为花鸟市场、娱乐广场（戏院）、红星影院（电影院）。

立面构图均衡，大致呈横向三段式构图，主体材料为红色贴面砖。结合仿中式建筑构件，建筑构件做法精美，整体建筑特色鲜明。

建筑北侧

建筑南侧

建筑室内

戏院入口

戏院二层

建筑室内较为陈旧，改建痕迹明显，做法较为草率与粗劣，室内采光较差，通风不良，与建筑外观气质不符。

建筑细部

建筑入口门牌构件精美，做法考究，保留完整，三座建筑入口造型分别不同，木构做法严谨，造型别致。

戏院入口门牌

戏院门牌额枋

影院门牌额枋

戏院门牌屋面

鱼虫市场门牌

其他特色价值

根据现场调研情况观察，此座建筑承担着重要的公共建筑职能，应当为周边重要的文化娱乐建筑，其广场亦是周边区域重要的公共空间，对于周边居民日常生活具有重要意义。

以上普查信息的采集深度，主要加强了对建筑周边环境和建筑本体特征方面的描述，基本是对历史建筑评定标准工作要求和现实信息采集难度的一种平衡的结果，对于后期保护利用措施的准确制定，仍需进一步的调研测绘材料来支撑。

1.2.2 历史建筑评定

1.2.2.1 评定标准

历史建筑以能够反映历史风貌，见证特殊历史事件为重要特征。从历史建筑的定义来说，历史建筑的评估标准主要强调了具有一定保护价值，能够反映历史风貌和地方特色，且未公布为文物保护单位也未登记为不可移动文物的建（构）筑物。定义并未说明一定保护价值的具体指标，也未明确历史建筑最基本的建设时间标准。照此看来，历史建筑的评估标准弹性极大，这给评定主体留下了巨大的选择余地和争议空间，给普查与认定工作留下了相当大的漏洞。

对此，住房和城乡建设部办公厅印发了《历史文化街区划定和历史建筑确定工作方案》，其中对于历史建筑的评定标准给了如下参考文件：

附件5

历史建筑确定标准（参考）

具备下列条件之一，未公布为文物保护单位，也未登记为不可移动文物的建筑物、构筑物等，经城市、县人民政府确定公布，可以确定为历史建筑：

（一）具有突出的历史文化价值

与重要历史事件、历史名人相关联；

在城市发展与建设史上具有代表性；

在某一行业发展史上具有代表性；

具有纪念、教育等历史文化意义。

（二）具有较高的建筑艺术价值

反映一定时期的建筑设计风格，具有典型性；

建筑样式与细部等具有一定的艺术特色和价值；

反映所在地域或民族的建筑艺术特点；

在城市或乡村一定地域内具有标志性或象征性，具有群体心理认同感；

著名建筑师的代表作品。

（三）体现一定的科学技术价值

建筑材料、结构、施工技术反映当时的建筑工程技术和科技水平；

建筑形体组合或空间布局在一定时期具有先进性。

（四）具有其他价值特色的建筑[1]

以上文件基本明确了历史建筑评价的关注点，但也可以看出，各方面的评价要素均没有量化的指标，留于地方发挥的尺度较大。为了使历史建筑评定工作更具可操作性，减少评定的随意性，包头市规划局在参考标准的基础上制定了更为具体的评定标准：

历史建筑认定标准：

具备下列条件之四条的建（构）筑物，可以认定为历史建筑，其中第（1）条、第（2）条和第（3）条是必备条件：

（1）建（构）筑物的建成历史在五十年以上；或建成四十年以上不满五十年，具有特殊历史、科学、艺术价值或者具有重要纪念意义、教育意义的建（构）筑物；

（2）反映地区历史文化和民俗传统，具有特定时代特征和地域特色的典型建（构）筑物；

（3）建（构）筑物保存特别完整，具有很高的保护利用价值；

（4）建（构）筑物的样式、结构、材料、施工工艺和工程技术具有很高的艺术特色和科学研究价值；

（5）与重大历史事件、著名人物、历史机构有重要关联的建（构）筑物；

（6）能够承载社会感情寄托或具有社会宣传教育意义的建（构）筑物；

（7）作为城市产业发展史上重要的代表性建（构）筑物（如作坊、商铺、厂房等）；

（8）著名建筑师的代表作或本市已公布的优秀现代建（构）筑物；

（9）在城市或乡村一定地域内具有标志性或象征性的建（构）筑物。

传统风貌建筑认定标准：

具备下列条件之四条的建（构）筑物，可以认定为传统风貌建筑，其中第（1）条、第（2）条和第（3）条是必备条件：

（1）建（构）筑物的建成历史在三十年以上；

（2）在一定程度上反映地区历史文化和民俗传统，具有特定时代特征和地域特色的典型建（构）筑物；

（3）建（构）筑物保存较完整，具有一定的保护利用价值；

（4）建（构）筑物的样式、结构、材料、施工工艺和工程技术具有一定的艺术特色和科学研究价值；

（5）与重大历史事件、著名人物、历史机构有一定关联的建（构）筑物；

（6）一定程度上能够承载社会感情寄托或具有社会宣传教育意义的建（构）筑物；

（7）作为城市产业发展史上较重要的代表性建（构）筑物（如作坊、商铺、厂房等）；

（8）著名建筑师的代表作或本市已公布的优秀现代建（构）筑物；

（9）在城市或乡村一定地域内具有标志性或象征性的建（构）筑物[2]。

包头市历史建筑的认定标准在评定要点上回

---

1 摘自《历史文化街区划定和历史建筑确定工作方案》建办规函〔2016〕681号。

2 摘自《包头市历史风貌区、历史建筑及传统风貌建筑认定标准》包府办发〔2017〕232号。

应了住房和城乡建设部给定的参考标准，并做了进一步的规定：首先，在建成时间上做了明确的指标要求，并归类为必须满足的评定要点；其次，将时代、地域特征和保存完整性也纳入到必须满足的评定要点；最后，在满足前三项的基础上，还需至少满足其余六条中的一条。可以看出，这样的认定标准在年代上划定了基本的准入门槛，同时将评定要点划分了主次关系，从根本上提升了历史建筑评定工作的客观性和严肃性，保证了最终评定为历史建筑的含金量。

但是，这样严格的认定标准很有可能将一部分年代稍晚的、建筑价值随时间沉淀仍在增长的建筑剔除在外，进而得不到相应的重视。针对这一问题，包头市借开展历史建筑普查工作的机会，同时制定了传统风貌建筑的认定标准，进而认定了一批“准历史建筑”，为后续历史建筑的长效发展做了及时的应对处理。

巴彦淖尔市人民政府办公室关于印发《巴彦淖尔市历史建筑确定办法》（巴政办发〔2017〕126 号）的通知中，对历史建筑的确定原则明确如下：

历史建筑确定原则：

第九条 符合本办法第三条之规定，且建成 30 年以上，具有下列情形之一的建筑物、构筑物，可以确定为历史建筑。

（一）反映我市历史文化和民俗传统，具有特定时代特征和地域特色的。

（二）建筑样式、结构形式、建筑材料、施工工艺或者工程技术反映地域建筑历史文化特点、艺术特色或者具有科学研究价值、特殊纪念意义或教育意义的。

（三）与重要政治、经济、文化、军事等历史事件或者著名人物相关的。

（四）代表性、标志性建筑或者著名建筑师的代表作品。

（五）其他具有历史文化意义的建（构）筑物、市政基础设施、桥梁、园林等。

（六）在工业、农业、商业、水利、加工制造业及产业发展方面具有时代特点和纪念意义的建（构）筑物或历史遗存。

第十条 建成不满 30 年，具有特殊历史、科学、艺术价值或者具有重要纪念意义、教育意义的建筑物、构筑物、桥梁、园林等，也可以确定为历史建筑。

第十一条 根据历史、文化与艺术、科学技术的价值和保存完好程度，将历史建筑划分为以下 3 个类别：

一类历史建筑，是指具有突出代表性，结构保存完好，外部装饰与内部空间保存较为完整，必须按照文物保护单位的保护标准进行修缮，不得改变建筑外部特征与内部布局的历史建筑。

二类历史建筑，是指具有重要价值，建筑结构较为完好，外部装饰仍有一定遗存，在不改变外部造型、饰面材料和色彩、内部重要结构和重要装饰的前提下，允许对内部非重要结构和装饰进行适当改变的历史建筑。

三类历史建筑，是指具有一般价值，可以采用局部保护的方式，在不削弱建筑物的保护价值，不改变建筑的外部造型、色彩和重要饰面材料的前提下，允许对建筑内部结构和装饰进行改变的历史建筑[1]。

同样的，针对不同的文化、艺术、科学价值和保持完好程度，巴彦淖尔市将历史建筑划分为三个类别，并给出了不同的保护再利用措施。

1.2.2.2 评定程序

对于历史建筑的评定程序，《历史文化街区划定和历史建筑确定工作方案》文件中要求各省级住房和城乡建设（规划）主管部门负责本地区划定、确定工作的组织协调，制定本地区历史建筑认定标准，校核、汇总数据并上报；各市、县城乡规划主管部门会同有关部门负责具体划定、确定工作。同时，在历史建筑的定义中又明确指出：历史建筑需经城市、县人民政府确定公布。

针对上述指导原则，地方城市按照自身实际情况，制定了各自的历史建筑评定程序，例如，包头市对历史建筑的评定程序做了如下规定：

第一，市城乡规划行政主管部门负责组织市文物等行政部门，对推荐对象现场查勘，拍摄照片，并填写现场查勘记录。

第二，市城乡规划行政主管部门负责组织大专院校、科研机构以及文物、建筑、民俗、档案等方面专家组成价值评估委员会，对推荐对象的价值和类别进行预评估、预认定，提出初选建议名单。

第三，市城乡规划行政主管部门会同市文物行政主管部门组织召开专家论证会，对初选建议名单进行评审，确定备选名单和类别，并征求相关部门和所在地区人民政府的意见。

第四，市城乡规划行政主管部门综合专家及

1 摘自《巴彦淖尔市历史建筑确定办法》（巴政办发〔2017〕126 号）。

各方面的意见，对备选名单进行修改完善，形成批次名录，报市人民政府批准公布。

巴彦淖尔市对历史建筑的评定程序规定如下：

第十二条 市、旗县区城乡规划行政主管部门负责组织文物等行政部门，对推荐建筑进行现场查勘、拍摄照片，并填写现场查勘记录。

第十三条 旗县城乡规划行政主管部门整理汇总本辖区内推荐建筑资料后上报市城乡规划行政主管部门。

第十四条 市城乡规划行政主管部门负责委托大专院校、科研机构或者由文物、建筑、民俗、档案等方面专家组成的历史建筑价值评估确定委员会，对推荐建筑的价值和类别进行预评估、预确定，提出历史建筑初选建议名单。

第十五条 市城乡规划行政主管部门会同市文物行政主管部门组织召开专家论证会，对历史建筑初选建议名单进行评审，确定历史建筑备选名单和类别，并征求相关部门和所在旗县区人民政府的意见。

第十六条 市城乡规划行政主管部门综合专家及各方面的意见，对历史建筑备选名单进行修改完善，形成历史建筑批次名录，报市人民政府批准后公布。

第十七条 本办法有效期五年，自发布之日起30日后执行[1]。

从上述的评定程序可以看出，在地方历史建筑评定的程序中，两个关键的行政单位分别为城乡规划部门和地方人民政府，同时，两单位均属于控制地方城市建设发展的核心部门，因此，从统筹历史建筑保护与城市建设发展的关系来说，这种方式是最为直接的分工方式。但从另一角度来看，这种方式给予了城乡规划部门和地方人民政府最大化的平衡权力，面对城市建设发展的种种压力与诱惑，地方行政部门是否能客观平衡两者之间的关系，很大程度上取决于当地执政者对历史建筑发展的重视程度。事实上，就内蒙古历史建筑的普查工作来说，部分城市所公布的历史建筑数量与城市潜在的历史建筑存量就存在着明显不匹配的现象，这种现象，一方面可能来源于工作方式的纰漏，另一方面也可能是地方出于某种目的有意导致的结果。

虽然在评定过程中，专家与民众的参与会在一定程度上缓解这种现象的发生，但在现实的操作上，不同盟市对历史建筑的重视程度，仍明显影响着历史建筑客观有效的认定与保护。因此，对于评定程序的制定，仍需住房城乡和建设部在给予地方相应自主权利的同时，适度地完善与规范其中的监管内容。

1 摘自《巴彦淖尔市历史建筑确定办法》（巴政办发〔2017〕126 号）。

另外，历史建筑明确定义为未公布为文物保护单位，也未登记为不可移动文物的建筑物、构筑物。但在评定程序中，历史建筑与文物建筑的评定分属于不同的部门执行，如没有充分的信息共享和沟通，很有可能会造成两者之间的重叠或遗漏。因此，对评定程序的制定，同时应加强规划部门与文物部门间的协作关系和信息交换环节。

1.3 历史建筑保护与利用

目前，内蒙古地区尚未形成具有法律意义的历史建筑保护与利用条例，按照住房和城乡建设部的要求，历史建筑的普查只是工作的第一步，接下来的工作重点必将全面转向保护与利用。

2017 年，住房和城乡建设部发布了《关于加强历史建筑保护与利用工作的通知》（建规〔2017〕212 号），文件中强调：

（一）做好历史建筑的确定、挂牌和建档。各地要加快推进历史建筑的普查确定工作，摸清家底，多保多留不同时期和不同类型的历史建筑。要注重改革开放前城市近现代建筑遗产的保护，做到应保尽保。建立历史建筑保护清单和历史建筑档案，对历史建筑予以挂牌保护。

（二）最大限度发挥历史建筑使用价值。支持和鼓励历史建筑的合理利用。要采取区别于文物建筑的保护方式，在保持历史建筑的外观、风貌等特征基础上，合理利用，丰富业态，活化功能，实现保护与利用的统一，充分发挥历史建筑的文化展示和文化传承价值。积极引导社会力量参与历史建筑的保护和利用。鼓励各地开展历史建筑保护利用试点工作，形成可复制、可推广的经验。同时探索建立历史建筑保护和利用的规划标准规范和管理体制机制。

（三）不拆除和破坏历史建筑。各地应加强对历史建筑的严格保护，严禁随意拆除和破坏已确定为历史建筑的老房子、近现代建筑和工业遗产，不拆真遗存，不建假古董。

（四）不在历史建筑集中成片地区建高层建筑。在历史文化街区以及其他历史建筑集中成片地区，禁止在对其历史风貌产生影响的范围内建设高层建筑和“大洋怪”的建筑。新建建筑应与历史建筑及其历史环境相协调，保护好历史建筑周边地区的历史肌理和历史风貌，并且要严格按照保护规划要求控制建筑高度[1]。

住房和城乡建设部从宏观的层面指明了历史建筑保护利用的基本要求，并在此基础上，随后印发了《住房城乡建设部关于将北京等 10 个城市列为第一批历史建筑保护利用试点城市的通知》（建规〔2017〕245 号）文件，希望通过试点城市的研究，在建章立制、修缮维护、活化利用、资金筹措、审批管理等方面，形成可复制可推广的历史建筑保护利用经验。列入的 10 个城市分别为：北京市、广东省广州市、江苏省苏州市、江苏省扬州市、山东省烟台市、浙江省杭州市、浙江省宁波市、福建省福州市、福建省厦门市和安徽省黄山市。试点工作要求从 2017 年 12 月开始，为期 1 年。试点工作要求主要围绕以下几个方面展开：

（一）建立政府主导、部门联动的工作机制。试点城市要坚持政府主导，形成以规划行政管理部门为主，房管、土地、文物、建设和公安消防等主管部门参与的联动工作机制，扎实推进试点工作。

（二）开展历史建筑普查，完成建档挂牌工作。试点城市应全面完成历史建筑普查、确定、建档、挂牌工作，最大限度地多保多留不同时期、不同类型的历史建筑，为保护利用奠定基础。

（三）创新合理利用路径，发挥历史建筑使用价值。在保护历史价值和保证安全的前提下，发挥市场在资源配置中的决定性作用，选取一定数量的历史建筑开展试点工作，通过开设创意空间、咖啡馆、特色餐饮和民宿等利用方式，探索历史建筑功能合理与可持续利用模式及路径。

（四）完善技术标准，科学保护利用历史建筑。围绕价值保护与传承，明确外观风貌等保护重点，建立区别于文物建筑保护的历史建筑修缮技术、标准和方法，植入现代文明，提高使用功能，科学保护利用历史建筑。

（五）创新相关审批机制，形成保护利用合力。探索审批机制创新，对用地性质调整、建筑功能转变、消防审核、经营许可和工商注册等难点问题，因地制宜，在保证安全的前提下，运用设计、建设、管理综合方式，创造条件破解政策、标准瓶颈，加大政策支持力度。逐步形成部门协同、公众参与、法制保障的历史建筑保护利用机制，形成共享、共管、共建的良好格局。

（六）拓宽资金渠道，保持资金良性循环。破解政府单一投入的资金模式，鼓励多元投资主体、社会力量和居民参与历史建筑保护投入和经营，形成风险共担、利益共享的投资机制；对于符合历史建筑保护利用要求开展经营活动的，鼓励有关部门对使用者给予优惠政策支持[2]。

试点城市通过结合自身的实际情况，开展了多项研究与实践，并形成了相应的保护与利用措施。例如：黄山市在规划部门的牵头下，全力开展了历史建筑信息资料的数据库建立；编制了《黄山市市域历史建筑保护利用规划》和《黄山市历史建筑保护利用图则》；制定了《黄山市历史建筑评估分类标准》、《黄山市历史建筑保护与适用性改善利用规范》；同时选取了一定数量的历史建筑，进行了活化利用实践研究；制定了《黄山市历史建筑保护利用实施办法》，进而明确了历史建筑产权转让、转移登记、认领、迁移、消防安全管理、专项资金使用等要求，完善了历史建筑流转、租赁、经营等利用过程中所涉及的租金优惠、税费减免等激励政策措施；汇编了黄山市历史建筑保护试点总结；汇编黄山市历史建筑保护案例、展示成果等[3]。

由于历史建筑的保护利用与城市规划建设紧密相关，因此，在时间上具有很大的紧迫性。为了配合城市建设发展的需求，部分省份在住房和城乡建设部全面推行历史建筑保护与利用工作之前，通过自身实践经验，已在历史建筑保护与利用方面取得了一定的工作成果。

例如：浙江省为了统筹历史建筑保护利用与城市建设管理的关系，在 2017 年颁布了《浙江省历史建筑保护利用导则》与《浙江省历史建筑保护图则编制导则》。

《浙江省历史建筑保护利用导则》首先确定了五项基本原则：（1）价值导向原则；（2）真实性、完整性原则；（3）保护与利用兼顾原则；（4）以人为本原则；（5）安全、耐久、适用、绿色和可识别性原则。在此基础上，对历史建筑保护和历史建筑利用分别加以要求。在保护方面，主要措施包括保养维护、修缮保护和迁移保护，并制定了具体的技术要求；在利用方面，主要在使用功能、空间调整、性能提升、管线设备和厨卫设施等方面制定了具体技术要求。同时，导则在消防安全、防雷措施、防潮措施、虫害防治、抗震措施等方面，制定了总体的防护要求。

---

1 摘自《关于加强历史建筑保护与利用工作的通知》（建规〔2017〕212 号）。

2 摘自《住房城乡建设部关于将北京等 10 个城市列为第一批历史建筑保护利用试点城市的通知》（建规〔2017〕245 号）。

3 http://zw.huangshan.gov.cn/BranchOpennessContent/show/1062766.html

针对历史建筑保护，浙江省要求各城市、县人民政府对所公布的历史建筑，统一编制历史建筑保护图则，以此作为历史建筑保护管理工作的法定指导依据。在《浙江省历史建筑保护图则编制导则》中，保护图则编制要求要根据历史、科学、艺术价值、存续年份以及完好程度等不同情况，将历史建筑分为三类不同的保护等级。并在图则编制中，体现历史建筑保护区划的划定，具体包括保护本体、保护范围和建设控制地带的划定。同时对相应的规划控制规定给出了指导意见。

总体上，我国历史建筑保护与利用的工作还处于初期摸索阶段。虽然国际上不乏经典的历史建筑保护利用模式与实践案例，但如何理性引入并实现本土化，仍需在体制管理、资金来源、产权关系、价值评估与技术规范等方面，进行专项深入的研究。

2

第 2 章 内蒙古历史建筑概况

Overview of Historic Buildings in Inner Mongolia

2.1 总体数据统计
2.2 内蒙古历史建筑环境影响因素
2.3 内蒙古历史建筑类型特征
2.4 内蒙古历史建筑年代特征
2.5 内蒙古历史建筑规模特征

第 2 章 内蒙古历史建筑概况

本书所收录的内蒙古历史建筑，涵盖了 2018 年以来内蒙古各地区陆续公布的所有历史建筑。由于内蒙古各地区在此之前并没有开启过历史建筑的普查认定，因此，这也是截至目前内蒙古地区全部的历史建筑。

本章通过总体统计分析，分别从总体数据情况、环境影响因素、建筑类型特征、年代特征、规模特征等方面，反映内蒙古历史建筑的基本概况。

2.1 总体数据统计

2.1.1 内蒙古历史建筑基本数据

2.1.1.1 各盟市历史建筑公布数据统计

根据公布的数据统计，内蒙古历史建筑分布于呼和浩特市地区 52 处、包头市地区 34 处、鄂尔多斯市地区 12 处、乌兰察布市地区 52 处、锡林郭勒盟地区 7 处、巴彦淖尔市地区 14 处、乌海市地区 2 处、阿拉善盟地区 10 处、通辽市地区 36 处、赤峰市地区 18 处、呼伦贝尔市地区 104 处、兴安盟地区 30 处，共计 371 处。

2.1.1.2 历史建筑类型数据统计

笔者通过类型划分的方式，对官方公布的历史建筑进行了基本的数据分类，各盟市反映出的分布情况如下表（表 2-1）：

内蒙古历史建筑类型分布统计表　　表 2-1

类型＼地区	赤峰市	通辽市	呼伦贝尔市	兴安盟	锡林郭勒盟	呼和浩特市	包头市	鄂尔多斯市	乌兰察布市	巴彦淖尔市	乌海市	阿拉善盟	总计
宅邸民居	3	4	71	0	0	2	2	0	27	0	0	0	109
文化教育	0	5	2	2	2	25	9	1	0	5	0	2	53
桥涵码头	0	3	1	1	0	0	1	0	0	1	0	1	8
医疗卫生	0	0	0	1	0	2	1	0	0	0	0	0	4
商业建筑	1	3	1	0	0	1	8	0	12	1	0	4	31
军事建筑	4	9	7	1	5	0	2	0	1	3	0	1	33
工业遗存	0	1	13	23	0	10	2	0	9	0	2	0	60
宗教建筑	8	0	0	0	0	3	1	6	0	2	0	0	20
办公建筑	0	3	2	0	0	6	5	0	0	0	0	1	17
堤坝渠堰	0	1	0	0	0	0	0	0	0	0	0	0	1
重要历史事件和重要机构旧址	2	0	0	0	0	0	0	4	3	2	0	0	11
其他建筑	0	7	7	2	0	3	3	1	0	0	0	1	24
总计	18	36	104	30	7	52	34	12	52	14	2	10	371

从上表可以看出，工业类建筑占比 16.17%，主要集中于中东部地区；宅邸民居占比 29.38%，主要集中于呼伦贝尔、乌兰察布地区；文化教育类占比 14.29%，主要集中于呼和浩特市。

2.1.1.3 历史建筑建成年代数据统计

笔者通过年代划分的方式，对官方公布的历史建筑进行了基本的数据统计，各盟市反映出的分布情况如下表（表 2-2）：

内蒙古历史建筑类型分布统计表　　表 2-2

类型＼地区	赤峰市	通辽市	呼伦贝尔市	兴安盟	锡林郭勒盟	呼和浩特市	包头市	鄂尔多斯市	乌兰察布市	巴彦淖尔市	乌海市	阿拉善盟	总计
20 世纪 40 年代以前	10	6	73	2	0	3	5	8	35	0	0	0	142
20 世纪 40 年代	0	0	10	2	0	1	0	0	0	0	0	0	13
20 世纪 50 年代	0	0	2	13	0	0	3	0	0	0	0	1	19
20 世纪 60 年代	0	10	2	13	6	30	16	0	9	2	0	2	90
20 世纪 70 年代	4	19	17	0	1	7	2	2	8	2	2	2	66
20 世纪 80 年代	2	1	0	0	0	5	7	1	0	7	0	2	25
20 世纪 90 年代	2	0	0	0	0	6	1	1	0	2	0	3	15
20 世纪 90 年代以后	0	0	0	0	0	0	0	0	0	1	0	0	1
总计	18	36	104	30	7	52	34	12	52	14	2	10	371

从上表可以看出，建成于 20 世纪 40 年代以前的占比 38.27%，主要集中于呼伦贝尔、乌兰察布地区；建成于 20 世纪 60 年代的占比 24.26%，主要集中于呼和浩特、包头地区；建成于 20 世纪 70 年代的占比 17.79%，主要集中于通辽、呼伦贝尔、乌兰察布地区。

2.1.1.4 历史建筑区位数据统计

笔者通过区位划分的方式，对官方公布的历史建筑进行了基本的数据分类，各盟市反映出的分布情况如下表（表 2-3）：

内蒙古历史建筑区位分布统计表　　表 2-3

类型＼地区	赤峰市	通辽市	呼伦贝尔市	兴安盟	锡林郭勒盟	呼和浩特市	包头市	鄂尔多斯市	乌兰察布市	巴彦淖尔市	乌海市	阿拉善盟	总计
市域规划建设区域	0	2	17	26	0	48	18	0	9	5	2	0	127
县域规划建设区域	15	33	87	4	7	4	16	10	43	8	0	5	232
非规划建设区域	3	1	0	0	0	0	0	2	0	1	0	5	12
总计	18	36	104	30	7	52	34	12	52	14	2	10	371

从上表可以看出，市域规划建设区域占比 34.23%，主要集中于呼伦贝尔、兴安盟、呼和浩特、包头地区；县域规划建设区域占比 62.53%，主要集中于通辽、呼伦贝尔、乌兰察布地区；非规划区域占比 3.23%。

2.1.1.5 历史建筑规模数据统计

笔者通过规模划分的方式，对官方公布的历史建筑进行了基本的数据分类，各盟市反映出的分布情况如下表（表 2-4）：

内蒙古历史建筑类型分布统计表　　表 2-4

地区 / 类型（单位：m²）	赤峰市	通辽市	呼伦贝尔市	兴安盟	锡林郭勒盟	呼和浩特市	包头市	鄂尔多斯市	乌兰察布市	巴彦淖尔市	乌海市	阿拉善盟	总计
100 以下含 100	5	8	12	0	0	3	2	2	6	2	0	0	40
100 ～ 200	3	1	49	4	1	2	5	3	30	1	0	3	102
200 ～ 500	3	4	26	11	3	0	5	3	8	4	0	3	70
500 ～ 1000	3	3	6	7	1	5	4	1	0	2	0	2	34
1000 ～ 2000	1	1	3	3	2	8	3	0	6	2	0	1	30
2000 ～ 5000	3	1	7	4	0	15	8	1	0	1	1	1	42
5000 以上	0	1	1	1	0	19	7	1	2	2	1	0	35
总计	18	18	104	30	7	52	34	12	52	14	2	10	353

备注：通辽市桥梁未统计面积。

从上表可以看出，建筑规模 100 m² 及以下的占比 11.33%，建筑规模 100 ～ 200 m² 的占比 28.9%，建筑规模 200 ～ 500 m² 的占比 19.83%，建筑规模 500 ～ 1000 m² 的占比 9.16%，建筑规模 1000 ～ 2000 m² 的占比 8.08%，建筑规模 2000 ～ 5000 m² 的占比 11.32%，建筑规模 5000 m² 及以上占比 9.43%。

2.1.2 内蒙古历史建筑数据检验与权衡

2.1.2.1 数据检验

上述数据是各盟市依照自己的认定方式统计出来的，由于各盟市认定统计方式的偏差，部分数据存在以下两个问题：

第一个问题是个别认定结果存疑：历史建筑认定办法中明确规定，历史建筑是未公布为文物保护单位的建（构）筑物。但在调研中发现，呼伦贝尔市博客图镇俄式砖房与木刻楞，却同时具有历史建筑和文物保护单位两个身份，由此反映出认定过程中存在与文物部门沟通不通畅的问题。另外在调研过程中发现，部分历史建筑的建成年代与事实存在严重不符的现象，进而对认定结果形成了一定的价值疑问。例如，兴安盟乌兰浩特市蒙古族小学。

第二个问题是群体建筑认定统计方式的不一致：如呼和浩特机床附件厂 7、8、9 号建筑，当地政府在认定过程中，将其定义为 1 个群体性建筑，类似的还有内蒙古煤矿机械厂、内蒙古自治区水利学校等。但在阿尔山木材加工厂、牙克石博克图镇俄式砖房、沈阳军区 16 团部等群体建筑的认定统计中，将历史建筑以建筑单体的方式逐一划定。相比较而言，前者的认定统计方式更强调建筑群的整体性和关联性，而后者更强调单体的差异性和独立性。两种统计方式也会对历史建筑后期保护利用的方式，表现出不同的侧重点和针对性。

事实上，两种认定统计方式并不存在对错之分，但对于地区间历史建筑分布数量的横向对比而言，其可比性则大大下降。

2.1.2.2 数据参考方式

鉴于官方公布的法律效力，以及问题较为个别，对整体影响比较微弱，本书仍遵从了各地已经形成的认定成果，但对于存疑的信息偏差，进行了客观的标注。而针对各地区间历史建筑存量比较方面的评价，则根据统计方式的差异，进行了一定程度的权衡。同时，为了信息编排的整体性，局部编排表达对官方表达方式略作修改，并进行了逐一地备注说明。

2.2 内蒙古历史建筑环境影响因素

总体来看，内蒙古历史建筑较其他省份以及自身内部盟市之间，在建筑类型、区位特征、年代特征等方面，均显现出一定的规律。这样一种状态的存在，究其根本，与其所处的环境因素密不可分。

通过实地调研与数据分析可以发现，以下几方面的环境因素对内蒙古历史建筑的形成与发展，起着不可忽视的作用。

2.2.1 自然资源因素

自然资源的差异是不同地域特征形成的重要基础，这种原始的作用关系不仅会影响到有形的物质空间特征，同时会延伸至无形的精神文化特征。建筑也不例外，自古以来，自然资源一直是建筑地域化特征形成与发展首当其冲的因素。

从具体要素来说，对内蒙古历史建筑形成与发展影响最为密切的因素主要有以下两个方面：

2.2.1.1 气候因素

内蒙古地区的气候特点主要表现在：冬季漫长寒冷，春季风大少雨，夏季温热短促，秋季气温剧降；昼夜温差大，日照时间充足，降水变率大，无霜期短。温度分布由大兴安岭向东南、西南递增。大部分地区降水稀少，且集中于夏季。年降水量的分布与气温相反，因而形成在热量最多的地区降水最少，热量最少的地区降水最多的水热分布不平衡格局[1]。

出于这样的气候形态，地方建筑在建筑形体、材料选用、建造工艺、开窗方式等方面均表现出较为统一的气候应对策略，进而在建筑特征方面反映出一定的地域性特色。对于内蒙古历史建筑来说，由于当时所处的时代和我国的国情，大部分建筑并没有能力通过一些先进的技术补偿措施，轻松地实现建筑基本的舒适度，进而解放建筑在空间形式、材料选择等设计手段上的自由度。因此，这个时代的建筑在气候应对方面，只能依靠相对基础的建造手段和地方材料。为了最大化实现建筑的舒适度，建筑的形式生成逻辑就与当地的气候特征产生了紧密的关系，例如：严格的北实南虚形体策略、明确的室内外空间界面、敦实简明的体量、厚重密实的墙体、避风向阳的布局等，气候对建筑的制约关系，反而使这个时代建筑的地域性特征得以更大的强化，一定程度上也成就了内蒙古历史建筑的研究价值。

2.2.1.2 取材因素

在各地区之间相对封闭的年代，就地取材是降低建筑造价最为直接的手段。结合地区分布来看，内蒙古历史建筑各地区的形式类型也明显地表现出对地方材料选取的趋同性。

例如，在盛产木材的内蒙古呼伦贝尔地区，就产生了大量的木刻楞历史建筑。经过长年累月的建筑进化，木刻楞建筑已经深刻地适应了当地人们的生产生活方式，并衍生出类型丰富的建筑形式。

同样，在内蒙古中西部地区集中出现的各种类型的窑洞历史建筑，无论是土窑还是石窑，都是对当地特殊质地的土层或砖石材料的积极回应。

公共类历史建筑中，取材因素对建筑的影响也有一定的体现，包括上文讲述的木刻楞建筑和窑洞建筑，虽然这类建筑形式大部分集中于居住类建筑的应用，但在一些小型的公共类历史建筑中，也出现了相同的或类似的建筑类型。但相比较而言，由于经济因素相对宽松、政治文化因素占据主导，公共类历史建筑受地方材料的影响并没有像居住类历史建筑那样突出。

2.2.2 地域文化因素

文化差异是形成建筑地域化特征的又一重要因素。内蒙古地区独特的地理环境和民族构成，造就了底蕴深厚的草原文化，在这样一种文化背景下，内蒙古历史建筑的形成与发展必然与之有着深刻的联系。

以蒙古族为代表的民族文化是内蒙古地区的一大特点，但就现有历史建筑的具体形式来看，明显反映蒙古族文化元素的案例并不多见，仅有的几个建筑也只是些许带有一些民族的符号与图饰，如内蒙古电视台和铁路工人文化宫，通过局部的纹饰，强化了建筑的形态关系，同时也适宜地体现了一定的民族文化。在苏力德苏木陶日木庙中，殿前的两个苏力德造型，也是一种典型的蒙古族建筑元素（图 2-1）。可以看出，纯粹的蒙古族建筑（如蒙古包），由于其特殊的结构形式和居住方式，鲜少作为历史建筑留存下来，而蒙古族建筑文化与那些外来建筑文化间的相互渗透，在当时也并没有像现状这样常见或泛滥，各类型建筑在建筑形式上保持了相对的纯粹性。

图 2-1 内蒙古电视台和铁路工人文化宫、苏力德苏木陶日木庙

1 http://www.cma.gov.cn/2011xzt/2017zt/20170804/2017080404/201708/t20170805_445568.html

在历史文化方面，内蒙古历史建筑大多在建筑功能上有所呈现：如部分革命烈士纪念塔、兵团建筑群、战备碉堡等，反映和承载了内蒙古那段特殊的革命历史文化；又如包头市一机工人文化宫、二〇二厂俱乐部、百货大楼、东河区红星影院等，则在一定程度上反映了包头市在那个特定历史年代中人们的精神文化生活状态(图2-2)。

图 2-2 东河区红星影院、二〇二厂俱乐部

宗教文化建筑方面，由于大部分宗教建筑已被认定为文物保护单位，作为历史建筑保留下来的，更多集中在一些小型的庙宇，宗教文化基本以藏传佛教为主，并存的也有部分天主教堂和基督教堂，还有局部寺庙则以当地的一些民间信仰人物为供奉主体（图 2-3）。

图 2-3 固伦淑慧公主庙格斯尔庙供奉主体

作为一个包容开放的民族地区，对于外来的文化通常都持接受态度，在周边地域文化的影响与流入下，内蒙古历史建筑中包含了多种邻近地域的建筑类型：如以隆盛庄为代表的晋风民居以及博克图镇的俄式砖房和俄式木刻楞。另外，在当时所处的特殊年代影响下，大量建筑的外部造型受苏联建筑文化的影响较大：如内蒙古农业大学东区主楼、内蒙古师范大学主楼、包头市昆区政府办公楼等（图 2-4）。

图 2-4 内蒙古农业大学东区主楼、内蒙古师范大学主楼、包头市昆区政府办公楼

2.2.3 城市与产业发展因素

从历史建筑的总体分布情况来看，脱离于城市与产业发展的历史建筑少之又少，基本局限于一些宗教寺庙、纪念性构筑物、民居府邸等，大部分的历史建筑都集中分布于城镇区，并与城市的产业发展有着密切的关系。

受环境资源、交通区位等因素影响，内蒙古地区各盟市的城市职能有着明显的差异，如行政文化型城市、工业型城市、交通枢纽型城市，这样的差异直接导致了各盟市历史建筑在功能类型、分布密度等方面的不同。

呼和浩特市作为内蒙古的首府城市，是内蒙古的政治、经济、文化中心，体现行政文化中心的文化类建筑有内蒙古卫生厅等政府类办公建筑、新钢礼堂等文化体育类设施、内蒙古工业大学主楼等高校类建筑；体现工业经济水平的建筑有内蒙古煤矿机械厂、骏马牌洗涤剂厂、机床附件厂、印刷厂等。由于城市发展历史较长、行政资源较为集中、工业经济总量较大等优势，历史建筑呈现的数量与类型均较为丰富。

包头市的产业发展引擎，尤其在中华人民共和国成立后很长的一段时间，主要是依靠于工业制造方面的发展。中华人民共和国成立以后，经过三年的经济恢复，国民经济得到根本好转。但是当时我国还是一个落后的农业国，工业水平远远低于发达国家。1955 年，我国发布了国家第一个五年计划，力图通过集中力量优先发展以能源、原材料、机械工业等基础工业为主的重工业，把中国由落后的农业国变为先进的工业国，包头作为国家工业产业重点发展城市，大批工业类企业得以建设发展。因此，历史建筑所呈现出的多为一些工厂类建筑及相关的工人经济生活类配套建筑。由于城市经济总量较大，当时的城市建设水平相对较高，因此，保留下的历史建筑数量也较其他城市明显增多。

阿尔山市有着丰富的林业资源和生态旅游资源，城市的产业发展也与之密切相关。依托林业资源的产业优势，阿尔山市建设了大批的木材加工、运输企业，如作为历史建筑保留下来的阿尔山新城街贮木场；在旅游资源方面，阿尔山的温泉资源特别丰富，是内蒙古著名的矿泉疗养地，共有 42 个泉眼，泉区方圆仅 1 平方公里。其中，作为历史建筑保留下来的海神疗养院就是在这样的产业发展背景下建设而成的（图 2-5）。

图 2-5 海神疗养院

再如，陈巴尔虎旗处在中东铁路的腹地，是中东铁路交通要道重要的一环。完工站、东宫站和赫尔洪得站三个历史建筑群就是借助这一交通上的优势得以建设，并在当时起着重要的货物运输作用。呼伦贝尔地区博客图镇，在历史上也是一个重要的交通要塞。博克图镇地理位置十分优越。铁路博林线与滨洲线在此交汇，成为重要的铁路枢纽；因岭高坡陡，上下行列车经由此站必停车增加补给加挂机头。所以，在博客图镇拥有大量以铁路围绕所建设的相关建筑，如作为历史建筑留存下来的博克图日本铁路护路队旧址、博克图铁路电务段旧址（图 2-6）。

图 2-6 博克图日本铁路护路队旧址、博克图铁路电务段旧址

2.2.4 重要历史事件因素

历史建筑的价值除了建筑物本身的技术价值和艺术价值以外，其所能承载或唤醒历史记忆的功能，同样具有一种不可忽视的意义。

对于内蒙古历史建筑来说，重要历史事件主要集中在中华人民共和国成立前的一些革命历史事件，作为历史建筑保留下来的纪念碑和公墓有大青山英雄纪念碑、大青山革命烈士陵园纪念碑、哈日巴拉烈士纪念碑、科右前旗苏联红军烈士墓（图 2-7）。

图 2-7 大青山英雄纪念碑、大青山革命烈士陵园纪念碑、哈日巴拉烈士纪念碑、科右前旗苏联红军烈士墓

除此之外，还有一些重要革命先烈的故居或事件发生点，如张占魁出生地、卢占奎故居、韩根栋故居、中共葫芦头梁党小组刘治衡故居“治源堂”、中共魏家卯地下党组织联络员周毛秃故居、李贵书记蹲点处（图 2-8）。

图 2-8 张占魁出生地、卢占奎故居、韩根栋故居、中共葫芦头梁党小组刘治衡故居“治源堂”、中共魏家卯地下党组织联络员周毛秃故居、李贵书记蹲点处

中华人民共和国成立后，知青“上山下乡”运动曾对内蒙古地区产生过重要影响，高日罕镇原司令部及礼堂（知青纪念馆）就是纪念这一时期历史事件的一处重要的历史建筑。在同一时期内，伴随着“文革”的推进，作为历史建筑保留下来的查金台牧场语录塔和胜利农场语录塔（图 2-9），就是反映这一历史时期最好的缩影。

图 2-9 查金台牧场语录塔和胜利农场语录塔照片

2.3 内蒙古历史建筑类型特征

在第一节中，笔者对官方公布的内蒙古历史建筑进行了基本的类型统计（表 2-1），从统计结果中可以清晰地看出，内蒙古历史建筑的主要类型集中在工业建筑、居住建筑、文化教育类建筑以及商业建筑四类，本节将对这四类建筑的特征进行进一步分析。

2.3.1 工业类历史建筑

由于官方在数据统计时将个别建筑群归为一处进行统计，因此，官方公布的内蒙古历史建筑中的工业建筑共有 60 处。经实地勘踏，内蒙古历史建筑中的工业建筑如按单体数量计算共计 79 处；如按照建筑群方式统计，共计 26 处。

总体上，工业类历史建筑主要的结构形式以框架结构为主。结构设计在结合工业企业生产设备情况以及生产的工艺流程的基础上，有效避免了工业厂房框架结构对生产设备安置、生产过程以及工艺的影响，从而为工业生产提供了适宜的场地环境。

按照生产布局模式分类，这些工业建筑主要有机械制造类、采集加工类以及二次加工类三种类型，由于生产流程的不同，其布局形式也存在一定的差异。这些工业建筑的群体布局方式大体可以分为放射式布局、串联式布局以及并联式布局三种类型，其中机械制造类工厂的布局形式主要是以组装生产车间为中心，其他制造、加工以及辅助厂房分散在试验室的周边，当所有的工艺流程结束后，产品集中到组装车间进行组装，因此，形成了以组装车间为中心的“放射式”布局。

以呼和浩特众环（集团）有限责任公司为例，该建筑群原为呼和浩特市机床附件厂，厂区的中央位置是各附件的组装试验车间，各附件的生产与加工车间都围绕组装车间进行布置（图 2-10）。

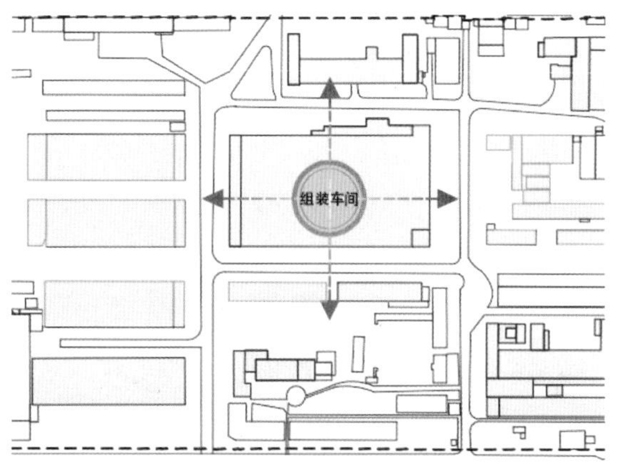

图 2-10 呼和浩特市众环（集团）有限责任公司总体厂区布局

采集加工类的工厂承担着从原材料采集到成品输出的全部任务，在设计时重点考虑了采集、生产与运输相结合的流线，由于工艺流程上不需要各厂房之间的反复结合，因此在流线上几乎不存在重复现象，自然形成了“串联式”的整体布局。

这一类布局的典型代表是兴安盟阿尔山市的新城街贮木厂，该厂区在 20 世纪 50 年代曾承担着当地几乎全部的木材加工任务，也是木材成品输出的集中地。在将原始的原木为主产品、生产方式为原始手工作业转变为采集、装运全部机械化流水作业的条件下，为了方便木材的制作、加工以及运输，贮木厂初建时考虑到了木材的制作流程以及成品输出的目的地，首先建了铁路线以及火车站，再结合木材的生产流程将不同功能的厂房布置在铁路两侧，从而形成了极具特色的工业建筑群布局形态（图 2-11）。

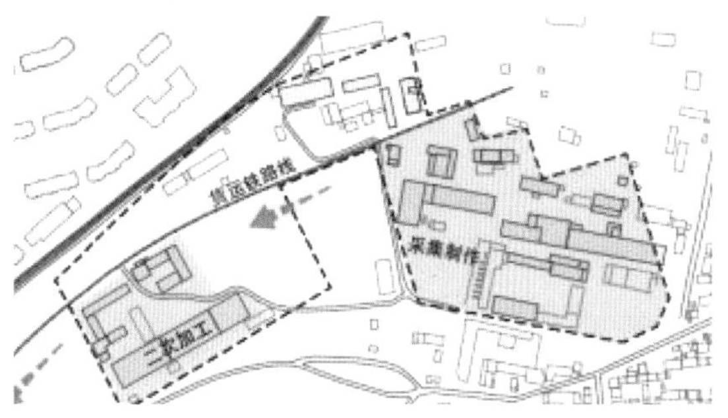

图 2-11 阿尔山市新城街贮木场总体布局

二次加工类的工厂主要承担着半成品二次加工的任务，在原材料经过一定的制作与加工之后，在这一类工厂中将其制作成不同种类的产品。由于制作的成品种类不同，因此各加工车间之间不存在必要的流线，为了节约用地面积，各厂房平行排布，从而形成了“并联式”的布局，例如乌海市的职业技能公共实训中心，该建筑是原黄河化工厂的一部分，内部厂房的布局基本按照不同的成品类型分区布置，各组团之间进行内部生产，互不干扰，效率较高（图 2-12）。

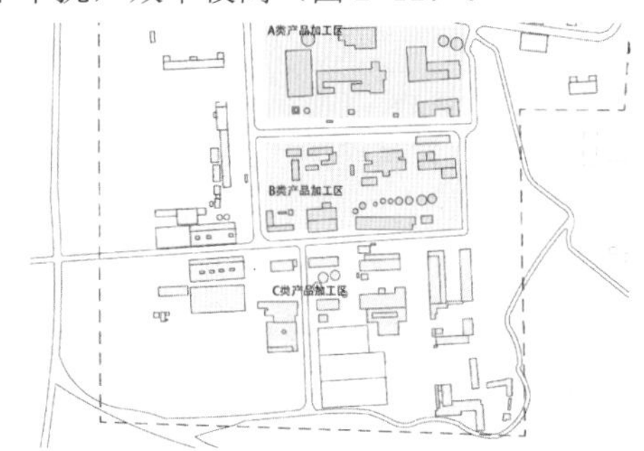

图 2-12 乌海市的职业技能公共实训中心总体布局

由于这些建造于中华人民共和国成立初期的工业建筑已经陆续进入老化状态，现阶段大部分工业建筑已经停止生产。由于工厂的拆迁费用较高，而通过加固、改造等手段可以弥补这些旧厂房的功能缺陷并保证其后续的安全使用，因此对旧厂房的改造日益成为厂房活态延续的有效选择。以内蒙古工业大学建筑系馆为例，该建筑原为铸造车间，是该校原机械厂的一部分，在改造过程中结合原有厂房各个空间的特征，结合实际情况重新设计了建筑的使用功能，从而赋予了旧厂房新的生命（图 2-13）。

图 2-13 建筑馆改造前后对比

再以乌海市青少年创意园为例，该建筑原为乌海市硅铁厂。本着保存人文记忆和生态绿色的原则，采用新型加固技术，对旧厂房结构进行了改造加固，在不拆除原有建筑的基础上，结合周边的生态环境，通过创意改造，对空置旧工业厂房的合理利用，既不会造成浪费，又延续了城市的历史文脉，提高了城市的文化内涵（图 2-14）。

图 2-14 乌海市青少年创意园改造前后对比

2.3.2 居住类历史建筑

内蒙古历史建筑中的居住建筑共 109 处，以木刻楞、俄式砖房、晋风民居以及名人故居四种类型为主。

木刻楞是俄罗斯族典型的民居，内蒙古地区保留下来的木刻楞主要集中在牙克石市博克图镇。木刻楞在墙裙之下，一般选用大块石料做基础，中间用粗长圆木叠罗或用宽度不等的长条木板钉就成墙壁；上部房檐、门檐、窗檐是装饰重点。木刻楞房盖好以后，可以在外面刷清漆，保持原木本色；也可以根据各家各户不同的爱好涂上自己喜欢的颜色（表 2-5），因此被称之为彩色立体雕塑。

多彩的木刻楞　　表 2-5

绿色木刻楞	木色木刻楞	蓝色木刻楞

相比于其他民居，木刻楞的优势在于安装快捷方便，且内外墙均无须装修，木材的自然花纹美观大方，形成天然的装饰。另外，木材抗震抗风，稳定性极佳，不易断裂，这也是这些木刻楞保留至今的必要条件。另外，木刻楞与其他民居最大的不同在于其建造工艺的特殊性，这种民居的建造方式看似粗糙实则讲究，首先是以大块的石料做基础，保证室内干燥，同时使得整个建造稳重扎实，给人以安全感。其次，墙身用圆木叠加或用宽度不等的长条木板钉制而成，这个过程基本上是用斧头砍凿，工艺简单又不失牢稳，给人一种质朴亲切的感觉。为了避免木材之间缝隙过大导致冬季漏风，利用湿木生长苔藓的自然现象进行填缝，体现了先人们精湛的手工技艺和令人惊叹的建造智慧。

俄式砖房也是典型的俄罗斯民居，由于地处北方严寒地区，为了减少屋顶在多雨雪天气状况下的荷载，屋顶为双坡顶。不同于木刻楞，俄式砖房的外立面色彩丰富、装饰较多，外墙普遍用红砖砌筑，再刷上黄色的涂料，多以砖块拼成的图案作为装饰，门窗上的过梁厚度同外墙一致，强调了建筑的厚重感，突出了北方严寒地区居住建筑的性格特征。虽然这些俄式砖房整体风格相似，但立面的处理存在一定的差异，有的砖房立面用直线进行构图，有的立面则加入了曲线的元素，从而产生了不同的视觉效果（表 2-6）。

不同细部的俄式砖房　　表 2-6

1 号俄式砖房	2 号俄式砖房	3 号俄式砖房

晋风民居多为传统的晋北四合院形式，装修不饰彩色，多以原木色为主，在墙体、门斗、窗栅及屋檐处大量使用富有装饰效果的砖雕、木雕。门斗处的木雕通常为垂莲柱，寓意着房宅主人对美好生活的憧憬。院内正房用于房主的生活起居、东西厢房用于招待来宾，厢房的耳房通常作为厨房、仓库、厕所等附属功能（表 2-7）。

不同细部的俄式砖房　　表 2-7

正房	厢房	砖雕装饰

由于部分地区有着特殊的历史背景，在内蒙古西部地区保存着一些名人故居，这些建筑地方特色鲜明，多以窑洞、土坯房的形式存在，每一座建筑都记载了一段英雄事迹。

2.3.3 文化教育类历史建筑

内蒙古历史建筑中的文化教育类建筑共53处，主要以礼堂、教学建筑两种类型为主。

在20世纪60年代，为响应毛主席的“知识青年到农村去，接受贫下中农再教育”的最高指示，一大批知识青年投身到了农村的建设中，礼堂作为这个时代下的主要学习场所，多分布在各个村落中。现阶段这些礼堂保存非常完整，仍然能体现出初建时的风貌。这些礼堂的主入口立面都极其相似。主立面的设计模仿了徽派建筑中马头墙的形式，墙体高出屋顶一部分，墙的高度层层降低，自然形成了渐变的韵律美，虽然没有像徽派建筑那般精雕细琢，但这样的渐变形式，似乎改变了墙壁原来的静止状态，更赋予了建筑动态之美。外墙顶部中央或挂有毛主席的相片、或有凸出于墙体的五角星，两侧多以几何图案或文字突出建筑的主题，这些建筑造型设计手法均是20世纪50年代文化类建筑的时代烙印（表2-8）。

各类礼堂建筑形式 **表2-8**

孔家村礼堂	兵团大礼堂	高日罕司令部礼堂
吉尔嘎朗镇礼堂	珠日河礼堂	额济纳旗政府礼堂

现阶段所有的礼堂仍然处于使用状态。其中有的老礼堂在保护及改造过程中很好地结合了建筑的历史背景。以锡林郭勒盟的兵团大礼堂为例，该礼堂在修缮与改造之后投入到了当地的特色旅游项目中，作为保护历史遗迹、促进旅游发展的重要工程，得到了合理且有效的利用。

教学建筑主要以教学楼为主，有独具蒙元特色的民族小学、俄式风格的铁路中学教学楼以及现代建筑设计手法结合蒙元装饰的高校楼。这些教学建筑体现着内蒙古地区不同地域不同时代的教育类建筑特征，风格迥异，各有特色（表2-9）。

各类教学建筑形式 **表2-9**

蒙古族小学	原铁路中学教学楼	内蒙古农业大学主楼
老铁中教学楼	呼铁一中实验楼	内蒙古师范大学主楼
固阳新城小学	水利学校	内蒙古工业大学主楼

2.3.4 商业类历史建筑

内蒙古历史建筑中的商业建筑共有31处，这些商业建筑的建设年代分为中华人民共和国成立以前、中华人民共和国成立初期以及改革开放以后这三个阶段。中华人民共和国国成立以前，内蒙古的商业建筑主要以古商铺为主；在中华人民共和国成立初期主要以供销社为主；在改革开放以后主要以百货大楼为主。

古商铺主要集中在乌兰察布市隆盛庄镇，建筑布局为晋北四合院风格，沿街一侧为商铺，两侧厢房作为居住使用，门洞高度大且设有垂花门，屋檐装饰丰富（表2-10）。

古商铺建筑细部 **表2-10**

古商铺门洞	古商铺装饰
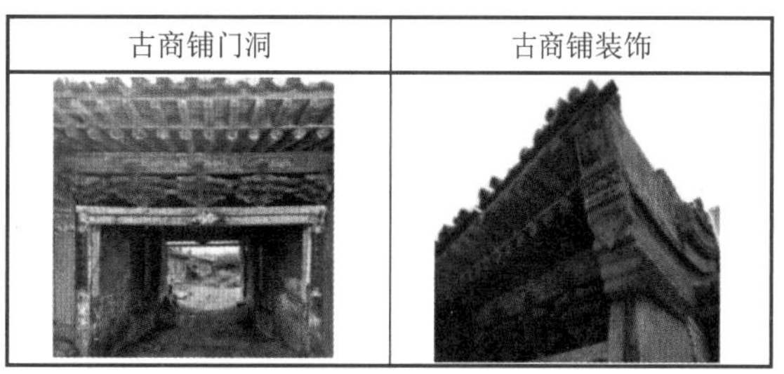	

供销社多处于当地人口密度最大的位置（如村镇的十字路口），主入口通常重点进行装饰加以强调，立面正中央通常刻有建筑的建成年份，体现出 20 世纪 60 年代商业建筑的性格特征（表 2-11）。

供销社建筑形式　　表 2-11

爱国供销社	朝鲁吐镇供销社
沙巴尔台供销社	朝鲁吐镇供销社

百货大楼的位置多处于城市的闹市区，以临河市（现临河区）百货大楼为例，复杂多变的功能决定了该类建筑丰富多样的形体组合，局部的蒙元装饰体现了建筑的地域特征（表 2-12）。

百货大楼建筑形式　　表 2-12

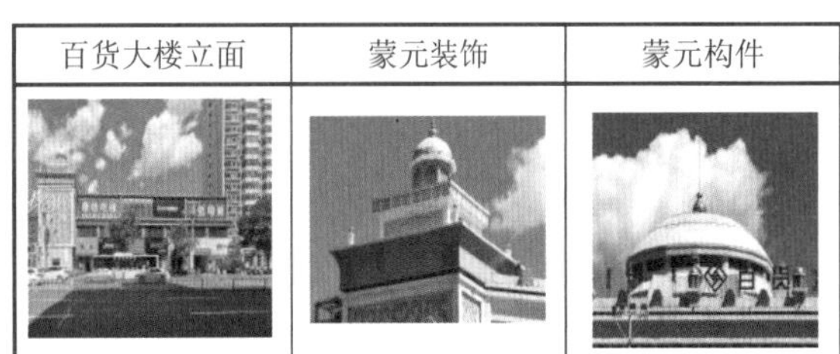

百货大楼立面	蒙元装饰	蒙元构件

2.4 内蒙古历史建筑年代特征

通过对内蒙古历史建筑建成年代进行梳理，我们可以清晰地看到，各类历史建筑的功能类型、风格特征等与当时所处的时代密切相关，如将整个内蒙古历史建筑通过时间轴串联，甚至可以整理出一部内蒙古近代建筑历史发展纲要（表 2-13）。

20 世纪之前建成的内蒙古历史建筑，在整体数量上分布极少，仅限于一些古寺庙、古戏台和古民居，建筑风格较为传统，建筑体系较为成熟稳定，受外来文化的影响较小。

20 世纪初期我国爆发了辛亥革命，沙俄勾结少数封建上层势力，发动所谓的“独立”与“自治”，妄图借机吞并内蒙古东部地区。在这样的历史背景下，代表外来文化的建筑类型开始传入了内蒙古东部地区，短时间内出现了大批沙俄时期建筑，如：木刻楞、俄式砖房、中东火车站等建筑。由于建筑功能比较单一，多数建筑布局与形式较为简单，多由一个体块组成。除木刻楞外，其他建筑均为砖混结构，外立面多用材料的原始质感表达，并未做过多的修饰，只在屋檐或屋角处采用砖雕或出挑的方式，来丰富建筑的外部造型。该时期内蒙古其他地区仍以土坯房或晋北建筑风格为主。

20 世纪 30 年代，内蒙古大部分地区被日本帝国主义侵占，日军在呼伦贝尔市建立了伪满政府，并在这里兴建了一批日伪建筑。受当地严寒气候的影响，建筑多以砖混结构为主，墙体厚实，双坡屋顶，平面多为规则的矩形，布局简单。在此期间，内蒙古地区还兴建了一些抗日革命阵地及相关的军事类建筑（其中多以碉堡为主）。受各方面因素的影响，内蒙古地区的革命历史活动并没有非常正式的活动场所，具有纪念意义的建筑多以名人故居为主，典型代表有鄂尔多斯市的“周毛秃故居”、“韩根栋故居”等。这些名人故居承载着革命时代的红色文化一直延续至今，具有重要的历史价值和教育意义，现阶段已经成为当地革命文化传播与教育的重要基地。

中华人民共和国成立初期（1949～1957 年），中华人民共和国经历了三年的经济恢复时期，在此之后，第一个国民经济五年计划应运而生，为了加快内蒙古地区经济发展速度，第二产业的发展成为主要发展目标，造就了大批重点工业项目的建设。在这样的时代背景下，内蒙古各地区兴建了一批重工业和轻工业厂区、筒子楼住宅以及大型仓库。该时期的建筑参照了苏联的建设经验，整体风格也同苏联建筑类似，外墙多以红砖砌筑，建筑质量较高。这个阶段的建筑大多以砖混结构为主，大面积的红砖建筑成了城市中一道亮丽的风景线。受到当时我国第二产业快速发展的影响，工业建筑的大量兴建成为一种常态。这些工业建筑的整体布局多为集中式布局，大多以工业厂区为中心，在其周围布置住宅楼及附属性建筑。随着时间的推移，现阶段部分建筑破损严重甚至已经被拆除，原始的建筑布局也已经破损。

1958～1966年，我国经济陷入极度困难的境地，1963～1965年实行了三年国民经济调整，内蒙古地区建设速度放缓，基本没有新建建筑，仍以中华人民共和国成立初期时兴建的建筑为主。1966～1976年间，全国各地区的经济发展几乎处于停滞状态。国内政治处于十年“文革”动荡时期，国民经济发展停滞不前，采取了计划经济体制，商品的交易需要凭票证交易，这时“供销社”应运而生，区内各地区兴建了一大批供销社。受到当时经济情况的影响以及建筑材料的制约，大多数建筑采用水刷石作为立面的饰面层，上面雕刻着毛主席语录内的文字，文化气息强烈，历史氛围浓厚。

改革开放初期（1978～1990年）为我国城镇建设振兴发展时期。经历了十年“文革”的经济停滞，拨乱反正，百业待兴。伴随着第二产业的迅猛发展，城市建设速度加快，一些如百货大楼、铁路工人文化宫、学校等公共建筑也开始大量出现，城市建设逐渐开始活跃。这一时期国家整体的经济实力不断提高，打开国门迎接世界的相关政策也频频出台，西方国家的现代主义思想传到了中国，建筑设计水平及工程技术均得到了较大的提升，各类型建筑百花齐放，出现了一大批新型建筑，如综合百货大楼、政府礼堂以及影剧院等公共建筑。该时期的建筑结构类型多以框架结构为主，突破了承重墙给建筑空间带来的局限性，使得内部功能组织更加灵活，出现了前所未有的公共空间形式。建筑造型上偏于现代设计风格，立面采用竖向长窗，建筑幕墙的形式开始流行，立面材料的表达也趋于多样化，多用面砖、涂料、大理石等材质对建筑立面进行装饰，较为强调建筑的虚实关系，建筑的形体上也由单一的几何形体转变为丰富的体块组合，体块之间相互穿插、拼接、咬合等造型设计手法层出不穷。

内蒙古近代建筑历史发展纲要表　　表 2-13

2.5 内蒙古历史建筑规模特征

根据建筑规模的数据统计，笔者将内蒙古历史建筑按照面积大小分为以下几个规模：100 ㎡以下、100 ～ 200 ㎡、200 ～ 500 ㎡、500 ～ 1000 ㎡、1000 ～ 2000 ㎡、2000 ～ 5000 ㎡、5000 ㎡以上（表 2-1）。并对相近规模的建筑特征进行了简要的汇编与总结，从而为后续的进一步深入研究提供了更为直观的资料。其中：

100 ㎡以下的历史建筑主要包括：纪念碑，语录塔，碉堡，中东铁路站附属用房（小仓库、水塔），小型庙宇。这些建筑布局简单，形体单一，以砖石砌筑为主，多为红色革命时代以及战争年代遗留下来的实物资料，具有较大的历史意义。

100 ～ 200 ㎡的历史建筑主要以居住建筑和商业建筑为主，包括木刻楞、晋风民居、供销社三种类型。这些建筑功能比较单一，形体布局也比较简单。受到当地的地理环境和人文因素影响，这些同样规模的建筑风格虽然不尽相同，但都有一个共同的特点，外墙多以砖材砌筑，开窗形式多为规则的矩形，设计手法传统，讲究建筑的适用性。由于建筑的体量较小，布局单一，为了塑造出更美观的外部造型，通常会在建筑的屋檐、门窗边缘等位置添加精美的装饰。

200 ～ 500 ㎡的历史建筑主要包括俄式砖房、兵团团部以及宗教建筑。这类规模的历史建筑主要集中在内蒙古东部地区，屋顶形式多为坡屋顶，受到地域气候环境的影响，这一类建筑的屋顶坡度较大、墙体较厚重、窗洞尺度较小。

500 ～ 1000 ㎡的历史建筑主要包括影剧院、政府礼堂两类。由于这类建筑均属于公共建筑，都需要设计满足自身使用功能的大空间（如礼堂的观演空间、影剧院的观众厅），因此建筑高度较高。建筑的外立面多采用三段式的设计手法，中轴对称，以欧式的壁柱对立面进行划分，靠近屋檐的外墙通常是装饰的重点。

1000 ～ 2000 ㎡的历史建筑主要包括文化宫、俱乐部、教学楼以及小型工业厂房等类型。这类规模的建筑体量适中，建筑形体多以单一的几何体为主（如教学楼），部分建筑为了体现层次感，采取了体块穿插、重叠或消减的形体处理手法，从而形成了建筑丰富的形体变化（如文化宫、俱乐部）。由于这一类建筑多为文体娱乐类的活动场所，为了塑造出轻松活泼的建筑性格特征，建筑外立面的设计比较注重虚实关系的表达。建筑结构多以砖混结构为主，少部分为框架结构，外墙材料多采用红砖。

2000 ～ 5000 ㎡历史建筑主要包括工业厂房、办公类、医疗类、公共服务类等建筑。由于该类建筑规模较大，建筑的整体风格也不同于其他规模的建筑，简洁大方，层次感丰富，注重建筑与周围环境的结合。另外，这一类大型建筑多建设于20世纪后期，受到了现代建筑设计思潮的影响，以现代风格为主，建筑的外立面多使用竖向条窗、幕墙、平屋顶等元素表达。

5000 ㎡以上的历史建筑主要为工业厂区。这一类建筑多为组合的群体，面积较大，整体布局主要根据不同的生产方式及生产流线分为串联式、分散式以及并联式三种类型。由于使用功能的特殊性，这一类建筑的高度通常较高。另外，该类建筑以工业生产或加工为主要任务，因此更加注重建筑的实用性，建筑造型简单大方，没有过多的细部表达。

各类规模历史建筑形式详见下表（表 2-14）。

内蒙古历史建筑规模特征 　　**表 2-14**

100 ㎡以下的历史建筑					
纪念碑	语录塔	碉堡	小型仓库	水塔	小型庙宇

表 2-14 续表

100～200 m²以下的历史建筑			200～500 m²以下的历史建筑		
晋风民居	供销社	木刻楞	俄式砖房	兵团团部	宗教类建筑

500～1000 m²以下的历史建筑			5000 m²以上的历史建筑		
影剧院	政府礼堂	政府礼堂	工业厂区		

1000～2000 m²以下的历史建筑					
文化宫	小型工厂	教学楼			
			5000 m²以的上历史建筑		
			工业厂区		
2000～5000 m²以下的历史建筑					
工业厂房	办公楼	公共服务建筑			

第二部分 中部地区

PART 2 Central Region

3

第3章 中部地区历史建筑概述

Overview of Historic Buildings in the Central Region

第 3 章 中部地区历史建筑概述

内蒙古中部地区包括呼和浩特市、乌兰察布市、锡林郭勒盟三个盟市，南部与山西省、河北省毗邻，北与蒙古国接壤，有二连浩特口岸、珠恩嘎达布其口岸、呼和浩特航空口岸等对外的文化贸易交流中心。

3.1 中部地区环境概况

内蒙古中部地区地形多样，自然地貌自北向南由蒙古高原、乌兰察布丘陵、阴山山脉、黄土丘陵组成，东西向自阴山山脉而起，至大兴安岭而终。地处中温带，远离海洋，气候四季分明，属于大陆季风性气候，四季特征明显，因大青山的分隔，前山地区比较温暖、雨量多，而后山区多风。

内蒙古中部地区草原分布广，主要由乌兰察布草场、锡林郭勒草原组成，草原种类丰富，畜牧业发达，靠近内蒙古东部地区的天然森林占有面积达到内蒙古东部地区 64%，树种资源丰富，人工林也分布在锡林郭勒旗县，以农田防护林和用材林为主。矿产资源主要集中在内蒙古中部地区的西部，蕴含 20 多种矿物种类，刺激了呼和浩特市及周边地区的工业发展。另外，该地区东西方向较长，主要城镇之间距离远，因此在地域民俗上也略有差异，同时第一产业主要集中在靠近内蒙古东部地区的区域，因此东西两个区域的城镇发展差异大，基础建设水平良莠不齐。

内蒙古中部地区地区在漫长的历史发展中形成了以蒙元文化为主，其他文化并存的人文环境。由于呼和浩特市作为内蒙古自治区的政治、经济和文化中心，来自内蒙古不同地区的居民聚集在这里，为多元文化的形成提供了必要的前提条件；而乌兰察布因为发展的滞后及地形地貌的影响，人文元素相对单一，但由于畜牧业发展水平较高，对村镇的发展起到了促进作用。内蒙古中部地区部分旗县作为之前的抗日革命根据地，现存有一批纪念碑及陵园建筑；锡林郭勒盟靠近内蒙古东部地区，因此产业类型以及民俗传统也与内蒙古东部地区相似。在 20 世纪五六十年代，大批的知识青年从四面八方来到这里，为当地的发展与建设做出了巨大贡献，也遗留下了一部分兵团建筑以及文化类建筑。

总体来说，内蒙古中部地区地形地貌跨度大，各城市之间的发展水平存在较大差异，造成了东西两端的人文文化迥异、多元元素与单一元素的差异。靠近内蒙古西部地区的城镇在早期就开始发展工业，因此遗留了较多的工业建筑，而靠近内蒙古东部地区的城镇工业化水平相对落后，因此遗留下来的历史建筑以宅第民居以及文化类建筑为主。这些历史建筑在过去的几十年里见证了内蒙古中部地区的建设与发展，更为该地区的建设与发展做出了不可磨灭的贡献，现阶段依然能够完整地保留下来，作为地方文化传承的实物资料继续叙述着蒙中地区的历史故事。

3.2 中部地区历史建筑特征

内蒙古中部地区属于沙漠和高原的过渡地带，地理环境特殊，该地区的产业类型以农业为主，生产方式以农牧结合的方式为主，当地的建筑在自然、历史和社会条件的影响下，顺应地势、适应干旱寒冷的气候条件，再加上当地农牧业相结合的生产方式，形成了独特的建筑风格。

该地区的历史建筑共计 111 处，其中呼和浩特市 52 处、乌兰察布市 52 处、锡林郭勒盟 7 处，由于该地区整体城镇发展水平高于内蒙古东部地区和内蒙古西部地区，因此这些历史建筑的分布较为集中，大多分布在市区、城镇内，极少有分布在村落之中的建筑。由于文化形式与历史背景相对内蒙古其他地区比较单一，该区域的历史建筑的设计手法与装饰元素也不像其他地区的建筑那样复杂，更加接近现代建筑的风格，立面简洁大方，但建筑形体更加丰富。

锡林郭勒盟的历史建筑主要集中在乌拉盖管理区哈拉盖图农牧场巴音陶海村，该地址曾是原内蒙古生产建设兵团五十一团所在地，也是电影《狼图腾》的拍摄地。1975 年撤销兵团建制，但兵团大礼堂、兵团司令部、政治部、后勤部、兵团邮电所、知青招待所等一大批具有历史标志性和独特风格的建筑都完整地保留了下来。2017 年当地政府为支持鼓励管理区境内青年创业、拓展提升旅游服务范围和水平，将修缮后的司令部、后勤部、政治部等历史建筑投入到特色旅游项目中，在保护历史遗迹、促进旅游发展发展的过程中发挥了重要的作用。当地的兵团文化和精神已经成为人们价值追求的自觉意识，这些极具标志性的兵团建筑也成了兵团战士们故地重游的景点。另外，内蒙古生产建设兵团五师四十一团曾驻于西乌旗高日罕镇，为了丰富知青们的业余生活，在此处建了一座礼堂，随着部队撤销，礼堂一直闲置。为了充分保护并利用好这座承载着下乡知青们峥嵘岁月的建筑，当地政府于 2017 年对其进行了修缮与改造，现阶段作为当地的知青纪念馆，是当地主要的红色文化宣传基地。

乌兰察布市在历史上曾是中原王朝与北方少数民族地区的交汇地带，更是大窑文化、仰韶文化、岱海文化的重要发祥地，被考古学家苏秉琦先生赞誉为“太阳升起的地方”。该地区的历史建筑主要集中在隆盛庄镇。隆盛庄镇地处要塞，历史久远，文化底蕴深厚，南接内地，北通草原，凭借晋冀两大商道交汇处得天独厚的交通枢纽优势，成为旅蒙商贸的集散地和旱码头，在清末民初曾是我国闻名遐迩的商业重镇。另外，隆盛庄镇曾是明长城三道边上的重要关口——威宁口，清乾隆三十二年（1767 年），清政府招民在此垦荒建庄，概取乾隆盛世之意，定名隆盛庄。隆盛庄镇于 2012 年底被住建部、文化部、财政部确定为全国首批传统村落，2014 年 3 月被住建部、国家文物局列为中国历史文化名镇。该地区历史较为悠久，文化积淀深厚，清朝年间由于我国晋西北地区环境恶劣，居民生活贫苦，为了谋生只能背井离乡，流落到此处并在此设庄，建造了大量的晋风建筑，主要以南庙古建筑群和清真寺、古民居、古商铺为代表，在当地居民的精心保护以及国家相关部门的大力支持下一直保存到现在。隆盛庄镇的四合院古民居遗存较多，主要分布在四老财巷、大巷、聚财巷，民房装修大量使用富有装饰效果的砖雕、木雕，是隆盛庄传统民居和民间工艺的一大特色，现保存较好的院落有卢家大院、段家大院等晋风民居。这里的历史建筑以其独特的建筑风貌讲述着当地近百年的故事，它们的一砖一瓦、一椽一木，都是社会变迁的历史印记，镌刻着最质朴的民族民风。它们不仅是宝贵的文化遗产，也是不可再生的文物资源。这里的居民作为这些古民居的主人，是这些古民居的生命活力之源，他们主导并演绎着当地浓浓的乡土氛围与民俗风情。

呼和浩特，蒙古语意为“青色的城”，是内蒙古自治区首府和全区政治、经济、科技、教育和金融中心，是呼包鄂“金三角”范围内的区域性中心城市，呼和浩特有着两千年的城市建设史，历史文化悠久，民族特色浓郁，自古以来就是游牧文明和农耕文明交汇、碰撞、融合的前沿，各民族在这里繁衍生息，共同创造谱写出灿烂的历史和文化。早在改革开放以前，呼和浩特地区就开始大力发展工业，工业类型主要以机械制造类为主，这些工业建筑以其完整的布局形式一直保留至今，清晰地体现着内蒙古地区 20 世纪工业发展的模式。另外，该地区作为内蒙古地区的教育中心，因此遗留了大量的教育建筑，这些教育建筑有中学的实验楼，有大学里的主楼，设计手法接近现代建筑的手法，立面的局部添加了蒙古族特有的装饰元素，在不破坏建筑主体特征的情况下凸显了一定的地域特色。这些教学建筑见证了当地教育从 20 世纪 50 年代到现在的发展历程，虽然大部分建筑在后期都经过一定的改造，但主体结构与整体布局依然保存完整，是呼和浩特市几十年来文化积淀的载体，具有极高的保护与再利用价值。总体来说，呼和浩特市作为内蒙古自治区的经济、政治、文化中心，凭借着优越的地理位置以及发展条件，保留下来的历史建筑在设计手法上相对于其他地区更加前卫，在 20 世纪五六十年代就已经体现出了现代建筑的设计手法。

由于各地区的发展状况不同，导致了各地区对于历史建筑的保护力度存在较大差异。呼和浩特市的历史建筑保护情况较好，大多数历史建筑在经过修缮与改造后仍然在继续使用，很好地展现了历史建筑的风貌与活力；乌兰察布市的历史建筑主要集中在隆盛庄镇，且大多数为晋风民居，随着历史的变迁，大多数建筑外立面已经破损或被改造，但建筑的整体布局形式仍然保存得比较完整；集宁市区的两处工业类建筑历史原貌保存完好，现处于使用状态。锡林郭勒盟的历史建筑保护完好，且以“兵团文化”为主题投入到了当地的旅游资源中，当地政府按照自治区住建厅保护历史文化遗迹要求，按照规划，展开了相应的修缮工作，保护范围主要包括群体布局形式、建筑单体、基础设施、公共服务设施、总体环境等内容，按照“缺什么、补什么”的原则，实施了街巷硬化、绿化、通电、通水等工程，确保游客观赏、休闲、娱乐、休息等一系列基础设施完善。在保证不破坏建筑原有风貌的大前提下发展旅游产业，把历史文化遗迹修缮保护和发展草原旅游业结合起来。结合当地的自然条件、基础设施、地理位置等实际情况，研究制定了历史文化遗迹保护修缮的具体方案，同时借助《狼图腾》影片的影响力，围绕兵团建筑群打造了“天边草原”的旅游品牌，和草原文化旅游业同步发展，既赋予了建筑新的生命，又推动了地方经济的发展。

建筑结构方面，呼和浩特市的建筑结构类型主要以框架结构为主，少部分建筑为砖混结构或木结构。乌兰察布市由于古民居与古商铺较多，因此木结构是当地建筑的主要结构形式，但由于年代比较久远，大多数古民居的主体结构材料已经被更替。另有两处框架结构建筑至今保存完整，具有较高的历史价值。锡林郭勒盟的 7 处历史建筑的主体结构全部都是砖木结构，这种结构形式将砖的耐久性与木材的抗震性完美地结合在一起，是 20 世纪我国北方地区常用的结构形式。

总体来说，中部地区历史建筑类型大多以工业类建筑和古民居为主，这些历史建筑虽然经历了数次的历史变迁，但仍然保持着初建时的建筑风貌。正是因为这些历史建筑的存在，才会让人们经过它们的时候，在脑海中勾勒出那个时代的场景，才会让人们铭记那个时代的特征，才会让人们记住曾经有那么一瞬间是无法随着时间的长河抹去的。在调研的过程中发现多数建筑的原始屋顶与门窗正在逐渐被彩钢和铝合金代替，虽然建筑的主体结构保存比较完整，但所有的重度损坏都是从单个的建筑构件开始的，因此对于这些历史建筑的保护已经迫在眉睫。这些历史建筑是多元文化结合的产物，它们见证了内蒙古中部地区几十年的建设与发展，也承载着当地几代人的生活记忆，具有极高的历史价值。

第4章 中部地区代表性历史建筑

Typical Historical Buildings in the Central Region

4.1 内蒙古农业大学东区主楼

Main Building in the East Campus of Inner Mongolia Agricultural University

内蒙古自治区呼和浩特市赛罕区大学东街

Daxue East Street, Saihan District, Hohhot, Inner Mongolia Autonomous Region

历史公布时间：2018 年 2 月 28 日

鸟瞰图

建筑简介

内蒙古农业大学东区主楼位于内蒙古农业大学北侧，处于学校中轴线处，楼前为该校学生集散场地和景观绿化，具有良好的景观条件，道路尺度适宜，交通情况良好。该建筑建于 1956 年，是建校初期建成的楼宇之一，也是整个校区年代最久的建筑，见证了该校区的六十多年来的发展和兴盛。

该建筑占地面积为 18286 m²，建筑面积为 12365 m²，高度约 25m。现阶段建筑质量较好，仍然用于教学办公。建筑呈“U”形布局，主体建筑为长方形，南北纵向深，两侧为附属功能建筑，从而围合出较为规则的开敞空间。建筑的主从关系明确，体量上形成鲜明对比，从而突出了建筑的主体部分。

建筑形制及立面造型是 20 世纪 50 ～ 60 年代文化教育建筑典型的表达方式，整体对称的形式强化了建筑的竖向元素，而三段式的立面设计手法则强调了立面的水平元素，从而使建筑形成很强的韵律感、秩序感以及庄严感。建筑主立面的开窗大小错落有致，且在墙面上加入了蒙古族文化元素的图案装饰，使得建筑大气中平添一份生动。主入口采用玻璃材质的挑檐，透明的玻璃与不透明的石墙之间再次形成鲜明的对比。建筑外墙的细部采用石材、涂料、浮雕等材料将建筑重新进行改造，以米黄色为主色调，重点突出了蒙元文化的浮雕，增强了建筑的地域特色。建筑内部采用单内廊进行功能布局，两侧的功能空间采光良好。

内蒙古农业大学东区主楼是我国近现代地域文化建筑的典型代表，也是呼和浩特城市发展的历史见证，具有很好的再利用和保留价值。作为伴随呼和浩特市城市发展而保留下来并一直使用的建筑，它的存在不仅体现在建筑使用功能和建筑美学延续上，也体现在对当地历史文化的传承和人们情感的寄托中。

<table>
<tr><td>建筑名称</td><td colspan="2">内蒙古农业大学东区主楼</td><td>历史名称</td><td colspan="3">内蒙古农业大学东区主楼</td></tr>
<tr><td>建筑简介</td><td colspan="6">内蒙古农业大学主楼建筑建于 1956 年，仍然用于教学办公，是全校最老的楼，该建筑现状建筑质量较好，是建校初期建成的楼宇之一，见证了该校区六十多年来的发展和兴盛</td></tr>
<tr><td>建筑位置</td><td colspan="6">内蒙古自治区呼和浩特市赛罕区大学东街</td></tr>
<tr><td rowspan="2">概述</td><td>建设时间</td><td>1956 年</td><td>建筑朝向</td><td>南向</td><td>建筑层数</td><td>局部五层</td></tr>
<tr><td>历史公布时间</td><td>2018 年 2 月 28 日</td><td>建筑类别</td><td colspan="3">文化教育</td></tr>
<tr><td rowspan="3">建筑主体</td><td>屋顶形式</td><td colspan="5">平屋顶</td></tr>
<tr><td>外墙材料</td><td colspan="5">砖石砌块</td></tr>
<tr><td>主体结构</td><td colspan="5">框架结构</td></tr>
<tr><td>建筑质量</td><td colspan="6">基本完好</td></tr>
<tr><td>建筑面积</td><td colspan="2">12365 m²</td><td>占地面积</td><td colspan="3">18286 m²</td></tr>
<tr><td>功能布局</td><td colspan="6">建筑呈“U”形布局，形成了较为规则的开敞空间。主体建筑为长方形，局部五层，南北纵向深，两侧为附属功能建筑，建筑以教学、办公为主要功能</td></tr>
<tr><td>重建翻修</td><td colspan="6">—</td></tr>
<tr><td colspan="7">

A. 内蒙古农业大学东区主楼
B. 内蒙古农业大学林学院
C. 内蒙古农业大学马克思主义学院
D. 内蒙古农业大学东校区
E. 内蒙古农业大学丁香餐厅
F. 内蒙古农业大学学生公寓
G. 内蒙古农业大学田径场
H. 内蒙古农业大学家属楼
I. 内蒙古农业大学农学院
K. 内蒙古农业大学外国语言学校
</td></tr>
<tr><td>备注</td><td colspan="6">—</td></tr>
<tr><td>调查日期</td><td colspan="2">2019 年 7 月 21 日</td><td>调查人员</td><td colspan="3">马德宇、吕保</td></tr>
</table>

内蒙古农业大学东区主楼

图片名称	北立面	图片名称	主入口广场	图片名称	次入口
图片名称	东立面	图片名称	广场	图片名称	室内走廊
图片名称	一层公共区域	图片名称	二层公共区域 1	图片名称	二层公共区域 2
图片名称	教师休息室	图片名称	教室	图片名称	室内楼梯
图片名称	次入口公共空间	图片名称	东北角	图片名称	主入口

备注	—
摄影日期	2019 年 7 月 21 日

主立面人视图

西北立面
人视图

裙楼人视图
（左）
周边环境
（右）

4.2 内蒙古师范大学主楼

Main Building of Inner Mongolia Normal University

内蒙古自治区呼和浩特市赛罕区昭乌达路

Zhaowuda Street, Saihan District, Hohhot, Inner Mongolia Autonomous Region

历史公布时间：2018 年 2 月 28 日

| 鸟瞰图

建筑简介

内蒙古师范大学主楼位于呼和浩特市赛罕区学苑西街南侧，昭乌达路西侧，鄂尔多斯东街北侧。该建筑建于 1956 年，是建校初期建成的楼宇之一。现阶段建筑质量较好，仍然处于使用状态。

该建筑占地面积为 14252.2 ㎡，建筑面积为 12630 ㎡，建筑高度约为 16m。建筑整体呈“U”形布局，因此形成了较为规则的半开敞空间，极大地提高了建筑的室外环境品质。由于该建筑位于校园的主轴线之上，因此在建筑的体块关系上采用了与西侧田家炳教育学院一致的对称形式，从而极大地强化了校园由东向西的主轴线。

建筑主体为三层，局部四层，建筑屋顶为平屋顶。建筑的主要功能为教学办公，内部空间布局简单紧凑，利用率较高。建筑内部结构完整，建筑内部的楼梯仍然保留为原始的形式，内部设施较好，通过中间走廊连接南北房间。建筑内部空间采光良好。

建筑立面整体采用对称的方式，提升了建筑自身的庄严与秩序感。立面刷有涂料，以白色为主色调，灰色为辅色调。底部与顶部均使用了砖红色的材质，明确了建筑的上下边界，更与外墙上的灰白色形成鲜明的对比，大大丰富了建筑立面。在历年改造的过程中，建筑保留了原来的砖、水泥、石材等材料，窗间墙设计了外挂的壁柱作为装饰，立面特征较为鲜明。

内蒙古师范大学主楼作为呼和浩特市城市发展史上重要的代表性建筑，建筑形制及立面造型是 20 世纪 50 ～ 60 年代文化教育建筑的典型代表。在过去六十多年的风雨中，内蒙古师范大学主楼见证了内蒙古师范大学的发展与兴盛，并伴随着社会的发展培育出了众多国家栋梁，具有特殊的教育意义。该建筑不仅承载了一代学子的情感寄托，也具有一定的历史价值与社会价值。

<table>
<tr><td>建筑名称</td><td colspan="2">内蒙古师范大学主楼</td><td>历史名称</td><td colspan="3">内蒙古师范大学主楼</td></tr>
<tr><td>建筑简介</td><td colspan="6">内蒙古师范大学主楼，建筑建于 1956 年，建校初期建成的楼宇之一，现状保存基本完好，建筑形制及立面造型是 20 世纪 50 ～ 60 年代文化教育建筑典型的代表</td></tr>
<tr><td>建筑位置</td><td colspan="6">内蒙古自治区呼和浩特市赛罕区昭乌达路</td></tr>
<tr><td rowspan="2">概述</td><td>建设时间</td><td>1965 年</td><td>建筑朝向</td><td>西向</td><td>建筑层数</td><td>局部四层</td></tr>
<tr><td>历史公布时间</td><td>2018 年 2 月 28 日</td><td>建筑类别</td><td colspan="3">教育文化、办公建筑</td></tr>
<tr><td rowspan="3">建筑主体</td><td>屋顶形式</td><td colspan="5">平屋顶</td></tr>
<tr><td>外墙材料</td><td colspan="5">砖墙</td></tr>
<tr><td>主体结构</td><td colspan="5">框架结构</td></tr>
<tr><td>建筑质量</td><td colspan="6">基本完好</td></tr>
<tr><td>建筑面积</td><td colspan="2">12630 m²</td><td>占地面积</td><td colspan="3">14252.2 m²</td></tr>
<tr><td>功能布局</td><td colspan="6">建筑呈“U”形布局，形成了较为规则的开半敞空间。主体建筑为长方形，局部四层，两侧为附属功能建筑，建筑以教学办公为主要使用功能</td></tr>
<tr><td>重建翻修</td><td colspan="6">—</td></tr>
<tr><td colspan="7">A. 内蒙古师范大学主楼
B. 内蒙古师范大学教学楼
C. 内蒙古师范大学后勤楼
D. 内蒙古师范大学足球场
E. 内蒙古师范大学篮球场
F. 内蒙古师范大学逸夫楼
G. 内蒙古师范大学学生公寓
H. 内蒙古师范大学行政楼
I. 内蒙古师范大学第三餐厅</td></tr>
<tr><td>备注</td><td colspan="6">—</td></tr>
<tr><td>调查日期</td><td colspan="2">2019 年 7 月 23 日</td><td>调查人员</td><td colspan="3">马德宇、吕保</td></tr>
</table>

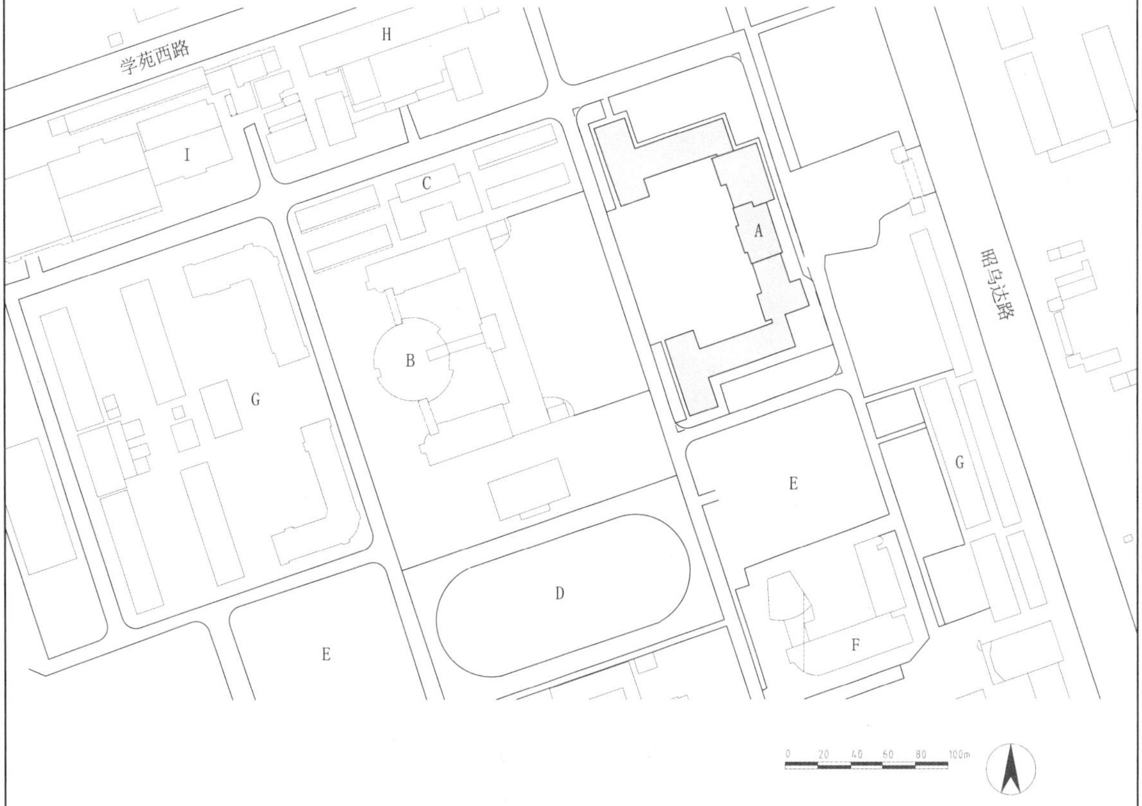

内蒙古师范大学主楼

图片名称	入口广场	图片名称	主入口	图片名称	透视实景图
图片名称	次入口广场	图片名称	附属楼入口	图片名称	主入口门厅
图片名称	分隔空间	图片名称	外国语学院公共空间	图片名称	一层走廊
图片名称	教师活动室	图片名称	教师办公室	图片名称	附属楼走廊
图片名称	附属楼立面	图片名称	广场景观	图片名称	楼梯
备注	—				
摄影日期	2019 年 7 月 23 日				

主立面

附属楼

实景图（左）
周围环境（右）

4.3 内蒙古工业大学（建筑馆）

Architecture Hall of Inner Mongolia University of Technolog

内蒙古自治区呼和浩特市新城区哲里木路爱民街
Aimin Street, Xincheng District, Hohhot, Inner Mongolia Autonomous Region
历史公布时间：2018 年 2 月 28 日

鸟瞰图

建筑简介

内蒙古工业大学建筑馆位于内蒙古工业大学（新城校区）校园中心地段。原为铸造车间，是该校原机械厂的一部分。始建于 1968 年，1971 年建成投产。作为内蒙古工业大学的校办工厂，曾为学校的支柱产业，也是学生们的课外实践基地，对当时学校的“产学研”结合发展曾经起过重要作用。产业结构调整后，车间各部分陆续停产，至 1995 年全面废弃。2008 年开始进行改造，于 2009 年 5 月改造完成并作为建筑学院教学办公投入使用。

旧厂房质朴、率真的造型存留着年代的记忆，散发着浓厚的人文情怀，这也是旧建筑的重要价值所在。为使改造后的建筑馆仍具有一种人文记忆的，改造设计在尽可能保留原有空间的前提下，着重在材料、装置、色彩、构造等方面有所突破。通过“旧”的保留与“新”的引入才使得远去的工业文明和发展的现代艺术展开了跨越历史时空的对话。

建筑馆没有过多的饰面装修，将最原始的建筑材料展现给人们。建筑保留了厂房原有的混凝土桁架、牛腿柱、钢架、烟囱以及一些废旧的工业机器，这些原有建筑元素的保留奠定了建筑馆装饰基调的大方向，新加入的钢结构也与原有结构有机结合。钢构件的大量选用突出反映了建筑原有的工业气质，黏土砖的反复出现在冷峻的工业气质中增添了温馨的怀旧情调，简单的水泥地面使教学场所显得粗犷而朴质。通过局部 U 玻、单玻等光洁材料的衬托，整体试图传达出工业建筑特有的清晰、朴素、单纯和率真。原厂房中的机器装置被完好保留或改造成特殊的构件，部分成为校园中的“艺术品”；砖、木、水泥的固有色调是历史建筑色彩集合，质朴而有温度，加入钢构件的冷灰色调后，进一步渲染了曾经的工业时代气质。这种“新”与“旧”的巧妙融合，给人以强烈的视觉冲击力。

<table>
<tr><td>建筑名称</td><td colspan="2">内蒙古工业大学（建筑馆）</td><td>历史名称</td><td colspan="3">内蒙古工业大学机械厂</td></tr>
<tr><td>建筑简介</td><td colspan="6">建筑馆由校园中的一座废旧厂房改建而成。设计工作主要表现为对现有空间的功能置换，即，识别原有厂房各个空间的特征，平实地赋予或引导适宜的新功能。在此基础上，对原有结构进行对症式的改造加固，并采用被动式的生态通风系统，同时，对废旧材料进行重新利用</td></tr>
<tr><td>建筑位置</td><td colspan="6">内蒙古自治区呼和浩特市新城区哲里木路爱民街 49 号</td></tr>
<tr><td rowspan="2">概述</td><td>建设时间</td><td>1968 年</td><td>建筑朝向</td><td>南向</td><td>建筑层数</td><td>三层</td></tr>
<tr><td>历史公布时间</td><td>2018 年 2 月 28 日</td><td>建筑类别</td><td colspan="3">文化教育、工业遗产</td></tr>
<tr><td rowspan="3">建筑主体</td><td>屋顶形式</td><td colspan="5">双坡屋顶</td></tr>
<tr><td>外墙材料</td><td colspan="5">红砖</td></tr>
<tr><td>主体结构</td><td colspan="5">框架结构</td></tr>
<tr><td>建筑质量</td><td colspan="6">保存良好，经过改造后继续使用</td></tr>
<tr><td>建筑面积</td><td colspan="2">2160 m²</td><td>占地面积</td><td colspan="3">5200 m²</td></tr>
<tr><td>功能布局</td><td colspan="6">一层西面主要为模型制作和绘图区域，东侧是沙龙茶室；二层西侧为评图空间，东侧为计算机机房及办公区域；三层整体为办公用房</td></tr>
<tr><td>重建翻修</td><td colspan="6">1995 年全面废弃，2008 年开始改造，2009 年 5 月改造完成并作为建筑学院教学办公投入使用</td></tr>
</table>

0 20 40 60 80 100m

A. 内蒙古工业大学建筑馆
B. 建筑馆扩建
C. 车间
D. 内蒙古工业大学工程技术楼 -A 座
E. 综合楼
F. 内蒙古工业大学文体馆
G. 学生公寓
H. 会议中心、办公大楼
I. 第二教学楼
J. 植霖楼
K. 学生活动中心
L. 图书馆
M. 第三教学楼
N. 科学馆
O. 第四教学楼

<table>
<tr><td>备注</td><td colspan="3">—</td></tr>
<tr><td>调查日期</td><td>2019 年 7 月 21 日</td><td>调查人员</td><td>任赫龙、耿雨</td></tr>
</table>

内蒙古工业大学建筑馆

图片名称	南部入口	图片名称	屋顶	图片名称	南立面局部
图片名称	中庭休息空间	图片名称	从休息空间向外看 1	图片名称	从休息空间向外看 2
图片名称	二层局部	图片名称	二层评图空间走廊 1	图片名称	二层评图空间走廊 2
图片名称	东侧庭院局部	图片名称	三层局部	图片名称	入口庭院局部
图片名称	南向入口局部	图片名称	主入口	图片名称	从阳光间看室外烟囱
备注	—				
摄影日期	2019 年 7 月 21 日				

鸟瞰图

南立面人视实景照

主入口（左）
室内局部（右）

4.4 乾通寺

Qiantong Temple

内蒙古自治区新城区成吉思汗社区哈拉沁村

Halaqin Village, Genghis Khan Community, Xincheng District, Inner Mongolia Autonomous Region

历史公布时间：2018 年 2 月 28 日

鸟瞰图

建筑简介

乾通寺建于明朝末期，距今已有 300 多年的历史，是七大召之一，“文革”时期被严重损坏，1986 年重新修复，现位于呼和浩特市新城区哈拉沁村西北角，红保线西北方向，紧靠大青山。寺庙主殿保存基本完好，墙体经过后期维护仍然坚固，它的存在不仅见证了该区域的历史变迁，也见证了宗教文化的发展。

乾通寺占地面积约 3574.8 ㎡，建筑面积约 362.4 ㎡，建筑高度约 5m，建筑层数为 1 层，建筑整体保存较为完整，寺庙主体采用砖木结构，结构保存完好。寺庙总体布局为传统宗教寺庙空间布局，院落内有主殿、钟楼、鼓楼、厢房等建筑。现寺院为三进院落。寺院的一进院，两侧建有钟楼、鼓楼。二进院原寺院古老的山门对面为释迦牟尼佛殿。主殿则位于二进院，主殿两侧是耳房，主殿与耳房保存较为完好，院落内宗教气氛浓重，主殿南面有香炉、撞钟。三进院为后期修建的现代仿古建筑。

乾通寺建筑主材料是山上的红松木。墙上的壁画用矿物颜料所绘，色泽保持鲜艳，人物栩栩如生，反映的是佛祖从出生、出家、成道、说法、涅槃的过程。由于乾通寺供奉的是释迦牟尼，所以整个寺庙是按照寺庙的最高规格建造的。整个寺庙的规模可与玉泉区的大昭寺相媲美。庙内最值得称奇的，是墙上的壁画，因为是矿物颜料所绘，虽然历经百年，色泽却依然鲜艳，画面线条流畅，人物面目祥和，栩栩如生。画中所有闪光的地方，都是纯金装饰，在整个内蒙古地区绝无仅有。

建筑名称	乾通寺		历史名称	乾通寺		
建筑简介	由于乾通寺供奉的是释迦牟尼，所以整个寺庙是按照寺庙的最高规格建造的。整个寺庙的规模可与玉泉区的大昭寺相媲美。建筑的主要材料为山上的红松木。院内，在青绿的柏松和一尊铜铸香炉的掩映下，主殿若隐若现，神秘庄严					
建筑位置	内蒙古自治区呼和浩特市新城区哈拉沁村西营子西北角					
概述	建设时间	明末清初	建筑朝向	南向	建筑层数	一层
	历史公布时间	2018 年 2 月 28 日	建筑类别	宗教建筑		
建筑主体	屋顶形式	双坡屋顶				
	外墙材料	木材				
	主体结构	砖木结构				
建筑质量	保存良好					
建筑面积	约 420 m²		占地面积	3574.8 m²		
功能布局	建筑总体布局为传统宗教寺庙空间布局，院落内有主殿、钟楼、鼓楼、厢房等建筑形制。建筑总体布局呈矩形，乾通寺东面是一座钟楼，西面是一座鼓楼，目前保存较为完好					
重建翻修	1986 年重新修复					
A. 山门 B. 乾通寺	C. 鼓楼 D. 钟楼	E. 哈拉沁村				
备注	—					
调查日期	2019 年 7 月 24 日		调查人员	任赫龙、耿雨		

乾通寺

图片名称 	山门轴线鸟瞰	图片名称 	屋顶	图片名称 	入口山门鸟瞰
图片名称 	主殿背立面	图片名称 	乾通寺鸟瞰	图片名称 	主殿侧立面
图片名称 	吻兽实景图 1	图片名称 	山门屋顶	图片名称 	吻兽实景图 2
图片名称 	钟楼	图片名称 	耳房侧立面	图片名称 	钟楼正立面
图片名称 	侧入口	图片名称 	二进院入口	图片名称 	二进院入口背立面
备注	—				
摄影日期	2019 年 7 月 24 日				

前广场鸟瞰图

建筑整体
鸟瞰图

入口山门（左）
乾通寺（右）

4.5 呼和浩特市结核病院

Tuberculosis Hospital of Hohhot

内蒙古自治区呼和浩特市新城区豪沁营镇红山口村

Hongshankou Village, Haoqinying Town, Xincheng District, Hohhot, Inner Mongolia Autonomous Region

历史公布时间：2018 年 2 月 28 日

| 鸟瞰图

建筑简介

呼和浩特市结核病院作为医疗卫生建筑，是该市最早的传染性防治医疗建筑，位于呼和浩特市大青山西侧，周边建筑较少。建筑建设于 1953 年，直到 20 世纪 90 年代被内蒙古医学院作为其下所属的分院，2002 年又被废弃，闲置至今，曾经作为重要医疗研究机构和医疗场所。周边建筑多数比较老旧，多为一层红砖民居，经过“十个全覆盖”后做了立面改造，多数粉刷成白色，居民院落的围墙除了刷白之外还做了一些简单的修饰，村落里街道部分经过修葺后情况有所改善。

结核病医院分为门诊部和住院部。门诊部为二层建筑，双坡屋顶，建筑立面简洁，开窗窄而小且十分整齐，建筑西侧有砖砌的大型烟囱，房顶保留了红瓦顶，建筑在布局等方面很有特色。窗间墙上刻有一些蒙元元素的花纹，增加了建筑的地域特色，门窗为老旧的木质门窗，一楼窗户安装有铁护窗，显示了建筑的年代感，主入口处为双层门。建筑周边绿化良好。建筑色彩主要为白色，建筑顶部与底部搭配深灰色，建筑有室外的凸出阳台，山墙上有排风口，建筑风格为近代风格，入口处皆做了凸出处理。

住院部为一层砖房，双坡屋顶，建筑立面秩序感强烈，开窗较大且整齐，平面整体为“回”字形，以中间廊道为中轴线，轴线两侧分别为两个独立院落，空间布局较为开敞灵活。西侧砌有烟囱，周边景观绿化丰富。建筑色彩主要以红色为主，通过廊道将两个院落连接组合形成有机统一的整体。

结核病院是呼和浩特市最早的传染性防治医疗建筑，建筑在布局等方面很有特色，具有很高的纪念和研究价值，更有较高的历史意义。

<table>
<tr><td>建筑名称</td><td colspan="2">呼和浩特市结核病院</td><td>历史名称</td><td colspan="3">呼和浩特市结核病院</td></tr>
<tr><td>建筑简介</td><td colspan="6">建筑建设于 1953 年，是呼和浩特市最早的传染性防治医疗建筑，直到 20 世纪 90 年代被内蒙古医学院作为其下所属的分院，2002 年又被废弃，闲置至今，曾经作为重要医疗研究机构和医疗场所</td></tr>
<tr><td>建筑位置</td><td colspan="6">内蒙古自治区呼和浩特市新城区豪沁营镇红山口村</td></tr>
<tr><td rowspan="2">概述</td><td>建设时间</td><td>1953 年</td><td>建筑朝向</td><td>南向</td><td>建筑层数</td><td>一、二层</td></tr>
<tr><td>历史公布时间</td><td>2018 年 2 月 28 日</td><td>建筑类别</td><td colspan="3">医疗建筑</td></tr>
<tr><td rowspan="3">建筑主体</td><td>屋顶形式</td><td colspan="5">平屋顶、双坡屋顶</td></tr>
<tr><td>外墙材料</td><td colspan="5">红砖</td></tr>
<tr><td>主体结构</td><td colspan="5">砖混结构</td></tr>
<tr><td>建筑质量</td><td colspan="6">一般损坏</td></tr>
<tr><td>建筑面积</td><td colspan="2">约 8000 m²</td><td>占地面积</td><td colspan="3">约 14250 m²</td></tr>
<tr><td>功能布局</td><td colspan="6">建筑西靠大青山，周边建筑较少，与周边村落居民集聚区稍有些距离，门诊部布局形式为平行式，住院部为围合式，建筑体量较大，为近代风格。</td></tr>
<tr><td>重建翻修</td><td colspan="6">—</td></tr>
<tr><td colspan="7">A. 门诊楼　B. 住院部楼　C. 红山口河</td></tr>
<tr><td>备注</td><td colspan="6">—</td></tr>
<tr><td>调查日期</td><td colspan="2">2019 年 7 月 25 日</td><td>调查人员</td><td colspan="3">任赫龙、耿雨</td></tr>
</table>

呼和浩特结核病院

图片名称 	门诊部鸟瞰图 1	图片名称 	门诊部办公楼	图片名称 	门诊部人视图
图片名称 	门诊部北楼侧立面	图片名称 	门诊部北楼	图片名称 	门诊部西立面
图片名称 	门诊部北楼背立面	图片名称 	门诊部正立面	图片名称 	门诊部鸟瞰图 2
图片名称 	门诊部南侧透视图	图片名称 	门诊部南楼	图片名称 	门诊部轴测图
图片名称 	门诊部主入口	图片名称 	门诊部烟囱	图片名称 	立面细部
备注	—				
摄影日期	2019 年 7 月 25 日				

门诊部
鸟瞰图 3

住院部鸟瞰图

门诊部（左）
住院部（右）

4.6呼和浩特众环集团有限公司（呼和浩特市机床附件厂）

Hohhot Zhonghuan Group Co., Ltd.
(Hohhot Machine Tool Accessories Factory)

内蒙古自治区呼和浩特市回民区海拉尔西路 35 号

No.35, Hailar West Street, Huimin District, Hohhot, Inner Mongolia Autonomous Region

历史公布时间：2018 年 2 月 28 日

鸟瞰图

建筑简介

呼和浩特市众环集团有限公司（呼和浩特机床附件厂）位于回民区成吉思汗西街南侧，附件厂南巷北侧，巴彦淖尔北路东侧。建于 1958 年，是以呼和浩特机床附件总厂为基础组建的集团公司，1966 年响应国家支援边疆建设，从山东省烟台市搬迁到此，至今已有 60 年的生产发展史，是当时世界上规模最大的卡盘制造商，也是我国卡盘类机床附件产品的新品开发、科研、测试和出口基地。现为国有大型二档企业、国家二级企业、全国机械工业重点骨干企业、内蒙古自治区重点企业。

众环集团厂房建筑共有九处建筑：（1）钢材及成品库，整体设计较为简洁；（2）卡盘测试研究中心主体为办公研发建筑，体块穿插多变，高低错落，开窗形式变化多样，立面设计虚实结合；（3）电润间是该厂的主要生产区域，建于 20 世纪 50 年代；（4）铸工车间是该区的核心生产区域，由多个建筑空间组合而成，建筑层高及层数因其功能不同而不同，建筑体量较大，体块变化丰富；（5）锻工办公楼，立面通过纵向装饰构件打破横向立面较长的状况，窗间墙采用不同的装饰材料，强调和突出了立面的虚实对比；（6）联合厂房，是厂区规模最大的建筑单体，屋顶设有侧天窗以增加自然采光。南立面经过涂料粉刷，北立面与东立面保留原有红砖材质，建筑所用材料主要为砖、水泥、混凝土等；（7）热处理厂房，是厂区的生产加工区域，建筑所用材料主要为砖、水泥、水刷石等；（8）锻工分厂，建筑建设年代较早，是当时工业文化的物质体现，具有良好的保留价值。建筑立面造型简洁，主体建筑保存相对完好。简洁富有韵律感的方形窗户体现了工业建筑的特性；（9）锅炉房。

基地总体布局呈矩形，厂区分南北两个入口，北入口连接家属区，南入口为对外主入口。该厂区是过去呼和浩特市工业建筑的代表之一，见证了呼和浩特市辉煌的工业历史。

<table>
<tr><td>建筑名称</td><td colspan="2">呼和浩特众环集团有限公司</td><td>历史名称</td><td colspan="3">呼和浩特机床附件厂</td></tr>
<tr><td>建筑简介</td><td colspan="6">呼和浩特众环集团有限公司厂区最早是苏联援建的机床附件厂。厂区建于 1958 年，分为三个区域：生产性用房、管理用房及研究办公用房，房屋年代虽然久远但总体质量保存完好，部分厂房及办公用房现仍在使用，对于呼和浩特市工业类建筑具有较高的历史价值</td></tr>
<tr><td>建筑位置</td><td colspan="6">内蒙古自治区呼和浩特市回民区成吉思汗西街南侧，附件厂南巷北侧，巴彦淖尔北路东侧</td></tr>
<tr><td rowspan="2">概述</td><td>建设时间</td><td>1958 年</td><td>建筑朝向</td><td>南向</td><td>建筑层数</td><td>一至六层</td></tr>
<tr><td>历史公布时间</td><td>2018 年 2 月 28 日</td><td>建筑类别</td><td colspan="3">工业建筑</td></tr>
<tr><td rowspan="3">建筑主体</td><td>屋顶形式</td><td colspan="5">坡屋顶 、平屋顶、拱形屋顶</td></tr>
<tr><td>外墙材料</td><td colspan="5">红砖、青砖</td></tr>
<tr><td>主体结构</td><td colspan="5">砖混、框架结构</td></tr>
<tr><td>建筑质量</td><td colspan="6">基本完好</td></tr>
<tr><td>建筑面积</td><td colspan="2">21680 m²</td><td>占地面积</td><td colspan="3">160234 m²</td></tr>
<tr><td>功能布局</td><td colspan="6">建筑呈“U、L、T”形和“一”字形布局，集合九处建筑形成众环集团。建筑层数各不相同，屋顶形式多种多样，各部分依据功能布置不同类型的车间。</td></tr>
<tr><td>重建翻修</td><td colspan="6">—</td></tr>
<tr><td colspan="7">A. 热处理主厂房
B. 锅炉房
C. 锻工分厂
D. 锻工办公楼
E. 铸工车间
F. 电润间
G. 联合厂房
H. 卡盘测试中心
I. 钢材及成品库
J. 回民区垃圾分类中转站
K. 众环小区</td></tr>
<tr><td>备注</td><td colspan="6">—</td></tr>
<tr><td>调查日期</td><td colspan="2">2019 年 7 月 25 日</td><td>调查人员</td><td colspan="3">任赫龙、耿雨</td></tr>
</table>

呼和浩特众环集团有限公司（呼和浩特市机床附件厂）

图片名称	电润车间	图片名称	锻工车间 1	图片名称	锻工分厂 1
图片名称	卡盘测试研究中心 1	图片名称	卡盘测试研究中心 2	图片名称	钢材及成品库
图片名称	铸工车间	图片名称	热处理厂房	图片名称	联合厂房 1
图片名称	热处理厂房室内	图片名称	联合厂房车间内部 1	图片名称	联合厂房车间内部 2
图片名称	锻工分厂 2	图片名称	锅炉房	图片名称	联合厂房车间内部 3
备注	—				
摄影日期	2019 年 7 月 21 日				

锻工办公楼

锻工车间 2

联合厂房 2
（左）
电润车间（右）

4.7 内蒙古电视台

Inner Mongolia Television Station

内蒙古自治区呼和浩特市回民区锡林郭勒北路以西，新华大街以北

North to Xinhua Avenue, West to Xilin Gol North Street, Huimin District, Hohhot, Inner Mongolia Autonomous Region

历史公布时间：2018 年 2 月 28 日

鸟瞰图

建筑简介

内蒙古电视台位于呼和浩特市新华大街北侧，锡林郭勒北路西侧，文化宫东侧。建筑建于 1952 年，是当时社会背景下的历史产物，1979 年改迁于此，是内蒙古自治区成立四十周年献礼工程，是内蒙古自治区首批高层建筑，内蒙古自治区第一个用液压滑模技术施工的建筑，现承担行政、办公功能。

该建筑属于现代建筑风格，构图美观，外观简洁大方。建筑是一个大型综合体，四周留出充足的外部空间缓冲高体量带来的空间压力，同时通过高的办公楼与大的裙房形成对比，突出建筑本身的体量感与标识感，通过三点透视的手法，使原本单薄的楼体显得较为浑厚、稳重。建筑材料为外挂石材，并刷有米黄色涂料。建筑立面构图虚实结合，颜色搭配主次分明。建筑群线条刚直，搭配有民族特色花纹。建筑为平屋顶造型，在女儿墙外侧和二楼窗户墙下，设计有蒙古族的花纹图案，上下遥相呼应。一楼长形裙房外立面，贴有米色瓷砖。简单大方的设计使得建筑整体庄重大气。

内蒙古电视台整体布局呈“U”字形，是新华大街上重要的标志性建筑之一，见证了呼和浩特市现代化的发展。该建筑是内蒙古自治区第一个使用液压滑模技术施工的建筑，这一技术作为新的施工技术，不仅是技术的革新，更重要的是能带来成本的下降，质量与效益的提高。对呼和浩特市建筑之后的发展具有示范意义。建筑立面的蒙古族花纹图案，彰显了中国传统文化与蒙古族文化的融合。

内蒙古电视台是呼和浩特改革发展时期一处地标建筑，代表着呼和浩特的城市风貌，见证了呼和浩特的发展，具有较高的保留与再利用价值。

<table>
<tr><td>建筑名称</td><td colspan="2">内蒙古电视台</td><td>历史名称</td><td colspan="3">内蒙古电视台</td></tr>
<tr><td>建筑简介</td><td colspan="6">建筑建于 1952 年，是当时社会背景下的历史产物，1979 年改迁于此，是内蒙古自治区成立四十周年献礼工程，是自治区首批高层建筑，内蒙古自治区第一个用液压滑模技术施工的建筑，现承担行政、办公功能</td></tr>
<tr><td>建筑位置</td><td colspan="6">内蒙古自治区呼和浩特市回民区锡林郭勒北路以西，新华大街以北</td></tr>
<tr><td rowspan="2">概述</td><td>建设时间</td><td>1955 年</td><td>建筑朝向</td><td>西向</td><td>建筑层数</td><td>六、三层</td></tr>
<tr><td>历史公布时间</td><td>2018 年 2 月 28 日</td><td>建筑类别</td><td colspan="3">办公建筑</td></tr>
<tr><td rowspan="3">建筑主体</td><td>屋顶形式</td><td colspan="5">平屋顶</td></tr>
<tr><td>外墙材料</td><td colspan="5">混凝土填充墙</td></tr>
<tr><td>主体结构</td><td colspan="5">框架结构</td></tr>
<tr><td>建筑质量</td><td colspan="6">完好</td></tr>
<tr><td>建筑面积</td><td colspan="2">21476 m²</td><td>占地面积</td><td colspan="3">12613.1 m²</td></tr>
<tr><td>功能布局</td><td colspan="6">内蒙古电视台整体布局呈“U”字形，是内蒙古自治区第一个使用液压滑模技术施工的建筑，是新华大街上重要的标志性建筑之一，见证了呼和浩特民族的发展</td></tr>
<tr><td>重建翻修</td><td colspan="6">—</td></tr>
<tr><td colspan="7">文化宫路
锡林郭勒北路
新华大街
A B C D E
0 20 40 60 80 100m

A. 内蒙古电视台　　C. 内蒙古广播电视器材公司　　E. 超市
B. 内蒙古人民广播电视台　　D. 文化大院</td></tr>
<tr><td>备注</td><td colspan="6">—</td></tr>
<tr><td>调查日期</td><td colspan="2">2019 年 7 月 23 日</td><td>调查人员</td><td colspan="3">任赫龙、耿雨</td></tr>
</table>

内蒙古电视台

图片名称 	南立面	图片名称 	屋顶	图片名称 	北侧群房立面
图片名称 	主入口	图片名称 	室外柱廊	图片名称 	西立面
图片名称 	北侧院落	图片名称 	建筑细部	图片名称 	办公区
图片名称 	东侧庭院局部	图片名称 	辅楼楼梯间	图片名称 	电梯间
图片名称 	墙角细部	图片名称 	楼梯间	图片名称 	大厅楼梯
备注	—				
摄影日期	2019 年 7 月 23 日				

实景图 1

实景图 2

北立面（左）
实景图 3 (右)

4.8 集宁八大仓库

The Eight Warehouse of Jining

内蒙古自治区乌兰察布集宁区新建街 11 号

No.11, Xinjian Street, Jining District, Wulanchabu , Inner Mongolia Autonomous Region

历史公布时间：2017 年 11 月 30 日

乌瞰图

建筑简介

集宁八大仓库街区位于集宁桥西片区西北部、新华街北侧、铁军山路西侧、G55 高速公路东侧、京包铁路南侧，街区占地面积约 32.72 万㎡，其中八大仓库占地约 1.5 万㎡，现有建筑面积约 9093 ㎡，大部分建筑由苏联于 1952 年援建。建筑初始使用功能主要是重要物资集散仓储转运，建筑部分保存完好的仓库内部结构具有一定保留价值，体现出工业特色。

1952 年内蒙古自治区人民政府机关迁往绥远省归绥市。八大仓库以铁路转运线两侧分建，整个库区东西约 500m，南北约 400m，两侧仓库建筑面积约 18170 ㎡。最早为平地泉贸易公司使用，由百货、烟草、土产、石油、五金、糖酒、食品、医药 8 个部门组成，形成现在的名字“八大仓库”。

集宁八大仓库实际有 12 个仓库单体，“一”字形布局，每排 6 个仓库单体，仓库之间有两排铁轨，总体上看颇具工业时代气息。排列布局比较简洁，主要是为了方便货物的运送，仓库内部柱间距小，采用木制桁架，构件连接处均用螺丝铆接，做工精湛，颇具 20 世纪 50 年代时期的建筑特点。建筑外立面采用红砖砌筑，无修复痕迹。檐口处为退台式砌筑，层次丰富。侧立面与山墙面的竖向分割颇具俄式建筑风格特点，侧墙的高窗打破了实墙面的厚重感，屋檐的出挑仿佛为建筑戴上了一个红色的帽子，完善了仓库整体的虚实关系。双坡屋面是当时仓库类建筑的典型特征。

集宁八大仓库的建造技术和建筑形式上具有较高的历史保护价值，应给予较好的保护与修缮措施。

<table>
<tr><td>建筑名称</td><td colspan="2">集宁八大仓库</td><td>历史名称</td><td colspan="3">集宁八大仓库</td></tr>
<tr><td>建筑简介</td><td colspan="6">集宁八大仓库位于集宁区新华街北侧，院内共有12个仓库，其中1～6号为历史保护建筑，仓库为1952年苏联援建时建立，群落整体成“一”字形排列，中间设有轨道供装卸货物使用。仓库为砖混结构，内部设有木制桁架，具有较高的历史保护价值</td></tr>
<tr><td>建筑位置</td><td colspan="6">内蒙古自治区乌兰察布市集宁区新建区11号</td></tr>
<tr><td rowspan="2">概述</td><td>建设时间</td><td>1952年</td><td>建筑朝向</td><td>南向</td><td>建筑层数</td><td>一层</td></tr>
<tr><td>历史公布时间</td><td>2017年11月30日</td><td>建筑类别</td><td colspan="3">工业遗存</td></tr>
<tr><td rowspan="3">建筑主体</td><td>屋顶形式</td><td colspan="5">双坡屋顶</td></tr>
<tr><td>外墙材料</td><td colspan="5">红砖</td></tr>
<tr><td>主体结构</td><td colspan="5">桁架结构</td></tr>
<tr><td>建筑质量</td><td colspan="6">完好</td></tr>
<tr><td>建筑面积</td><td colspan="2">9093 m²</td><td>占地面积</td><td colspan="3">约15000 m²</td></tr>
<tr><td>功能布局</td><td colspan="6">总体布局呈“一”字形，用于货物储存</td></tr>
<tr><td>重建翻修</td><td colspan="6">—</td></tr>
<tr><td colspan="7">F E D C B A
0 20 40 60 80 100m
A.1号仓库　B.2号仓库　C.3号仓库　D.4号仓库　E.5号仓库　F.6号仓库</td></tr>
<tr><td>备注</td><td colspan="6">—</td></tr>
<tr><td>调查日期</td><td colspan="2">2019年8月27日</td><td>调查人员</td><td colspan="3">任赫龙、耿雨</td></tr>
</table>

集宁八大仓库

图片名称	3 号仓库实景图	图片名称	鸟瞰图 1	图片名称	鸟瞰图 2

图片名称	1 号、2 号仓库鸟瞰图	图片名称	2 号仓库鸟瞰图	图片名称	4 号、5 号仓库鸟瞰图

图片名称	5 号仓库鸟瞰图	图片名称	6 号仓库鸟瞰图	图片名称	6 号仓库实景图

图片名称	1 号仓库实景图	图片名称	2 号仓库实景图	图片名称	3 号仓库实景图

图片名称	4 号仓库实景图	图片名称	5 号仓库实景图	图片名称	建筑细部 1

备注	—				
摄影日期	2019 年 8 月 27 日				

仓库鸟瞰图 1

仓库鸟瞰图 2

建筑细部 2（左）
实景图（右）

4.9 集宁肉联厂

Jining Meat Processing Factory

内蒙古自治区乌兰察布集宁区解放路 102 号

No.102 Jiefang Road, Jining District, Wulanchabu , Inner Mongolia Autonomous Region

历史公布时间：2017 年 11 月 30 日

| 鸟瞰图

建筑简介

集宁肉联厂街区位于解放大街东端、霸王河西路西侧、110 国道北侧、电厂路东侧、民建大街南侧，占地面积 26765 ㎡，建筑面积 17827 ㎡。主要包括两处大型冷库及一处木结构冷却水塔，由 1953 年苏联援建，属于国家"一五"期间建设的 156 个重点项目之一，集宁肉类联合加工一厂、二厂，统称集宁肉联厂，俗称"大肉联"，作为肉制品加工使用，后来成为内蒙古双汇食品有限公司在中国最大的肉类加工基地使用，是内蒙古自治区最大的肉制品加工企业和农牧业产业化重点龙头企业，主要从事高、低温肉制品加工，集宁肉联厂生产的"长城"牌猪、羊肉罐头等远销苏联、蒙古、东南亚等国家和地区。现因厂房建设年代久远，厂区工业设备老化，双汇集团计划退出经营，目前处于闲置保护状态，产权归属于经信委。

"集宁肉联厂"是中华人民共和国成立后"一五"期间苏联专家援建的国内第一家以牛羊屠宰加工为主体的机械化、成规模、成建制的清真牛羊肉加工企业，号称全国八大肉联厂之一，全国最大的清真牛羊肉加工企业。其开辟了工业化生产加工牛羊肉食品的先河。厂区内保存完好的是第二冷库、第一冷库及木结构冷却塔，这三处建筑很好地展现了当时肉联厂的建筑规模与建造技术，其中木制冷却塔格外引人注目，它体现了当时劳动人民建造技术的精湛。

肉联厂工业遗产的价值不仅仅局限于展示，还兼作大型连片的生产遗址和文化休闲场所，因为它是不能通过仿造来实现的，具有一定的稀缺性，所以其价值会随时间而不断增长。肉联厂具有其自身的审美价值，渐渐成为城市无法替代的特色，提升了现代城市的文化品位，形成个性的城市风貌，改变"千城一面"的现象。这种价值是其他建筑不能替代的。

<table>
<tr><td>建筑名称</td><td colspan="2">集宁肉联厂</td><td>历史名称</td><td colspan="3">集宁肉联厂</td></tr>
<tr><td>建筑简介</td><td colspan="6">集宁肉联厂是集宁城市近代发展的一大缩影，反映了城市的蜕变与升华。肉联厂是集宁城市发展的见证者，是集宁历史上重要的工业遗产之一。建筑始建于 1953 年，占地面积 26765 m²，建筑使用面积 6969 m²</td></tr>
<tr><td>建筑位置</td><td colspan="6">内蒙古自治区乌兰察布市集宁区解放路 102 号</td></tr>
<tr><td rowspan="2">概述</td><td>建设时间</td><td>1956 年</td><td>建筑朝向</td><td>南向</td><td>建筑层数</td><td>一层</td></tr>
<tr><td>历史公布时间</td><td>2017 年 11 月 30 日</td><td>建筑类别</td><td colspan="3">工业遗存</td></tr>
<tr><td rowspan="3">建筑主体</td><td>屋顶形式</td><td colspan="5">平屋顶</td></tr>
<tr><td>外墙材料</td><td colspan="5">红砖</td></tr>
<tr><td>主体结构</td><td colspan="5">框架结构</td></tr>
<tr><td>建筑质量</td><td colspan="6">完好</td></tr>
<tr><td>建筑面积</td><td colspan="2">17827 m²</td><td>占地面积</td><td colspan="3">26765 m²</td></tr>
<tr><td>功能布局</td><td colspan="6">集宁肉联厂主要以肉食品加工和储存为主，分别设有第一、第二冷库及冷却塔。第一冷库位于厂区东部，用于储存、装卸货物；冷却塔紧邻第一冷库，第二冷库位于厂区北部，用于加工储存肉制品</td></tr>
<tr><td>重建翻修</td><td colspan="6">—</td></tr>
</table>

A. 第二冷库　　B. 第一冷库　　C. 木结构冷却塔

<table>
<tr><td>备注</td><td colspan="3">—</td></tr>
<tr><td>调查日期</td><td>2019 年 8 月 27 日</td><td>调查人员</td><td>任赫龙、耿雨</td></tr>
</table>

集宁肉联厂

图片名称 	冷却塔鸟瞰图	图片名称 	第二冷库鸟瞰图	图片名称 	第一冷库鸟瞰图 1
图片名称 	第一冷库东侧建筑	图片名称 	第二冷库	图片名称 	第一冷库鸟瞰图 2
图片名称 	第二冷库透视图 1	图片名称 	第一冷库卸货区 1	图片名称 	第一冷库透视图 1
图片名称 	第二冷库透视图 2	图片名称 	第一冷库立面	图片名称 	第一冷库卸货区 2
图片名称 	冷却塔透视图	图片名称 	第一冷库车间天窗	图片名称 	第一冷库透视图 2
备注	—				
摄影日期	2019 年 8 月 27 日				

鸟瞰图 1

鸟瞰图 2

冷却塔（左）
第一冷库（右）

4.10 哈拉盖图农牧场兵团大礼堂

Hall of the Hara Gatu Farm Ranch Corps

内蒙古自治区锡林郭勒盟乌拉盖管理区哈拉盖图农牧场巴音陶海村

Bayin Taohai Village, Hara Gatu Farm, Ula Gai District, Xilin Gol, Inner Mongolia Autonomous Region

历史公布时间：2018 年 2 月

鸟瞰图

建筑简介

兵团礼堂位于锡林郭勒盟乌拉盖管理区哈拉盖图农牧场巴音陶海村，该地址是原内蒙古生产建设兵团五十一团所在地，也是电影《狼图腾》的拍摄地。1975 年撤销兵团建制，但兵团大礼堂、兵团司令部、政治部、后勤部、兵团邮电所、知青招待所等一大批具有历史标志性和独特风格的建筑都完整地保留了下来。2017 年当地政府为支持鼓励管理区境内青年创业、拓展提升旅游服务范围和水平，将修缮后的司令部、后勤部、政治部等历史建筑投入特色旅游项目，作为保护历史遗迹、促进旅游发展的重要工程。兵团文化和精神已成为人们价值追求的自觉意识，一批有标志性的兵团建筑也成了老知青和兵团战士们故地重游的景点。

礼堂始建于 1969 年，功能体块呈“工”字形布局，中轴对称，建筑层数为 1 层，建筑面积为 1121.6 ㎡，建筑高度约为 4m，屋顶形式为双坡顶，主体结构为砖木结构，现保存完好。建筑内部功能主要由礼堂观众厅、门厅两侧的辅助用房、舞台两侧的设备间与更衣室组成，小空间沿大空间对称布置。在 2010 年对室内空间重新装修后，现门厅两侧的空间为当地居民与游客的图书馆。由于内部空间的高度不同，观众厅的屋顶高出其他空间一部分，从而形成了层层错落的屋顶轮廓，屋顶的屋脊正落在建筑的中轴线上，突出了建筑的庄严感。建筑的北立面于 2014 年进行过一次改造，将主入口上端的灰色片墙改为黄色。

以“兵团文化”为主线，在保留兵团礼堂原貌的基础上进行修复，这既是对兵团时期文化的保护和传承，同时也为广大职工群众提供了便利的活动场所。修复后的礼堂作为当地的文化馆，得到了充分的利用，是集大型会议、文艺演出、讲座培训、电影放映等多功能于一体的综合文化活动中心，既弘扬了兵团文化，又附之以现代实用功能，成为打造兵团小镇、弘扬兵团文化，开展红色教育的核心建筑。

<table>
<tr><td>建筑名称</td><td colspan="2">哈拉盖图农牧场兵团大礼堂</td><td>历史名称</td><td colspan="3">兵团大礼堂</td></tr>
<tr><td>建筑简介</td><td colspan="6">兵团礼堂位于锡林郭勒盟乌拉盖管理区哈拉盖图农牧场巴音陶海村，该地址是原内蒙古生产建设兵团五十一团所在地，也是电影《狼图腾》拍摄地。现作为当地的文化馆，是集大型会议、文艺演出、讲座培训、电影放映等多功能于一体的综合文化活动中心</td></tr>
<tr><td>建筑位置</td><td colspan="6">内蒙古自治区锡林郭勒盟乌拉盖管理区哈拉盖图农牧场巴音陶海村</td></tr>
<tr><td rowspan="2">概述</td><td>建设时间</td><td>1970 年</td><td>建筑朝向</td><td>南向</td><td>建筑层数</td><td>一层</td></tr>
<tr><td>历史公布时间</td><td>2018 年 3 月 30 日</td><td>建筑类别</td><td colspan="3">博览建筑</td></tr>
<tr><td rowspan="3">建筑主体</td><td>屋顶形式</td><td colspan="5">双屋顶</td></tr>
<tr><td>外墙材料</td><td colspan="5">砖与石</td></tr>
<tr><td>主体结构</td><td colspan="5">砖木结构</td></tr>
<tr><td>建筑质量</td><td colspan="6">基本完好</td></tr>
<tr><td>建筑面积</td><td colspan="2">1119.2 m²</td><td>占地面积</td><td colspan="3">1119.2 m²</td></tr>
<tr><td>功能布局</td><td colspan="6">“工”字形布局</td></tr>
<tr><td>重建翻修</td><td colspan="6">室内空间改造、南立面修缮（2016 年）</td></tr>
<tr><td colspan="7">A. 哈拉盖图农牧场兵团大礼堂
B. 哈拉盖图农牧场兵团邮电局
C. 哈拉盖图农牧场兵团政治部
D. 哈拉盖图农牧场兵团后勤部
E. 哈拉盖图农牧场兵团司令部
F. 哈拉盖图农牧场兵团知青招待所</td></tr>
<tr><td>备注</td><td colspan="6">—</td></tr>
<tr><td>调查日期</td><td colspan="2">2019 年 8 月 25 日</td><td>调查人员</td><td colspan="3">马德宇、吕保</td></tr>
</table>

哈拉盖图农牧场兵部大礼堂

图片名称 	鸟瞰图 1	图片名称 	鸟瞰图 2	图片名称 	透视图 3
图片名称 	主入口立面	图片名称 	立面	图片名称 	周边道路
图片名称 	门厅	图片名称 	主入口	图片名称 	周边环境
图片名称 	舞台	图片名称 	礼堂内部 1	图片名称 	礼堂内部 2
图片名称 	次入口 1	图片名称 	次入口 2	图片名称 	舞台入口
备注	—				
摄影日期	2019 年 8 月 25 日				

人视图

主立面图

透视图 1（左）
透视图 2（右）

4.11 高日罕镇原司令部及礼堂（知青纪念馆）

Original Command and Auditorium of Gaorihan Town (Educated Youth Memorial Hall)

内蒙古自治区锡林郭勒盟西乌珠穆沁旗高日罕镇政府所在地

The Site of Gaorihan Town Government, Xilin Gol, West Ujimqin Banner, Inner Mongolia Autonomous Region

历史公布时间：2017 年 10 月

| 鸟瞰图

建筑简介

高日罕镇知青纪念馆（原司令部及礼堂），位于锡林郭勒盟西乌旗高日罕镇政府所在地，为当时内蒙古生产建设兵团五师四十一团驻于此地时所建成的建筑，作为司令部及礼堂使用，当时可容纳 1000 人。

该建筑始建于 1970 年，占地面积约 1119.17 ㎡，建筑面积约 1119.17 ㎡，建筑层数为 1 层，建筑高度约 10.9m。建筑呈“一”字形布局，坐北朝南，中轴对称，屋顶形式为坡屋顶，主体结构为砖木结构，建筑材料为砖、石、水泥、木及其他，建筑质量完好，权属为国有。

建筑的主入口处经过了特殊的处理，除了雨篷、台阶等建筑构件对主入口起到了强调作用之外，还在建筑外部引入了中国传统四合院中的元素——“影壁”，“影壁”沿主入口对称分布，进一步强调了建筑的中轴线，严谨的对称布局很好地体现了建筑作为部队司令部的庄严感。建筑的外部造型体现了 20 世纪六七十年代礼堂建筑的特点，主入口上面有高出屋顶的装饰片墙，片墙高度由中央向两侧逐渐降低，正中央有红色的五角星作为标志，两侧的几何形装饰沿五角星对称布置。建筑正立面以淡黄色的水磨石作为饰面，搭配绿色边框的门窗。在当时物资匮乏、建筑技术落后的情况下，部队的军人们将绿色的碎酒瓶与砂浆进行混合搅拌，作为门窗边框的主要材料，边框塑形成功后再用水将表面的砂浆清洗掉，从而突出绿色边框。

该建筑在 2016 年进行过修缮与改造，2017 年 8 月 26 日正式作为知青纪念馆。内部空间稍有改动，将原来的观众厅一分为二，一部分保留原来的功能，另一部分新建了一些展墙，展墙上陈列着当年下乡知青们的艰苦岁月。高日罕镇知青纪念馆已经历经了将近半个世纪的风雨洗礼，从过去的司令部礼堂到现在的知青纪念馆，记录了当年的知识青年下乡投入到农村建设的光荣岁月，具有较大的历史意义与研究价值。

<table>
<tr><td>建筑名称</td><td colspan="2">高日罕镇知青纪念馆</td><td>历史名称</td><td colspan="3">高日罕镇司令部礼堂</td></tr>
<tr><td>建筑简介</td><td colspan="6">高日罕镇知青纪念馆（原司令部及礼堂），位于锡林郭勒盟西乌旗高日罕镇政府所在地，为当时内蒙古生产建设兵团五师四十一团驻于此地时所建成的建筑，作为司令部及礼堂使用，当时可容纳 1000 人。2016 年经重新修缮，现作为当地的知青纪念馆</td></tr>
<tr><td>建筑位置</td><td colspan="6">内蒙古自治区锡林郭勒盟西乌旗高日罕镇政府所在地</td></tr>
<tr><td rowspan="2">概述</td><td>建设时间</td><td>1970 年</td><td>建筑朝向</td><td>南向</td><td>建筑层数</td><td>一层</td></tr>
<tr><td>历史公布时间</td><td>2018 年 3 月 30 日</td><td>建筑类别</td><td colspan="3">博览建筑</td></tr>
<tr><td rowspan="3">建筑主体</td><td>屋顶形式</td><td colspan="5">双屋顶</td></tr>
<tr><td>外墙材料</td><td colspan="5">砖与石</td></tr>
<tr><td>主体结构</td><td colspan="5">砖木结构</td></tr>
<tr><td>建筑质量</td><td colspan="6">基本完好</td></tr>
<tr><td>建筑面积</td><td colspan="2">1119.2 m²</td><td>占地面积</td><td colspan="3">1119.2 m²</td></tr>
<tr><td>功能布局</td><td colspan="6">“一”字形布局</td></tr>
<tr><td>重建翻修</td><td colspan="6">室内空间改造、南立面修缮（2016 年）</td></tr>
<tr><td colspan="7">
A. 高日罕镇原司令部及礼堂（知青纪念馆）
B. 西乌珠穆沁旗高日罕镇政府</td></tr>
<tr><td>备注</td><td colspan="6">—</td></tr>
<tr><td>调查日期</td><td colspan="2">2019 年 8 月 25 日</td><td>调查人员</td><td colspan="3">马德宇、吕保</td></tr>
</table>

高日罕镇原司令部及礼堂（知青纪念馆）

图片名称	透视图 1	图片名称	主入口	图片名称	雨棚
图片名称	透视图 2	图片名称	礼堂 1	图片名称	礼堂 2
图片名称	礼堂展示区	图片名称	展厅 1	图片名称	展厅 2
图片名称	展厅 3	图片名称	展厅 4	图片名称	展厅 5
图片名称	礼堂次入口	图片名称	舞台入口	图片名称	辅助用房
备注	—				
摄影日期	2019 年 8 月 25 日				

建筑透视图

建筑主立面

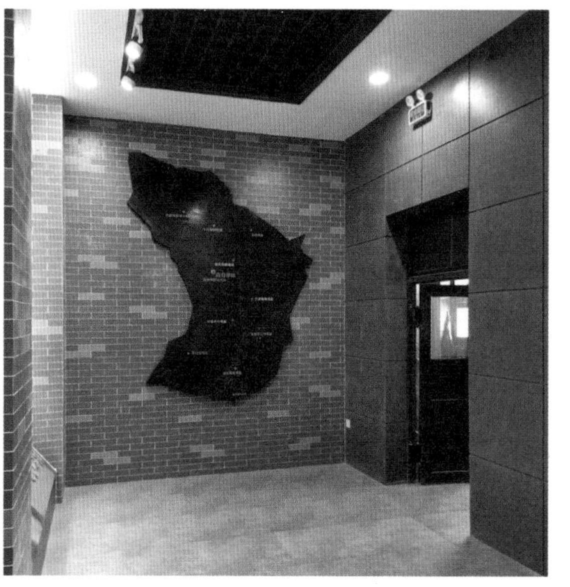

主入口门厅（左）

展厅入口（右）

5

第5章 中部地区其他历史建筑信息档案

Other Historic Buildings' Files in the Central Region

5.1 呼和浩特市地区档案

内蒙古自治区水利学校

历史建筑介绍：

行政楼位于校园北边，外部保存较为完整，建筑具有鲜明的俄罗斯风格，简约大方，为当时历史背景下的产物，很好地见证了当时的历史，具有很大的保护价值。采用坡屋顶形式，屋檐微挑，立面简洁，阳台上装饰精美，线条流畅。以红砖为主，主体建筑采用平屋顶形式，屋顶形式和高度都趋于一致。建筑立面经过改造，屋檐微挑，上有花纹进行装饰，建筑外观简单朴实，没有过多繁杂的装饰。

历史建筑基本情况：

建筑层数	2 层
结构类型	砖混结构
建筑位置	回民区海西路 45 号
建筑面积	2443.9m²
建设时间	1952 年（走访）
历史建筑公布时间	2018 年 2 月 28 日

总平面图

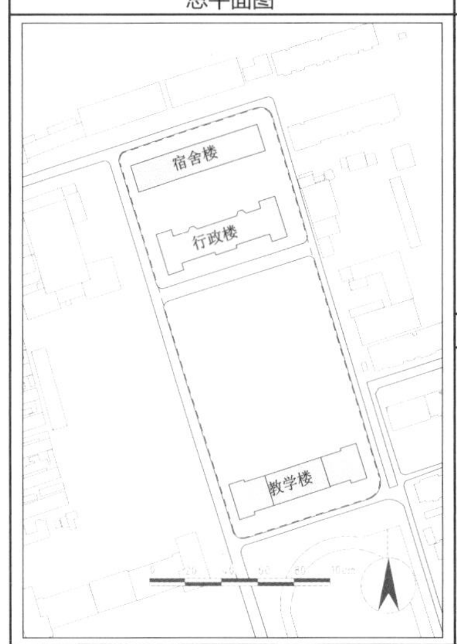

实景照片 1

实景照片 2

呼和浩特市邮政局

历史建筑介绍：

曾经是新城区乃至呼和浩特市一个重要的办公建筑，曾作为呼和浩特市邮电管理局办公楼，担负着呼和浩特市交流储蓄的重要职责。建筑主体保留尚好，内部经过修整，沿街立面经过改造基本保存完好。基地总体布局呈矩形，该建筑群由办公楼和配套用房两部分组成。分别呈"L"形和"一"字形布局。建筑采用平屋顶形式，建筑外屋檐突出，起到挡雨的作用。中式且现代的建筑风格见证了建筑的发展。

历史建筑基本情况：

建筑层数	3 层
结构类型	框架结构
建筑位置	新城区中山东路人民路以东，邮校北巷
建筑面积	约 3300m²
建设时间	1954 年
历史建筑公布时间	2018 年 2 月 28 日

总平面图

实景照片 1

实景照片 2

和林一中体育馆

历史建筑介绍：

和林一中体育馆位于和林格尔县城关镇新华街北，和盛路西。该建筑属于文化教育类建筑，始建于 1958 年，砖木结构，建筑层数为一层，建筑高度约为 9m，建筑面积约为 676m²，当地政府于 2016 年对其进行了改造，将屋顶结构改为钢结构，并对墙体进行了加固，现在仍然处于使用状态。

历史建筑基本情况：

建筑层数	一层
结构类型	砖木结构
建筑位置	和林县城关镇新华街北
建筑面积	676m²
建设时间	1958 年
历史建筑公布时间	2018 年 5 月 4 日

总平面图

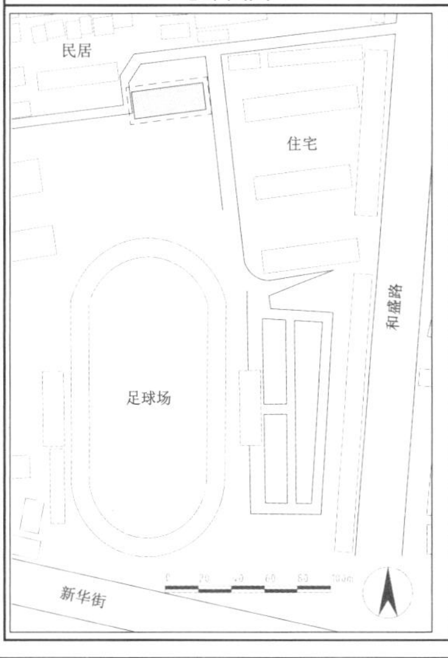

实景照片 1

实景照片 2

内蒙古大学旧主楼

历史建筑介绍:

主体办公建筑属于现代建筑风格，构图明确美观，外观明快、简洁。建筑材料为真石漆，立面经过后期改造。建筑是一个"U"形体块，呈半围合形，北侧围合成私密的空间。建筑为砖混结构，建筑立面凹凸变化，檐口变化简洁大方。建筑主体颜色为暗红色，建筑外表皮材料为红色砖墙，开窗简洁而有韵律。建筑室内空间结构良好，层高较高，室内采光充足，具有一定的社会价值。

历史建筑基本情况:

建筑层数	5 层
结构类型	框架结构
建筑位置	赛罕区昭乌达路大学西街
建筑面积	9632m^2
建设时间	1957 年
历史建筑公布时间	2018 年 2 月 28 日

总平面图

实景照片 1

实景照片 2

内蒙古大学校史研究室

历史建筑介绍:

建筑立面构图明确美观，外观明快、简洁。建筑材料采用红砖，校史馆代表着中华人民共和国成立初期内蒙古地区的城镇建设风貌，该建筑为二层单体建筑，四周留有充足的外部空间，与周围建筑体量形成对比，凸出其建筑本身。建筑为四坡顶建筑，建筑南立面凹凸变化，局部有外露阳台，建筑为砖木结构，目前保存较好。整体材料使用红砖，立面开窗形式为竖向条形窗，建筑门窗仍保留原有木质门窗。

历史建筑基本情况:

建筑层数	2 层
结构类型	框架结构
建筑位置	赛罕区昭乌达路大学西街
建筑面积	约 2100m^2
建设时间	1956 年
历史建筑公布时间	2018 年 2 月 28 日

总平面图

实景照片 1

实景照片 2

内蒙古工业大学植霖楼

历史建筑介绍:

该建筑是内蒙古自治区第一座高校楼宇。外立面经过改造，主体结构经过维护。该建筑建于 1953 年，是为了纪念时任绥远省政府主席、兼任工大校长的杨植霖同志而命名该建筑为"植霖楼"，承载了一代人的记忆，具有较高的保护价值。建筑为一字形布局的坡屋顶建筑，左右对称，具有庄严的秩序感。建筑细部保留了原来的砖、水泥、石材等材料，檐口、层间线均有丰富的线条设计，特征鲜明，具有一定的历史价值。

历史建筑基本情况:

建筑层数	2 层
结构类型	砖混结构
建筑位置	新城区哲里木路爱民街
建筑面积	2460m^2
建设时间	1953 年
历史建筑公布时间	2018 年 2 月 28 日

总平面图

实景照片 1

实景照片 2

现医科大学印刷厂

历史建筑介绍：

1937 年"七七"事变后，日军进入归绥等城市，在"蒙疆"地区建立银行，组织公司，调查资源，进行经济掠夺。该印刷厂由日本人建成，建筑整体特征与周围建筑均不相同，属于典型的日式建筑结构，以砖木结构为主。由于日式建筑使用材料的特殊性，一般需要进行定期更新，抗日战争胜利后日军撤离归绥，印刷厂被保留下来，但也没有再进行修缮，同时期同类型的建筑均已拆除。

历史建筑基本情况：

建筑层数	2 层
结构类型	砖混结构
建筑位置	回民区通道北路 1 号
建筑面积	约 1540m²
建设时间	1938 年（走访）
历史建筑公布时间	2018 年 2 月 28 日

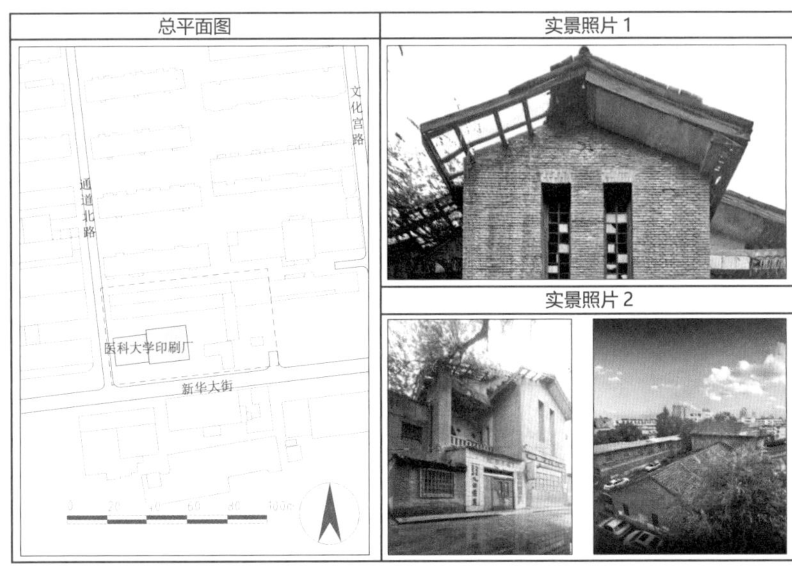

内蒙古师范大学体操馆

历史建筑介绍：

建筑较有特色，立面形制完整，保存完整，建筑立面的竖向格栅既体现了现代设计手法，也体现了当时的设计理念。该建筑呈东西方向的布局陈列方式，其屋檐是木构架，屋顶为坡屋顶，至今仍完好，这对我们现在的建筑具有非常重要的参考价值和研究价值。该建筑是对一代人的历史写照，具有保留价值和历史文化研究价值，对后来人来说具有非凡的意义。

历史建筑基本情况：

建筑层数	2 层
结构类型	框架结构
建筑位置	赛罕区昭乌达路鄂尔多斯大街
建筑面积	约 792m²
建设时间	1954 年
历史建筑公布时间	2018 年 2 月 28 日

总平面图

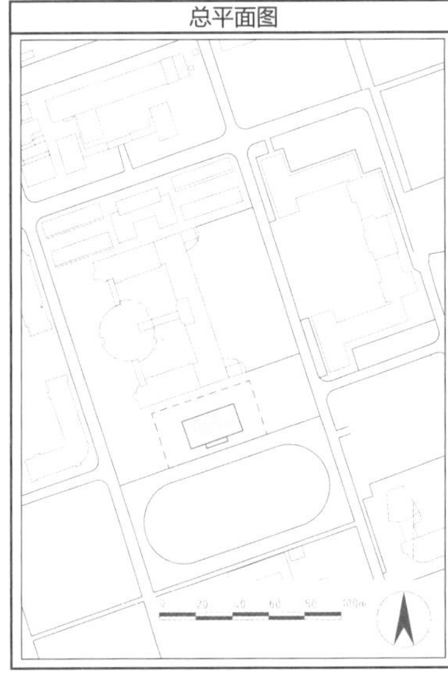

实景照片 1

实景照片 2

内蒙古大学家属区老住宅楼

历史建筑介绍：

该建筑为居住建筑，四周留有充足的外部空间用于缓冲高体量带来的空间压力，与高的办公楼以及大的裙房形成对比，突出住宅区的娇小和精巧。建筑构造简单、新颖，细部大量运用了砖瓦，具有现代元素的气息，特征鲜明，体现了当时的建筑技术和构造思想。体现出呼和浩特市打破传统工业风貌，加入现代元素的需求。该建筑中间设计成阳台，构思巧妙、布局灵活，是对当时社会发展的真实写照。

历史建筑基本情况：

建筑层数	2 层
结构类型	框架结构
建筑位置	赛罕区昭乌达路大学西街
建筑面积	约 2310m²
建设时间	1955 年（走访）
历史建筑公布时间	2018 年 2 月 28 日

总平面图

实景照片 1

实景照片 2

呼和浩特市第一中学校史馆

历史建筑介绍：

建筑特色鲜明，历史悠久，外立面非常有特点，具有比较重要的历史研究价值。建筑布局为"一"字形，建筑物屋顶的做法、开窗、檐口等形式都具有北方民居的典型特点。该建筑的门窗、屋顶、梁柱等建筑构件保存较为完好，窗框等构件较为精致，具有一定的美学和历史价值，20世纪 50~ 80 年代先后作为学生的教室、学生宿舍、教工宿舍、行政办公楼，2013 年改建为校史馆。

历史建筑基本情况：

建筑层数	2 层
结构类型	框架结构
建筑位置	回民区环河街 33 号
建筑面积	约 1285m^2
建设时间	1953 年
历史建筑公布时间	2018 年 2 月 28 日

总平面图

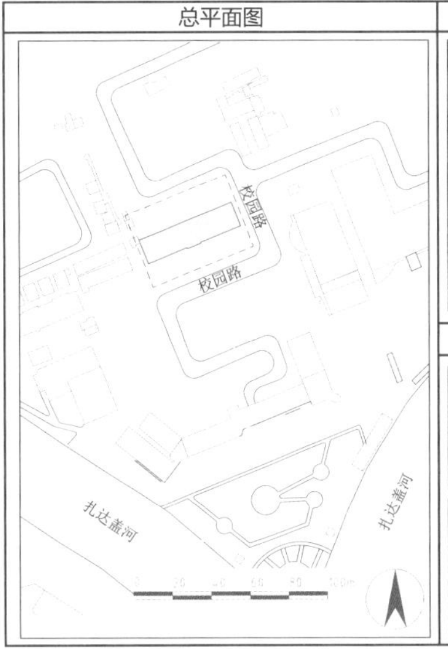

实景照片 1

实景照片 2

内蒙古医科大学图书馆

历史建筑介绍：

建筑立面属于现代风格，整体呈现白色微黄，基本保存完好，局部有破损。作为较早建成的少数民族地区高校图书馆，为研究当时的建筑工艺和风格提供了实物资料。还保存有大量的少数民族医学类著作，具有较高的保留和再利用价值，建筑平面呈对称分布，为"一"字形，与周边建筑风貌统一，造型简洁大方。建筑立面材料为混凝土，矩形玻璃窗分布均匀，整体建筑造型平实，但功能完备。

历史建筑基本情况：

建筑层数	4 层
结构类型	框架结构
建筑位置	回民区通道北路 1 号
建筑面积	约 5449m^2
建设时间	1956 年
历史建筑公布时间	2018 年 2 月 28 日

总平面图

实景照片 1

实景照片 2

新钢礼堂（新钢电影院）

历史建筑介绍：

建筑平面呈方形布局，属于现代建筑风格，构图美观、外观明快、简洁。建筑材料为红砖，部分建筑构件仍保留有水刷石立面，其建筑形式为建筑初期公共建筑影剧院建筑所特有的造型，该建筑的存在具有一定的社会价值及人文意义。现状立面有一定的破损，其存在的意义不仅仅是建筑的存在，也是该区域一种生活状态的展现，是老青城文化的展现，建筑具有较强的潜在改造价值。

历史建筑基本情况：

建筑层数	3 层
结构类型	砖混结构
建筑位置	回民区海拉尔西路工农兵路
建筑面积	6630.6m^2
建设时间	1960 年
历史建筑公布时间	2018 年 2 月 28 日

总平面图

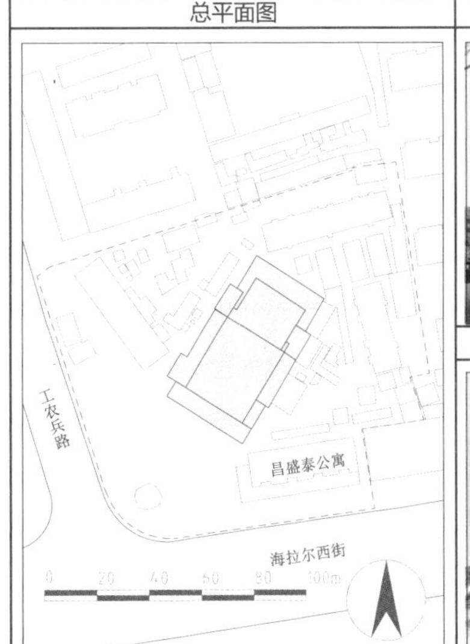

实景照片 1

实景照片 2

化工职业学院老校区

历史建筑介绍：

内蒙古化工职业学院图书馆位于校区的南侧，建筑平面呈矩形，作为化工职业技术学院的图书馆使用，现已闲置。建筑立面为现代风格，立面简洁明快；框架结构，外墙的主要材料为砖，表面贴有瓷砖，建筑开窗比较大，北侧有室外楼梯。建筑东侧的室外楼梯为混凝土结构，以裸露结构作为建筑的装饰，建筑入口挑檐较大，增加了建筑的整体层次感。

历史建筑基本情况：

建筑层数	3 层
结构类型	框架结构
建筑位置	赛罕区展览馆西路乌兰察布东街
建筑面积	582m²
建设时间	1982 年
历史建筑公布时间	2018 年 2 月 28 日

总平面图

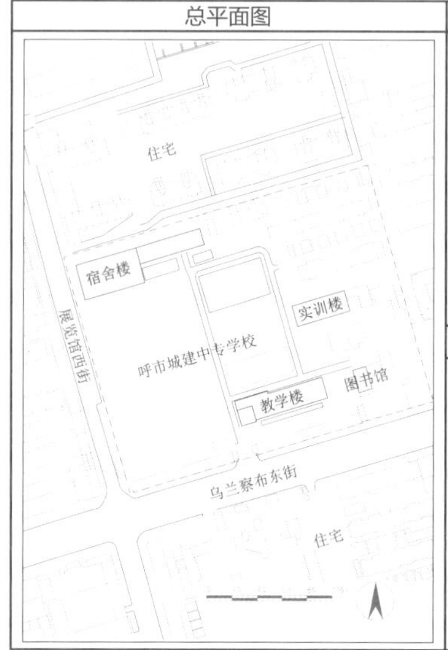

实景照片 1

实景照片 2

内蒙古建筑职业技术学校旧校区 1 号教学楼

历史建筑介绍：

1 号建筑位于校园南侧，建筑平面呈"一"字形布局，建筑年代久远，是当时内蒙古建筑职业技术学院的重要建筑，对于学校该区域起到标志性的作用。建筑为多层，立面为近代风格，材料为水刷石，建筑立面造型简洁大方，采用老式的钢窗，建筑局部有凹凸变化，体现出 20 世纪中国现代建筑的发展历程。建筑见证了建筑职业技术学院的历史以及呼和浩特市建筑发展的历史。

历史建筑基本情况：

建筑层数	主体 5 层，局部 4、7 层
结构类型	框架结构
建筑位置	回民区，西村前街以北，阿吉拉沁北路以东
建筑面积	1200m²
建设时间	1978 年
历史建筑公布时间	2018 年 2 月 28 日

总平面图

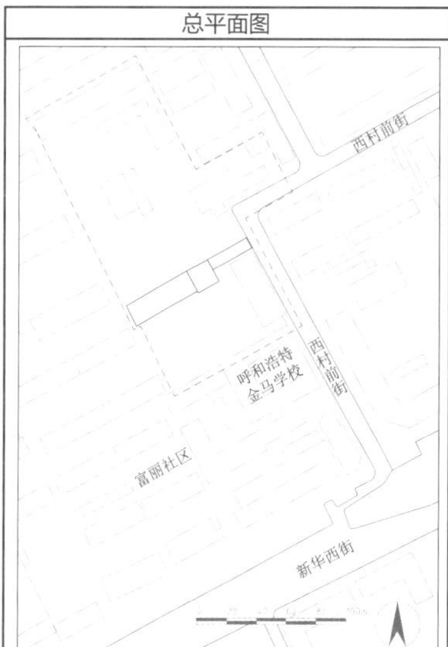

实景照片 1

实景照片 2

呼铁一中实验楼

历史建筑介绍：

建筑采用对称式的设计手法，建筑采用平屋顶，中间相对两边稍突出，使其形体更加丰富。建筑立面经过改造后，为现代化设计风格，立面简洁大方，现主要使用的材料为灰白色、红色涂料、结合横纵向构筑物进行装饰，给人沉稳、不浮躁的感受。该建筑从建设起就作为学校的教学建筑，对学校有着重要的作用，具有一定的保留价值。

历史建筑基本情况：

建筑层数	2 层
结构类型	框架结构
建筑位置	回民区新华西街 27 号
建筑面积	3876.6m²
建设时间	1959 年
历史建筑公布时间	2018 年 2 月 28 日

工农兵路 9、10、11 号筒子楼

历史建筑介绍：

工农兵路 9 号楼为橡塑机械厂宿舍楼，10 号楼为橡化厂宿舍楼。9、10 号筒子楼建筑虽年代久远，但其建筑细节保留完好，层次丰富的屋檐体现出了 20 世纪 50 年代精湛的建造工艺，具有一定保留价值。该建筑采用坡屋顶形式，墙体为裸露的红砖，房檐设有竖向矩形装饰物，增加了建筑整体的趣味性。建筑一楼设有钢窗，排列有序的竖向方形窗户，使得建筑整体具有强烈的秩序感。

历史建筑基本情况：

建筑层数	3 层
结构类型	砖混结构
建筑位置	回民区海拉尔西路工农兵路
建筑面积	7099.5m²
建设时间	1957 年（走访）
历史建筑公布时间	2018 年 2 月 28 日

总平面图

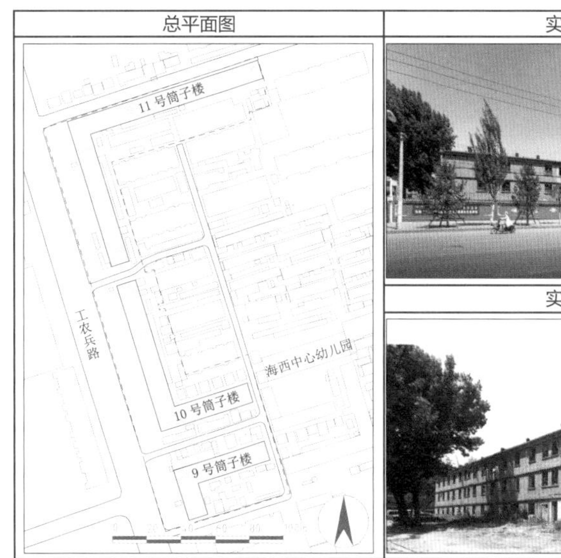

实景照片 1

实景照片 2

神和园

历史建筑介绍：

该建筑位于塞上老街东段，东西走势，“一”字形布局，始建于约 400 年前，年代较为久远，与周边的文物保护建筑相接，形成了较为完整的古街。建筑风貌为传统清代建筑形制，反映了古代的建造方式及建造形制，具有一定的文化价值。该建筑为传统砖木工艺建造，建筑立面变化丰富，檐口工艺精湛特色显著，屋脊有脊兽，屋顶采用青筒瓦，入口配有瑞兽装饰。窗户经后期改造，现为玻璃窗。

历史建筑基本情况：

建筑层数	1 层
结构类型	木结构
建筑位置	玉泉区通顺街大南街以西
建筑面积	90m²
建设时间	始建于清代
历史建筑公布时间	2018 年 2 月 28 日

总平面图

实景照片 1

实景照片 2

通顺街基督教堂

历史建筑介绍：

基督教堂是呼和浩特市具有悠久历史的一座教堂，据《呼市千年大事记》记载，早在 1818 年就有瑞典人在此建堂、传道、办学。1995 年 9 月对原来的危堂进行重建、拆迁。新堂从 1996 年 10 月一直沿用至今。建筑位于院子北侧，其他危房已拆迁，南侧重建基督教堂，新建筑与老建筑对比鲜明。四周都是仿古建筑，与其本身相结合，形成独特的老城区建筑风格。该教堂带动了周边旅游的发展，具有很高的保留价值。

历史建筑基本情况：

建筑层数	1 层
结构类型	砖混结构
建筑位置	玉泉区通顺街 51 号
建筑面积	166.5m²
建设时间	1925 年
历史建筑公布时间	2018 年 2 月 28 日

总平面图

实景照片 1

实景照片 2

内蒙古农科院职工食堂

历史建筑介绍：

建筑最早是农科院办公楼，现在是职工食堂，部分是老年活动中心。建筑整体保存较好，具有较高的保留与再利用价值。建筑采用了对称的手法，东西两侧各有一部分为坡屋顶，其余部分为平屋顶。经立面改造，目前建筑风格接近现代建筑风格，建筑比例和谐。外观较为整洁干净。目前主要使用的色彩为灰色、白色相间，立面虚实结合，使整体极具现代感。

历史建筑基本情况：

建筑层数	2 层
结构类型	框架结构
建筑位置	玉泉区昭君路南二环高架路
建筑面积	约 3000m^2
建设时间	1957 年
历史建筑公布时间	2018 年 2 月 28 日

总平面图

实景照片 1

实景照片 2

内蒙古煤矿机械厂

历史建筑介绍：

建筑位于厂区的东北部，建筑平面呈"一"字形布局，为 2 层的工业建筑，建筑早期功能为铆焊车间。由于缺乏管理，建筑周边环境比较杂乱。建筑外墙材质为红砖，建筑形制与大多现代工业建筑形制相近，屋顶为坡屋顶的形式，立面设有矩形窗户，以保证室内工作具有足够的采光面积。建筑窗户破损较为严重，木质屋架较有破损，但建筑结构基本保存完好，室内空间采光和通风条件较好，具有一定的保留价值。

历史建筑基本情况：

建筑层数	1 层
结构类型	砖混结构
建筑位置	回民区光明大街盐站西巷
建筑面积	809m^2
建设时间	1969 年
历史建筑公布时间	2018 年 2 月 28 日

总平面图

实景照片 1

实景照片 2

呼钢 650 轧钢车间

历史建筑介绍：

建筑立面采用砖、水泥和灰色涂料等材料，部分立面裸露着砖。该建筑是典型的工业建筑，占地面积很大，有一部分附属建筑，均已废弃。建筑内部破损较为严重，建筑整体为"T"形布局，内部空间相连，东西向为长短两部分，建筑屋顶为坡屋顶，有部分附属房间。作为呼和浩特工业时代的建筑，见证了呼和浩特市工业的变迁，有一定的保护价值。

历史建筑基本情况：

建筑层数	1 层
结构类型	砖混结构
建筑位置	回民区金海工业园区
建筑面积	15064m^2
建设时间	1958 年
历史建筑公布时间	2018 年 2 月 28 日

总平面图

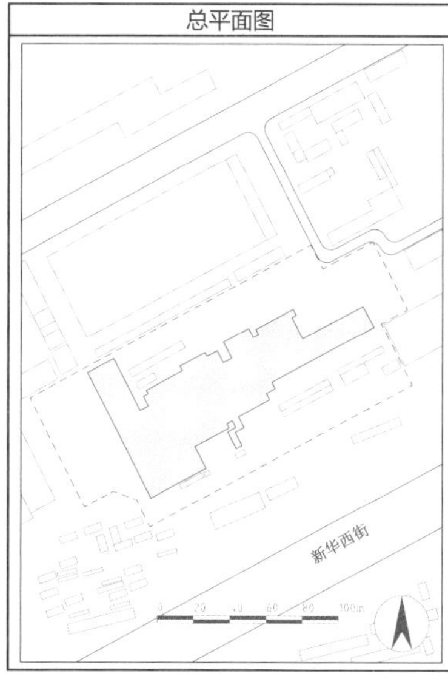

实景照片 1

实景照片 2

内蒙古卫生厅

历史建筑介绍：

现承担行政办公功能，建设质量良好，是呼和浩特市改革发展时期一处重要的建筑。主体办公建筑属于现代建筑风格，构图明确美观，外观明快、简洁。建筑材料外贴瓷砖，建筑四周留有充足的外部空间，同时与周围体量类似，与整个建筑群形成统一布局。内蒙古卫生厅代表着呼和浩特市当时的建设标准和风貌，见证了一代又一代人的成长，具有较高的保留价值和一定的社会价值。

历史建筑基本情况：

建筑层数	主体 4 层，局部 5 层
结构类型	框架结构
建筑位置	新城区新华大街 63 号
建筑面积	8258m^2
建设时间	1955 年（走访）
历史建筑公布时间	2018 年 2 月 28 日

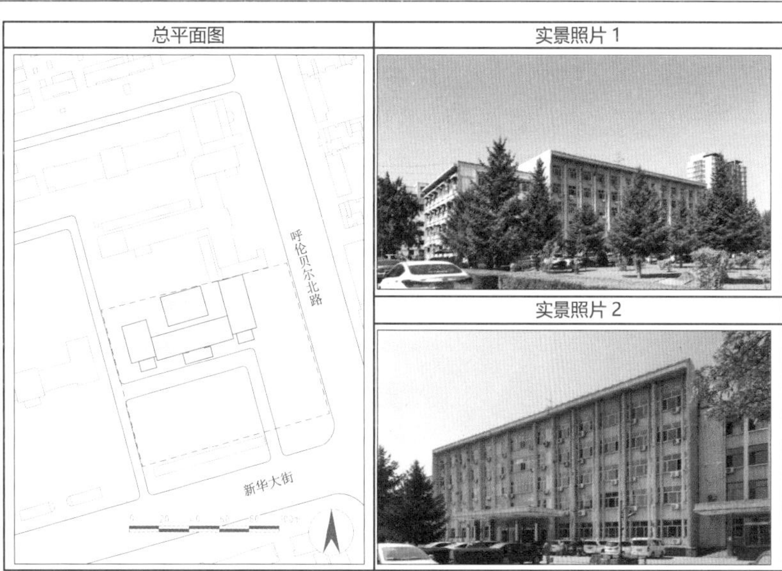

原民族旅社（现“旅之家”旅店）

历史建筑介绍：

该建筑早期为“民族旅社”，是该区域内比较早的商业建筑之一，对于当时呼和浩特市商业建筑发展起到了重要的指导性作用，内部后经整改成为现在的“旅之家”旅店。建筑单体结构简单，整体呈“L”形布局，建筑实体围合空间用作酒店后院。建筑立面主要使用的材料为灰色和白色涂料、玻璃，结合精美的纹饰，使建筑整体简洁大方。此建筑见证了呼和浩特的历史，承载了呼和浩特人民的记忆，具有较高的保留和再利用价值。

历史建筑基本情况：

建筑层数	主体 4 层，局部 5 层
结构类型	框架结构
建筑位置	回民区中山西路石羊桥路
建筑面积	约 5500m^2
建设时间	1955 年（走访）
历史建筑公布时间	2018 年 2 月 28 日

总平面图

实景照片 1

实景照片 2

骏马牌洗涤剂厂

历史建筑介绍：

该建筑曾是玉泉区乃至呼和浩特市一个重要的工业建筑，也是呼和浩特市 20 世纪 60 ~ 70 年代最出名的工厂建筑之一，担负着呼和浩特市轻工业发展的重要职能，基地总体布局呈矩形，建筑大致围合成一个空旷的场地，各部分依据功能布置不同类型的车间，1 号建筑位于厂区北侧，平面呈“一”字形布局，建筑外立面色彩以浅灰色为主，门窗为木质，建筑整体简洁大方。

历史建筑基本情况：

建筑层数	3 层
结构类型	框架结构
建筑位置	玉泉区石羊桥路三里营南路
建筑面积	约 8440m^2
建设时间	1965 年
历史建筑公布时间	2018 年 2 月 28 日

总平面图

实景照片 1

实景照片 2

原呼和浩特市汽车修配厂

历史建筑介绍：

原呼和浩特市汽车修配厂为一组建筑群，多为框架结构与砖混结构，屋面多为桁架，外立面多为砖墙，建筑形体、空间秩序感较强。建筑保留现状基本完整，结构保留现状较好，是呼和浩特市当时重要的工业工厂，是时代的见证及工业文化的体现。金工车间位于厂区的南侧，建筑呈“一”字形布局，空间呈线性布置，建筑进深较大，为厂区提供了辅助空间与办公空间。

历史建筑基本情况：

建筑层数	2层
结构类型	砖混结构
建筑位置	回民区海拉尔西街巴彦淖尔路东
建筑面积	9283m²
建设时间	1966年
历史建筑公布时间	2018年2月28日

总平面图

扎达盖河
修理车间
改装车间
锻工车间
热处理车间
金工车间
海拉尔西街

实景照片1

实景照片2

呼和浩特市制锁工业公司

历史建筑介绍：

建筑是2层坡屋顶工业建筑，在其侧面有直接到二层的室外楼梯，加快了运输搬运成品的效率，侧面的附墙柱加固了楼梯，同时也加固了建筑整体。建筑材料以红砖为主，一层刷有橘色涂料，二层为蓝色涂料，屋顶保持红砖原有颜色。整体颜色搭配和谐，造型丰富。建筑门窗较有破损，二层楼梯围栏已损坏，建筑墙体斑驳的痕迹体现了建筑的年代感。

历史建筑基本情况：

建筑层数	2层
结构类型	砖混结构
建筑位置	玉泉区三里营南路康乐街
建筑面积	约7366m²
建设时间	1975年
历史建筑公布时间	2018年2月28日

总平面图

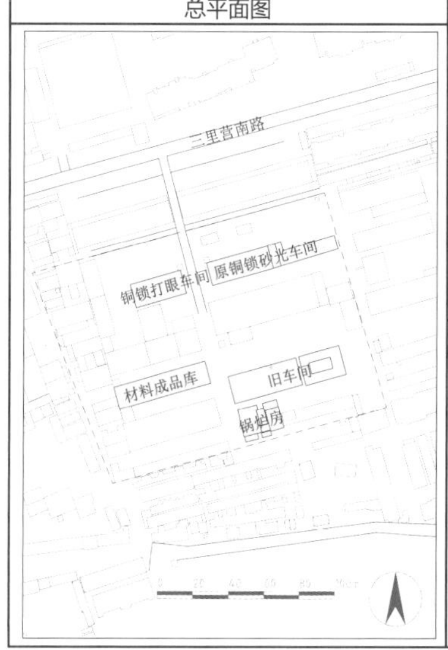

实景照片1

实景照片2

铁路工人文化宫

历史建筑介绍：

建筑立面采用砖、水泥和灰色涂料等材料，部分立面裸露着砖。该建筑是典型的工业建筑，占地面积很大，有一部分附属建筑，均已废弃。建筑内部破损较为严重，建筑整体大致为“T”形，内部空间相连，东西向为长短两部分，建筑屋顶为平屋顶，有部分附属房屋。属于呼和浩特市老工业时代的建筑，见证了呼和浩特市工业的变迁，有一定的保护价值。

历史建筑基本情况：

建筑层数	中心建筑5层，局部3层
结构类型	砖混结构
建筑位置	新城区，锡林郭勒北路34号
建筑面积	约2700m²
建设时间	1978年
历史建筑公布时间	2018年2月28日

总平面图

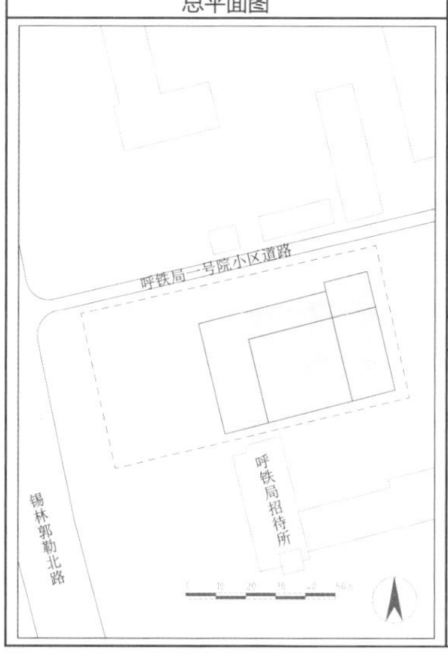

实景照片1

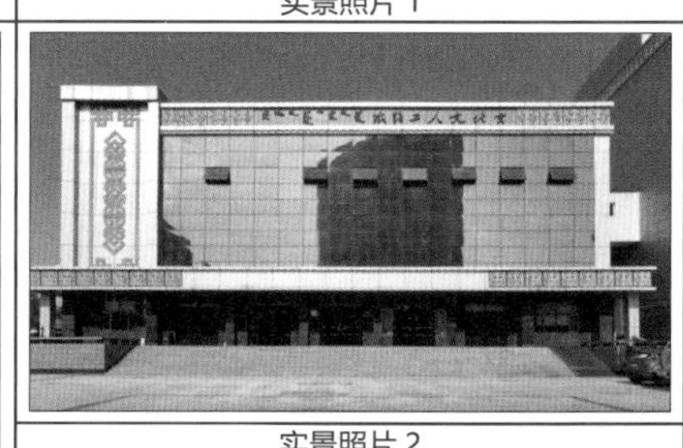

实景照片2

红山口村蒙中医学校

历史建筑介绍：

多为砖墙结构，屋顶多为坡屋顶，其构架是木构架，外立面多为砖墙，建筑形体、空间秩序感较强，建筑保留现状基本完整，但外立面有破损。整个建筑群关系井然有序，建筑所围合的空间品质较好，具有很好的改造前景与改造潜力。建筑群整体布局呈方形，空间呈线性布置，建筑进深较小，为学校提供辅助空间与教育教学用地。该建筑群是呼和浩特市当时重要的教育教学建筑群，是时代的见证。

历史建筑基本情况：

建筑层数	1层
结构类型	砖混结构
建筑位置	新城区毫沁营镇红山口村
建筑面积	2437.6m^2
建设时间	1955 年
历史建筑公布时间	2018 年 2 月 28 日

总平面图

实景照片 1

实景照片 2

内蒙古自治区文化大院京剧团

历史建筑介绍：

位于呼和浩特市新华大街以北，锡林北路以西，文化宫路以东。建筑立面采用了红砖材料，建筑内部有破损，基本闲置，属于乌兰夫时期建筑，见证了呼和浩特市文化产业的成长，有一定的保护价值，基础设施缺失。建筑为 3 层商业用房，采用平屋顶建筑形式，立面造型简单，整体颜色较为统一，主要由竖向构筑物进行装饰。建筑主要是由砖与混凝土形成，窗户为老时期的铁框单层窗户。

历史建筑基本情况：

建筑层数	3 层
结构类型	砖混结构
建筑位置	回民区锡林北路 92 号
建筑面积	1388.5m^2
建设时间	1955 年（走访）
历史建筑公布时间	2018 年 2 月 28 日

总平面图

实景照片 1

实景照片 2

农科院植物保护研究所

历史建筑介绍：

该建筑采用中轴对称的手法，在入口处有部分坡屋顶。其余部分为平屋顶，经过立面改造，外观较为整洁干净。目前主要使用的色彩是灰色、白色相间。立面简单大方，使整体拥有稳重感。该建筑是农科院早期建筑之一，承载着历史与回忆。作为专业的研究所，在近代已经获得多种研究成果。目前经过立面改造，情况较好，建筑整体保存较好，具有较高的保留与再利用价值。

历史建筑基本情况：

建筑层数	3 层
结构类型	砖混结构
建筑位置	玉泉区昭君路以东
建筑面积	3433m^2
建设时间	1963 年
历史建筑公布时间	2018 年 2 月 28 日

总平面图

实景照片 1

实景照片 2

内蒙古自治区文化大院杂技团

历史建筑介绍:

位于呼和浩特市新华大街以北，锡林北路以西，文化宫路以东。建筑立面采用了红砖材料，建筑内部有破损，基本闲置，属于乌兰夫时期建筑，见证了呼市文化产业的成长，有一定的保护价值，基础设施缺失。建筑为 3 层商业用房，采用平屋顶建筑形式，建筑主要是由砖与混凝土形成，窗户为老时期的铁框单层窗户。立面简洁大方，不同的立面有不同的装饰手法。整体颜色有一定的对比，主要由竖向构筑物进行装饰。

历史建筑基本情况:

建筑层数	3 层
结构类型	砖混结构
建筑位置	回民区锡林北路 93 号
建筑面积	2004m²
建设时间	1955 年（走访）
历史建筑公布时间	2018 年 2 月 28 日

总平面图

文化大院

京剧团

锡林郭勒北路

实景照片 1

实景照片 2

原内蒙古马术队

历史建筑介绍:

综合训练馆（现自行车训练馆）是除电工房外校区内历史最久的建筑，且建筑质量完好，具有较高的历史价值。建筑为"一"字形布局，主要提供训练场地的大空间。建筑主要使用的材料为砖，外立面使用了黄色涂料。建筑的最大特点是建筑中部突出的部分和坡度较大的坡屋顶，具有 20 世纪 50 年代公共建筑的特色，能够代表一部分 50 年代建筑。作为建校初始所建的建筑见证了学校的发展，有重要意义。

历史建筑基本情况:

建筑层数	1 层
结构类型	砖混结构
建筑位置	新城区呼伦贝尔北路赛马场北路
建筑面积	1040m²
建设时间	1956 年
历史建筑公布时间	2018 年 2 月 28 日

总平面图

实景照片 1

实景照片 2

原自治区人民政府 7 号办公楼

历史建筑介绍:

建筑质量较好，立面保存完好，内部经过更新，属于现代风格，基本没有当年的特色。该建筑属于内蒙古自治区人民政府建筑，见证了自治区许多重大决议，具有一定的保护价值。建筑主要为矩形，建筑立面主要使用的色调为灰色。在灰色涂料、玻璃窗的结合下，使得立面简洁大方。建筑现归内蒙古民族事务委员会使用，经东侧建筑与另一栋建筑相连，三栋建筑形成一个整体，有一定的特色。

历史建筑基本情况:

建筑层数	主体 5 层，局部 6 层
结构类型	框架结构
建筑位置	新城区新华大街 63 号
建筑面积	5410.9m²
建设时间	1975 年
历史建筑公布时间	2018 年 2 月 28 日

总平面图

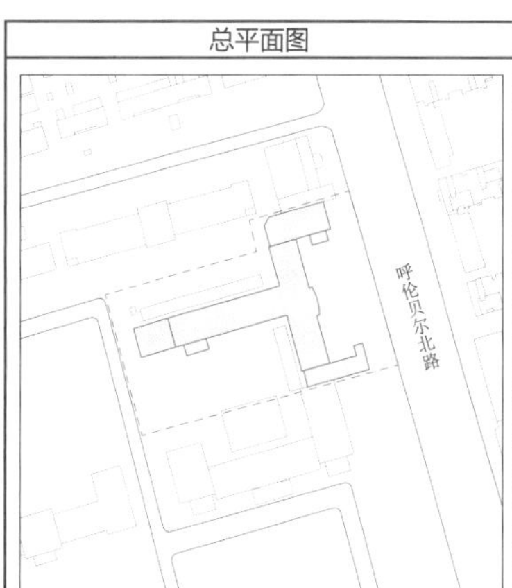

实景照片 1

实景照片 2

原内蒙古中蒙医院

历史建筑介绍：

最早是内蒙古卫生干部进修学校，建筑较有特色，立面形制完整，保存完整，建筑立面的竖向格栅既体现了现代设计手法，也体现了当时的设计理念。该建筑呈南北方向的布局陈列方式，其屋檐是木构架，至今仍完好，这对我们现在的建筑具有非常重要的参考价值和研究价值。该建筑是对一代人的历史写照，也是对工人文化的体现，具有保留价值和历史文化研究价值，对后来人来说具有非凡的意义。

历史建筑基本情况：

建筑层数	3 层
结构类型	框架结构
建筑位置	赛罕区健康街锡林郭勒南路
建筑面积	4080m²
建设时间	1955 年（走访）
历史建筑公布时间	2018 年 2 月 28 日

总平面图

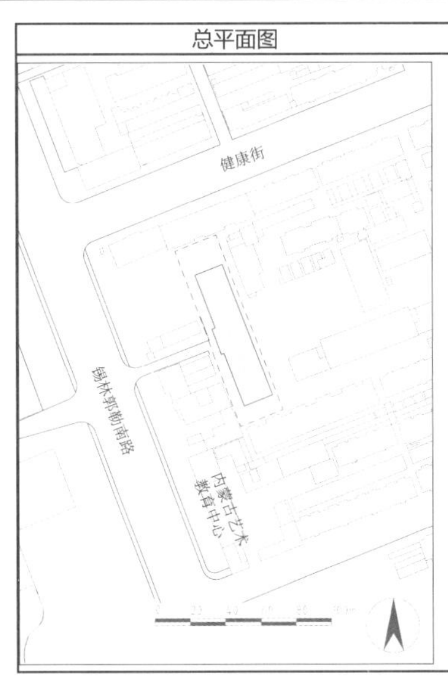

实景照片 1

实景照片 2

八拜旧乡政府礼堂

历史建筑介绍：

建筑单体布局简单，形式比较单一。建筑立面设计风格比较富有年代感，立面简洁大方，局部采用木质的梁结构，坡屋顶形式，檐部有装饰，颜色的搭配主要以黄色和红色为主，砖材质纹路清晰，给人舒适的感觉。建筑立面设计特征比较明显，对于当时的公共建筑发展起到了重要的引导作用，后来经过时代的发展和变革，逐渐被闲置，见证了呼和浩特市的历史，承载着记忆，具有很高的保留价值和再利用价值。

历史建筑基本情况：

建筑层数	1 层
结构类型	木结构
建筑位置	赛罕区金河镇八拜村 X004 路北
建筑面积	约 180m²
建设时间	1985 年（走访）
历史建筑公布时间	2018 年 2 月 28 日

总平面图

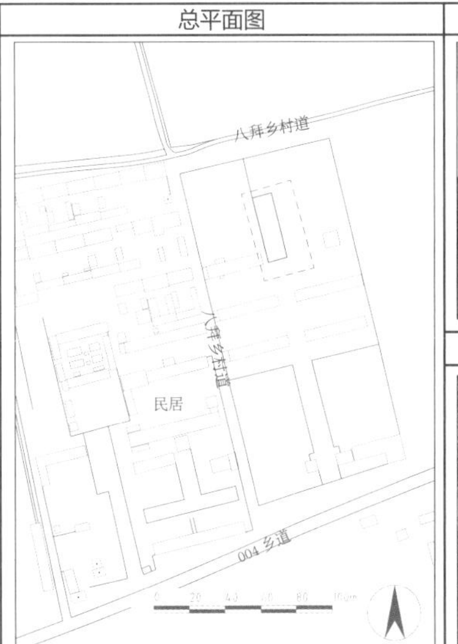

实景照片 1

实景照片 2

第一毛纺厂 1、2、3、4 号建筑

历史建筑介绍：

三十年来曾荣获市级、自治区级、国家级各种集体奖项 100 余次。其中 80% 是改革开放后 (1980 ~ 1986) 五年荣获的。第一毛纺厂为一组建筑群，多为砖混结构，建筑外立面多为砖墙，建筑现状保留基本完整，结构保留现状较好，但外立面有破损。整个建筑群关系井然有序，建筑所围合的空间具有很好的改造前景和改造潜力，该建筑承载了一代人的记忆，具有保留价值。

历史建筑基本情况：

建筑层数	主体 2、3 层，局部 1 层
结构类型	砖混结构
建筑位置	赛罕区鄂尔多斯街锡林郭勒南路
建筑面积	约 6249m²
建设时间	1956 年
历史建筑公布时间	2018 年 2 月 28 日

总平面图

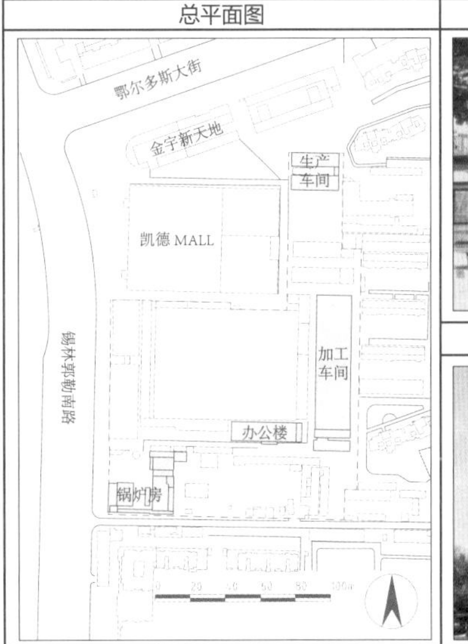

实景照片 1

实景照片 2

大青山人民英雄纪念碑

历史建筑介绍：

大青山人民英雄纪念碑位于武川县可镇南大街以西，健康西街以北，是武川县极具代表性的建筑之一。该建筑始建于 1985 年，是记录大青山地区抗日战争的重要建筑，承载着后人对英雄先烈们的缅怀之情，具有重要的历史价值和军事价值，也是重要的爱国教育基地和休闲集会场所，具有重要的教育意义和社会价值。碑身侧面的浮雕、二层台基的汉白玉栏杆、柱头等雕刻精美细腻，具有很高的艺术价值。

历史建筑基本情况：

建筑层数	—
结构类型	—
建筑位置	可镇健康西街北
建筑面积	890m^2
建设时间	1985 年
历史建筑公布时间	2018 年 3 月 15 日

总平面图　实景照片 1　实景照片 2

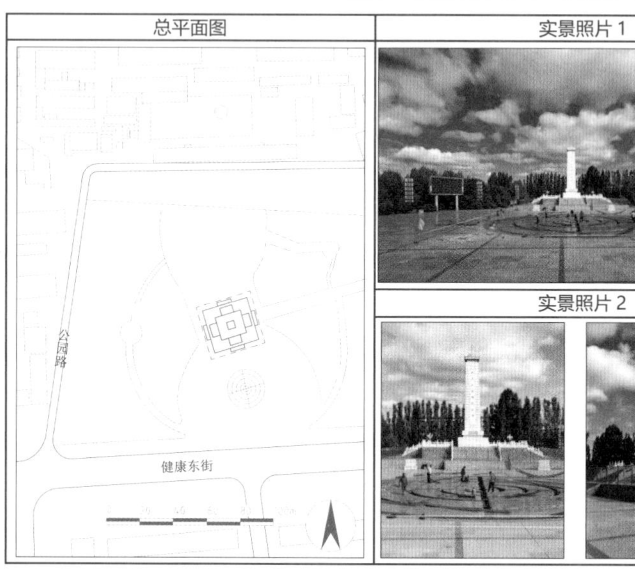

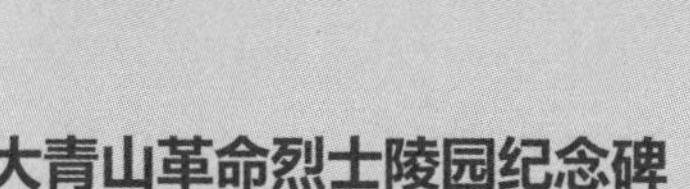

大青山革命烈士陵园纪念碑

历史建筑介绍：

井尔沟纪念碑位于武川县大青山乡井尔沟行政村柳沟门新村东南的大青山革命烈士陵园中，是武川县极具代表性的建筑之一。该建筑始建于 1986 年，是记录大青山地区抗日战争的重要建筑，承载着后人对英雄先烈们的缅怀之情，具有重要的历史价值和军事价值，是重要的爱国教育基地，具有重要的教育意义。纪念碑台基的汉白玉栏杆、柱头等雕刻精美细腻，具有很高的艺术价值。

历史建筑基本情况：

建筑层数	—
结构类型	—
建筑位置	大青山乡井尔沟行政村前柜村
建筑面积	72.25m^2
建设时间	1986 年
历史建筑公布时间	2018 年 3 月 15 日

总平面图

实景照片 1

实景照片 2

武川县政府办公楼

历史建筑介绍：

武川县人民政府办公楼位于武川县可镇南大街以东，健康西街以北。该建筑自 20 世纪 80 年代至今一直承担着全县重要的行政办公职能，是全县的政治中心，具有重要的历史价值。武川县人民政府办公楼作为全县的政治中心，是政府日常办公、举行各类会议、处理民生问题的重要场所，是全县人民的依靠所在，具有重要的社会价值。

历史建筑基本情况：

建筑层数	3 层
结构类型	砖混结构
建筑位置	可镇南大街东
建筑面积	3648m^2
建设时间	1983 年
历史建筑公布时间	2018 年 3 月 15 日

总平面图

实景照片 1

实景照片 2

内蒙古中医医院肛肠中心

历史建筑介绍：

最早是内蒙古卫生干部进修学校，建筑较有特色，立面形制完整，保存完整，建筑立面的竖向格栅既体现了现代设计手法，也体现了当时的设计理念。该建筑呈南北方向的布局陈列方式，其屋檐是木构架，至今仍完好，这对我们现在的建筑具有非常重要的参考价值和研究价值。该建筑是对一代人的历史写照，具有保留价值和历史文化研究价值，对后来人来说具有非凡的意义。

历史建筑基本情况：

建筑层数	3 层
结构类型	框架结构
建筑位置	赛罕区健康街锡林郭勒南路
建筑面积	2847.9m²
建设时间	1955 年（走访）
历史建筑公布时间	2018 年 2 月 28 日

总平面图

内蒙古自治区中医医院
健康街
原内蒙古医学院中医系教学楼
内蒙古艺术教育中心
锡林郭勒南路
地质局北街

实景照片 1

实景照片 2

呼和浩特市白塔机场老候机楼

历史建筑介绍：

呼和浩特市白塔机场老候机楼位于呼和浩特市新城区空港大道南侧，航谐路东侧，新白塔机场东北侧。该建筑建于 1966 年，是当时这一区域最早的建筑之一，是 20 世纪十分重要的交通枢纽，处于机场管理区保留下的最重要的建筑物，对该区域起到标志性的作用，是 20 世纪内蒙古交通建筑的代表，见证了内蒙古民航的发展。机场占地面积约 896.3m²，建筑面积约 1792.7m²，建筑高度约 9m。

历史建筑基本情况：

建筑层数	1 层
结构类型	框架结构
建筑位置	赛罕区空港大道
建筑面积	约 1800m²
建设时间	1996 年
历史建筑公布时间	2018 年 2 月 28 日

总平面图

实景照片 1

实景照片 2

原内蒙古图书馆

历史建筑介绍：

建筑位于青城公园内部，整体呈"T"形布局，建筑整体采用对称方式表现，主入口在建筑南侧。建筑外侧有外挂楼梯，建筑立面主要使用的材料为砖并粉刷了白色涂料，建筑整体为近代风格。建筑比例协调，内部结构完整，建筑立面简洁端庄，采用矩形开窗且大小均匀、分布整齐，强调以外挂立柱形成的竖向线条，建筑内部有一个较大的中庭，内部空间比较开敞。

历史建筑基本情况：

建筑层数	3 层
结构类型	砖混结构
建筑位置	玉泉区昭君路以东
建筑面积	3433m²
建设时间	1965 年（走访）
历史建筑公布时间	2018 年 2 月 28 日

总平面图

实景照片 1

实景照片 2

内蒙古工业大学主楼

历史建筑介绍：

内蒙古工业大学主楼现为工业大学管理学院、考试中心、日本文化研究所。内部空间老旧，外立面经过改造。建筑整体布局呈"U"形，通过半包围的形式使建筑中间形成一个较为规整的开敞空间。立面简单大方，采用了对称的设计手法，窗间墙用水泥柱予以装饰，突出了建筑的装饰感和秩序感，产生一种韵律和节奏感，使得建筑更加丰富、庄重，具有保留与再利用价值。

历史建筑基本情况：

建筑层数	主体 4 层，局部 5 层
结构类型	框架结构
建筑位置	爱民街，哲里木路以东
建筑面积	10349.5m²
建设时间	1956 年
历史建筑公布时间	2018 年 2 月 28 日

总平面图

第三教学楼
图书馆
校园路
内蒙古工业大学红楼
科学楼
校园路
爱民街

实景照片 1

实景照片 2

内蒙古工业大学航空学院（红楼）

历史建筑介绍：

内蒙古工业大学红楼位于呼和浩特市新城区爱民街 49 号。始建于 1955 年，早期为教学建筑，现为航空学院教学及办公地点。红楼整体设计为三段式，偏向于早期现代主义风格，双坡屋顶及出挑的雨篷使建筑的层次感更加强烈，具有较高的历史价值。

历史建筑基本情况：

建筑层数	主体 2 层，局部 3 层
结构类型	砖混结构
建筑位置	爱民街，哲里木路以东
建筑面积	4007m²
建设时间	1955 年
历史建筑公布时间	2018 年 2 月 28 日

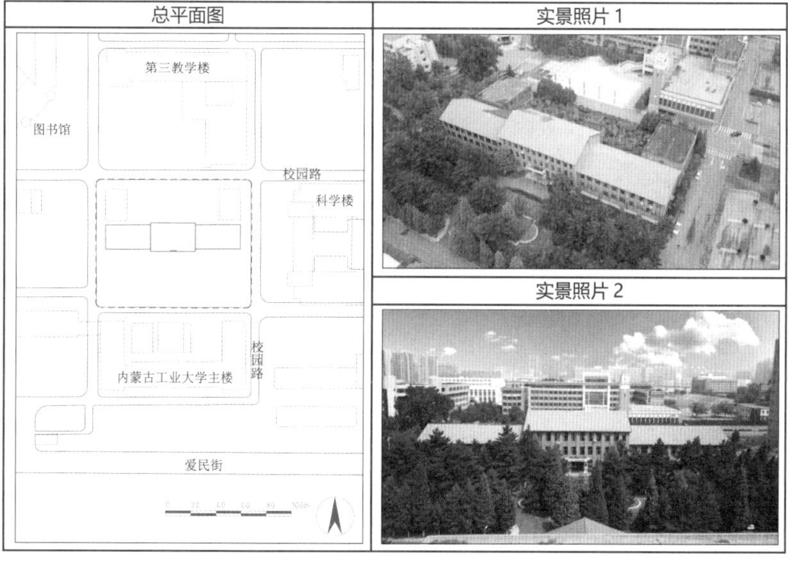

5.2 乌兰察布市地区档案

隆盛庄大北街历史建筑

历史建筑介绍：

大北街古商铺位于隆盛庄镇中心西北侧，由于年久失修仅保留了 2 处古民居、2 处古商铺、东风联营商场、王杨商号、如意歌舞厅、万家红西邻商店。2 处古民居以传统晋北四合院特色为主，装修不饰彩色，多以原木色为主，在墙体、门斗、窗栅及屋檐处大量使用富有装饰效果的砖雕、木雕。门斗处的木雕通常为垂莲柱，寓意着房宅主人对美好生活的憧憬。古商铺是由民居改为的商铺，因此在布局和功能方面大相径庭，只是将沿街布置的房屋入口朝向变更，同时处于隆盛庄闹市区，古商铺建筑体量较大。东风联营商场、如意歌舞厅、万家红西邻商店，竖向的立面分割、水刷石的外立面材料以及主立面的红色五角星是"文化大革命"时期建筑鲜明的时代特征。

大北街的历史保护建筑整体质量保存基本完好，只有一处古民居因年久失修且无人居住导致房屋塌陷，其他建筑仍在正常使用，大部分建筑已进行了修复或改造，但建筑主体结构仍保存完好。

历史建筑基本情况：

建筑层数	1层
结构类型	砖木、砖混结构
建筑位置	丰镇市隆盛庄大北街
建筑面积	共 820m²
建筑时间	民国时期（大北街古民居）；"文化大革命"时期（东风联营商场、如意歌舞厅、万家红西邻商店）；清代~民国时期（大北街古商铺、王杨商号）
历史建筑公布时间	2013 年

古民居

古商铺

王杨商号

如意歌舞厅

东风联营商场

万家红西邻商店

隆盛庄小北街古民居

历史建筑介绍：

小北街、忠义巷、杨树巷、礼拜寺巷、福胜巷、清廉巷、隆盛巷位于隆盛庄镇中心东北侧，由于年久失修共保留了 12 处古民居，包括：小北街 10 号、小北街 16 号、小北街 21 号、小北街 28 号、忠义巷 1 号、忠义巷 2 号、杨树巷 1 号、杨树巷 6 号、礼拜寺巷 1 号、福胜巷 2 号、清廉巷 1 号、隆盛巷 11 号。11 处古民居以传统晋北四合院特色为主，装修不饰彩色，多以原木色为主，在墙体、门斗、窗棚及屋檐处大量使用富有装饰效果的砖雕、木雕。门斗处的木雕通常为垂莲柱，寓意着房宅主人对美好生活的憧憬。院内正房用于房宅主的生活起居、东西厢房用于招待来宾，厢房的耳房通常用于厨房、仓库、厕所（通常位于院内西南角）等附属功能。

小北街、杨树巷、忠义巷、礼拜寺巷、隆盛巷 9 处古民居整体质量保存完好。福胜巷及清廉巷 2 处建筑由于年久失修，加之无人居住，房屋已塌陷大部分，部分围墙、门斗和房身还有保留。作为内蒙古地区的晋北四合院风格建筑，具有较高的历史保护价值。

历史建筑基本情况：

建筑层数	1层
结构类型	砖木结构
建筑位置	丰镇市隆盛庄礼拜寺巷 1 号；福胜巷 2 号；清廉巷 1 号；忠义巷 1 号、2 号；小北街 10 号、16 号、21 号、28 号；隆盛巷 11 号；杨树巷 1 号、6 号
建筑面积	共 1760m²
建筑时间	民国时期
历史建筑公布时间	2013 年

礼拜寺巷 1 号

忠义巷 1 号

小北街号 16 号

小北街号 28 号

隆盛巷 11 号

杨树巷 6 号

隆盛庄大南街历史建筑

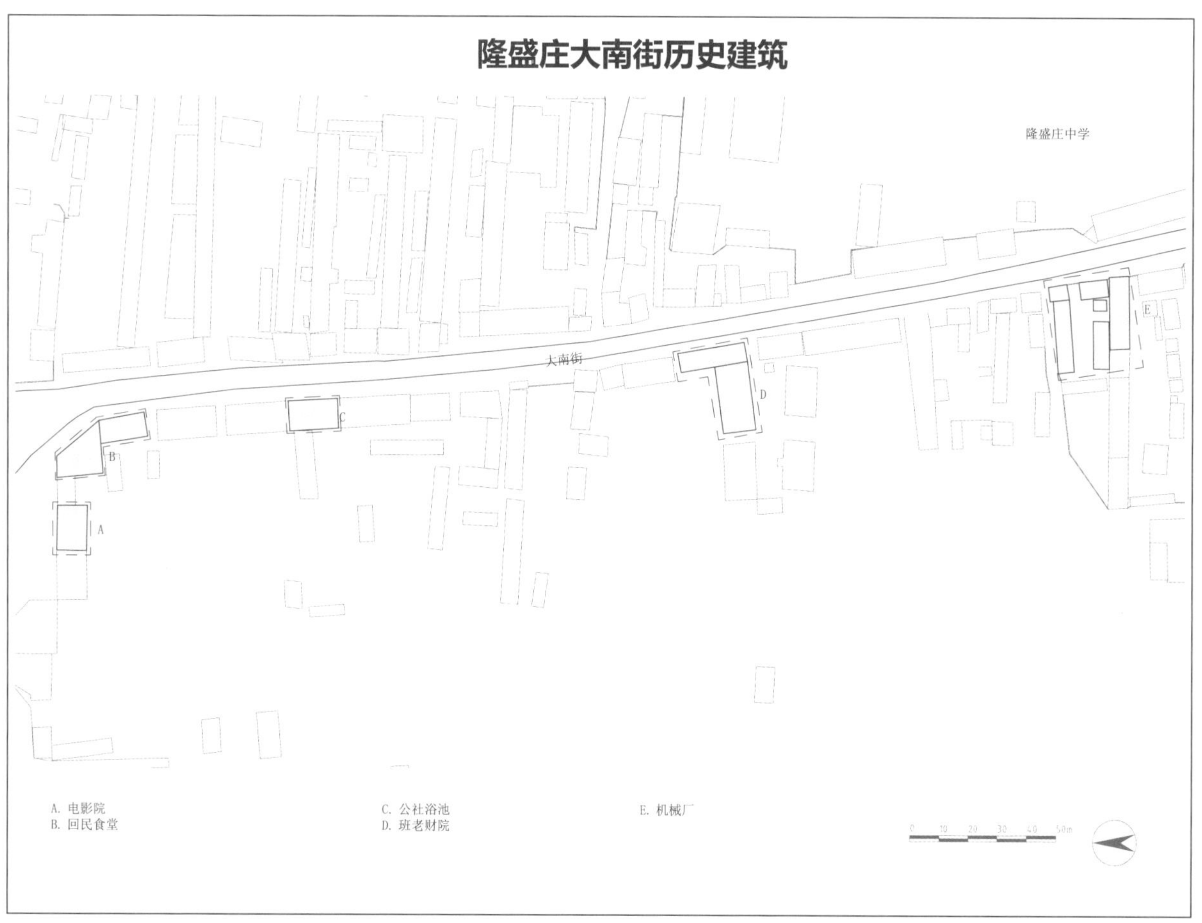

历史建筑介绍：

大南街位于隆盛庄镇中心西南侧，共有5处历史保护建筑，包括电影院、回民食堂、公社浴池、机械厂、班老财院。该处历史保护建筑均为"文化大革命"时期的建筑，建筑文化特色鲜明，砖混结构，平面皆为矩形布局，回民食堂处于街道转角处，采用了切角式布局形式。建筑立面采用竖向分割的方式，立面材料采用当时较为盛行的水刷石，主立面上大多刻有毛泽东语录或红色五角星。电影院作为镇里主要的文化交流场所，因此在立面设计上采用三段式的手法，使建筑整体显得高挑，具有很好的空间导向性。其他建筑整体风格和色调较为统一。

该区域的历史建筑质量保存完好，除了处于街角处的"回民食堂、电影院"，其他都已处于停用状态。该区域的建筑具有较高的历史价值和保护价值。

历史建筑基本情况：

建筑层数	1层
结构类型	砖混结构
建筑位置	丰镇市隆盛庄大南街
建筑面积	共 1140m²
建筑时间	"文化大革命"时期
历史建筑公布时间	2013 年

电影院

机械厂

公社浴池

班老财院

回民食堂 1

回民食堂 2

隆盛庄小南街古民居

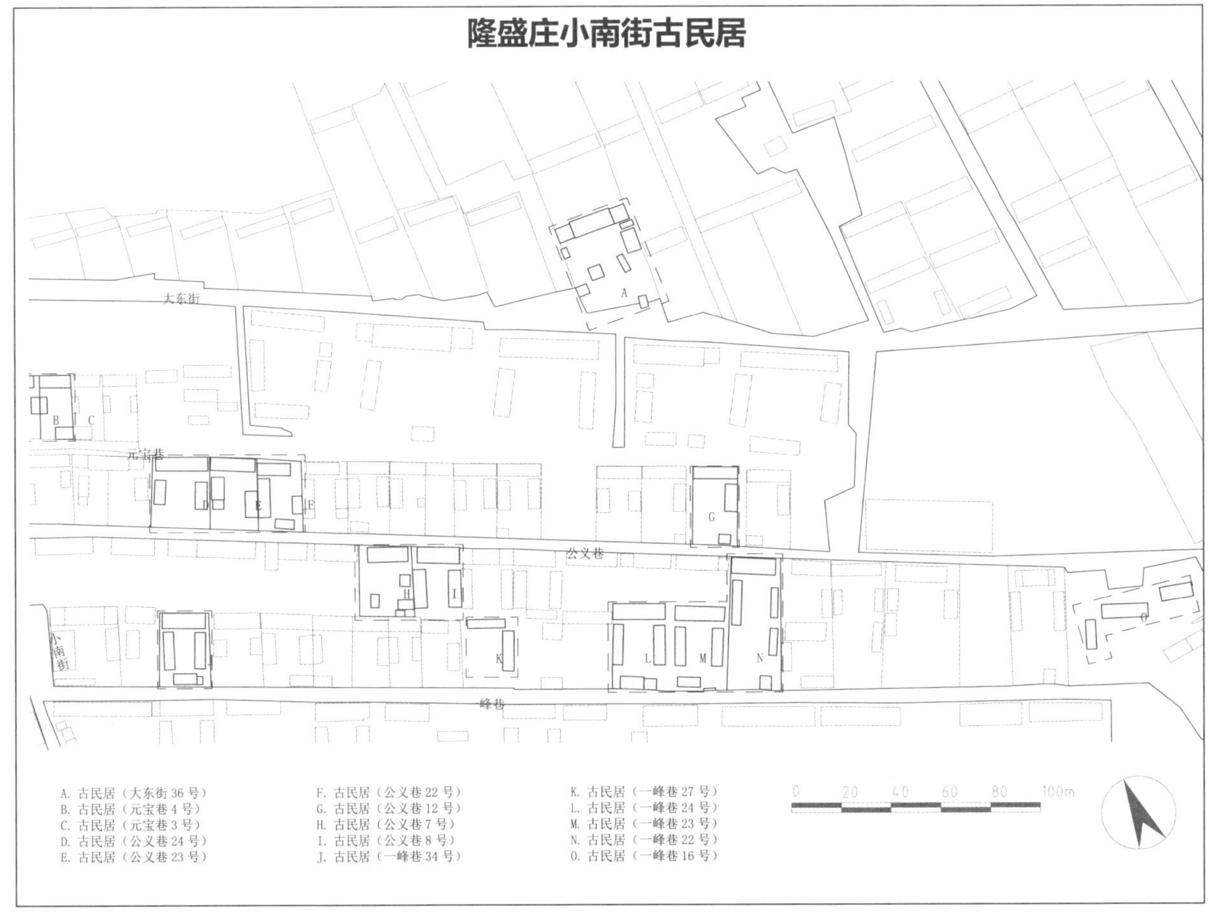

历史建筑介绍：

一峰巷、公义巷、元宝巷、大东街位于隆盛庄镇中心东南侧，由于年久失修共保留了 15 处古民居，包括：一峰巷 16 号、一峰巷 22 号、一峰巷 23 号、一峰巷 24 号、一峰巷 27 号、一峰巷 34 号、公义巷 7 号、公义巷 8 号、公义巷 12 号、公义巷 22 号、公义巷 23 号、公义巷 24 号、元宝巷 3 号、元宝巷 4 号、大东街 36 号。15 处古民居以传统晋北四合院特色为主，装修不饰彩色，多以原木色为主，在墙体、门斗、窗栅及屋檐处大量使用富有装饰效果的砖雕、木雕。门斗处的木雕通常为垂莲柱，寓意着房宅主人对美好生活的憧憬。院内正房用于房宅主的生活起居、东西厢房用于招待来宾，厢房的耳房通常用于厨房、仓库、厕所（通常位于院内西南角）等附属功能。

一峰巷、公义巷 12 处古民居整体质量保存完好。大东街及元宝巷 3 处建筑由于年久失修，加之无人居住，房屋已塌陷大部分，部分围墙、门斗和房身还有保留。作为内蒙古地区的晋北四合院风格建筑，具有较高的历史保护价值。

历史建筑基本情况：

建筑层数	1层
结构类型	砖木结构
建筑位置	丰镇市隆盛庄一峰巷 16 号、22 号、23 号、24 号 、27 号、34 号; 公义巷7号、8号、12号、22 号、23 号、24 号; 元宝巷 3 号、4 号; 大东街 36 号
建筑面积	共 2880m²
建筑时间	民国时期
历史建筑公布时间	2013 年

大东街 36 号

公义巷 22 号

公义巷 23 号

公义巷 24 号

一峰巷 16 号

一峰巷 24 号

隆盛庄碉堡

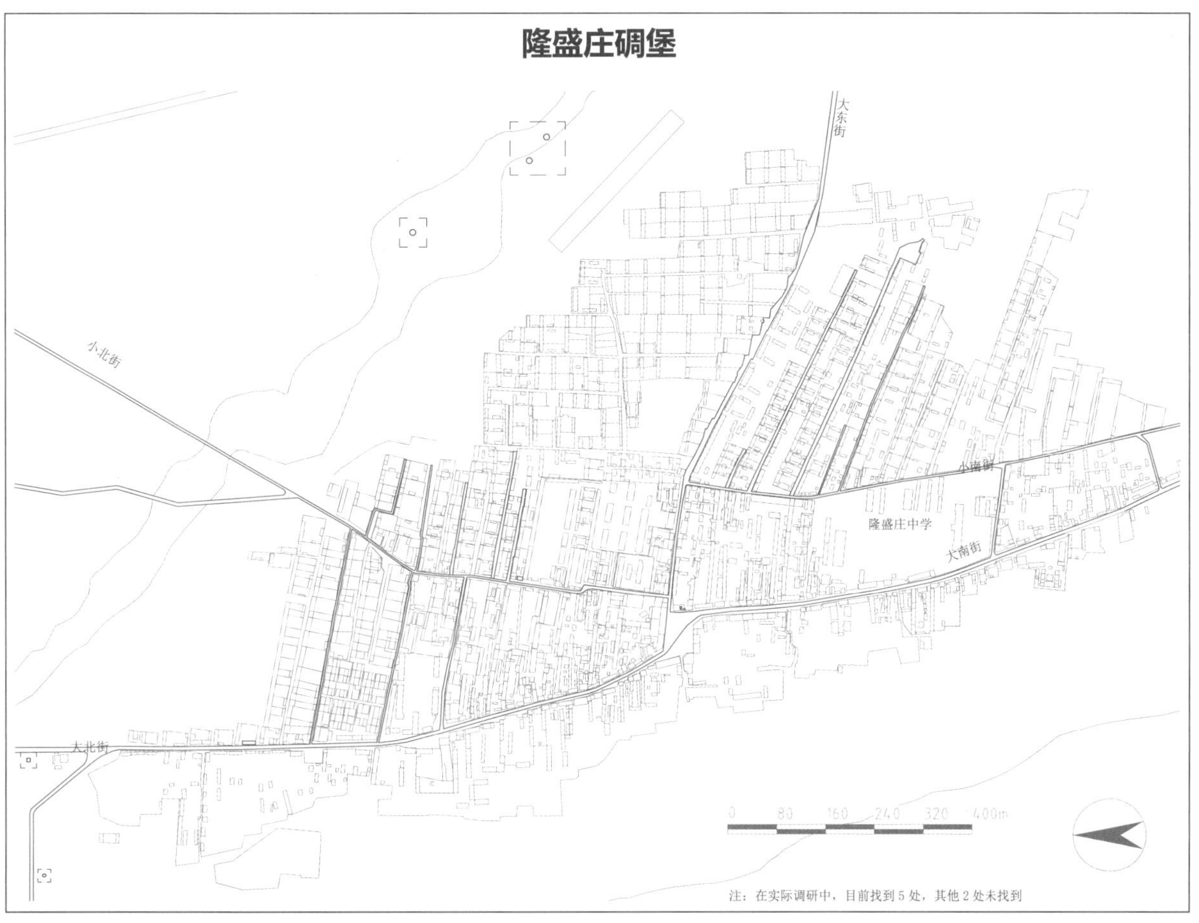

历史建筑介绍：

碉堡位于乌兰察布市隆盛庄镇城墙周边，共有7处历史保护建筑。实地考察发现隆盛庄东北向有三处，隆盛庄西北向有两处，另外两处未考证。该处历史保护建筑均为民国时期建造，作为军事上防守用的坚固建筑物，具有避难、储存等功能，建筑文化特色鲜明，大多数为小型圆形毛石混凝土碉堡，其中一座为方形素混凝土碉堡。目前大多数保存较为良好。

该区域碉堡从文化角度来讲具有较高的历史价值，也具有较高的保护价值。

碉堡 1　碉堡 2　碉堡 3　碉堡 4　碉堡 5　碉堡 6

历史建筑基本情况：

建筑层数	1层
结构类型	—
建筑位置	镇城墙周边
建筑面积	35m²
建筑时间	民国时期
历史建筑公布时间	2013年

丰镇市隆盛庄镇（张占魁出生地）

历史建筑介绍：

张占魁故居位于丰镇市和平庙子村，始建于民国时期，是当地的抗日革命阵地。该建筑是传统的北方砖砌民居，单坡屋顶，前后分为两进院，前院用于日常生活及会客使用，后院用于生活起居。由于年久失修，只有后院的起居室保留，前院翻修重建，已看不见历史原貌。因为承载了红色历史，该建筑在当地具有较高的纪念意义和历史保护价值。

历史建筑基本情况：

建筑层数	1层
结构类型	砖混结构
建筑位置	饮马沟
建筑面积	约 137m^2
建设时间	清代～民国时期
历史建筑公布时间	2013 年

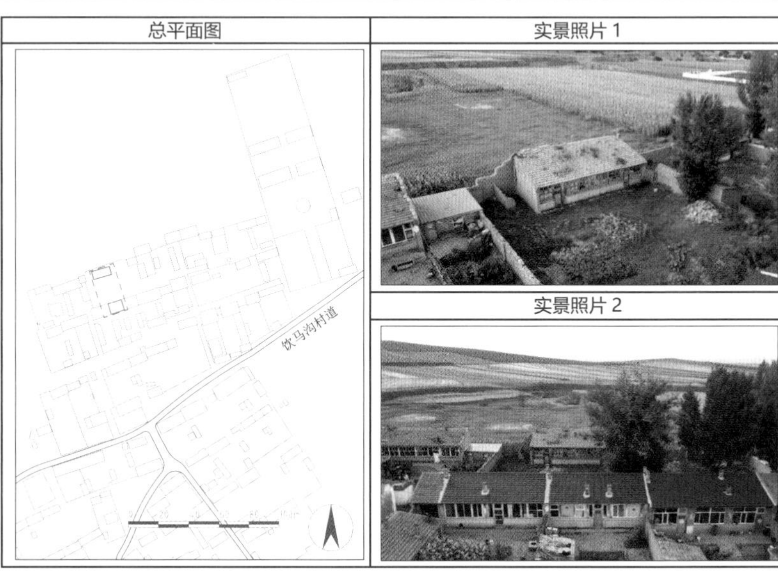

丰镇市隆盛庄镇（卢占奎故居）

历史建筑介绍：

卢占奎故居位于丰镇市四十号天宝屯村，始建于民国时期，曾是当地的抗日革命阵地。建筑为传统的土坯北方民居，整体布局偏于晋北四合院传统布局，单坡屋顶，正房坐北朝南作为日常起居使用，东西厢房作为厨房、仓库和饲养家畜使用。由于年久失修，外加土坯搭建，房屋部分塌陷，但历史痕迹仍可以看出。因为承载了红色历史，该建筑在当地具有较高的纪念意义和历史保护价值。

历史建筑基本情况：

建筑层数	1层
结构类型	砖混结构
建筑位置	四十号天宝屯村
建筑面积	约 396m^2
建设时间	清代～民国时期
历史建筑公布时间	2013 年

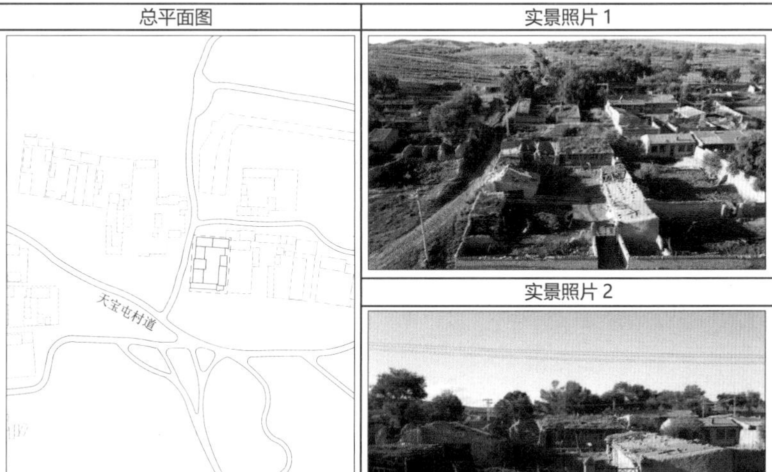

把总营遗址

历史建筑介绍：

备注： 把总营遗址位于四美庄村，因年久失修，现建筑已为废墟，暂无实地考证。

历史建筑基本情况：

建筑层数	—
结构类型	—
建筑位置	四美庄村
建筑面积	—
建设时间	清代
历史建筑公布时间	2013 年

5.3 锡林郭勒盟地区档案

锡林郭勒盟乌拉盖管理区哈拉盖图农牧场（兵团司令部）

历史建筑介绍：

恢复原貌修缮，打造成青年创业园区，该园区是 2017 年农牧场为支持鼓励管理区境内青年创业、拓展提升哈场旅游服务范围和水平而打造的，将修缮的司令部、后勤部、政治部特色房屋免费提供给创业者使用 6 年经营特色旅游项目，是保护历史遗迹、促进旅游发展的重要工程。

历史建筑基本情况：

建筑层数	1 层
结构类型	砖混结构
建筑位置	哈拉盖路东侧
建筑面积	533.5m²
建设时间	1969 年
历史建筑公布时间	2018 年 2 月

总平面图　实景照片 1　实景照片 2

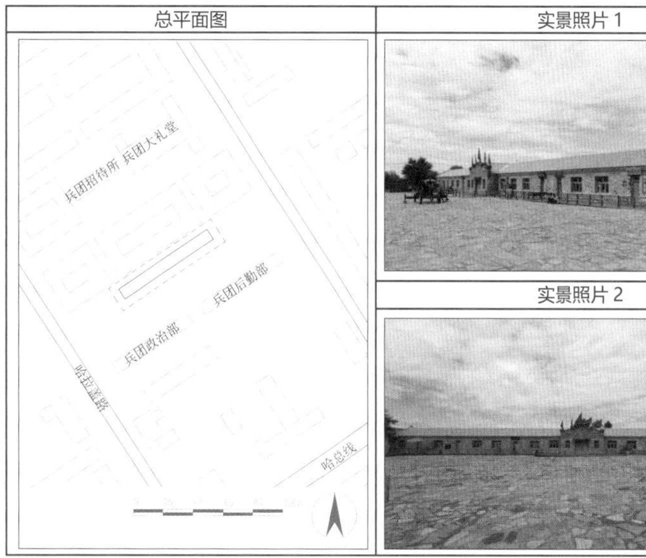

锡林郭勒盟乌拉盖管理区哈拉盖图农牧场（兵团招待所）

历史建筑介绍：

2013 年，哈场对团部进行修复，在保留原貌的基础上，进一步拓展实用功能，建成知青招待所，设置客房九间，内部装饰及陈列物品均仿制兵团时期物品特点，成为场镇建设工作亮点。自 2014 年 1 月投入使用后，以独特新颖的风格吸引着返乡知青和外地游客，投入使用后已接待返乡知青及各地游客 300 余人，很大程度地提升了服务档次，进一步增强旅游接待能力，为场镇经济发展贡献力量。

历史建筑基本情况：

建筑层数	1 层
结构类型	砖混结构
建筑位置	哈拉盖路东侧
建筑面积	280m²
建设时间	1969 年
历史建筑公布时间	2018 年 2 月

总平面图

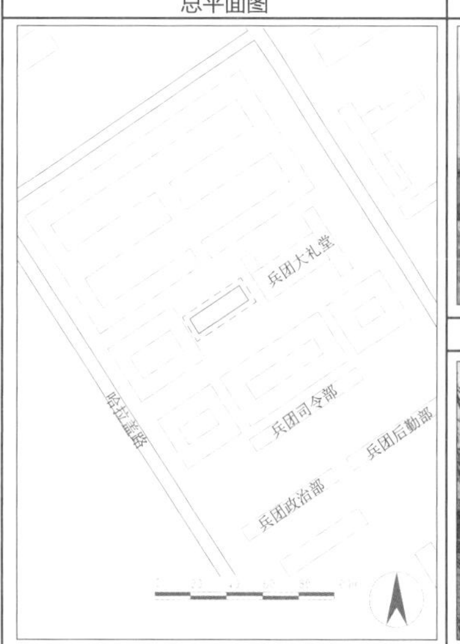

实景照片 1

实景照片 2

锡林郭勒盟乌拉盖管理区哈拉盖图农牧场（兵团邮电所）

历史建筑介绍：

在保留兵团邮电所原貌的基础上进行修复，这是对兵团时期文化的保护和传承。邮电所建筑面积 128.9m²，旨在向当代人再现兵团战士“屯垦戍边，开发边疆”的场景，是农垦精神、农垦文化的展现和缩影。

历史建筑基本情况：

建筑层数	1 层
结构类型	砖混结构
建筑位置	五一大街东段北侧
建筑面积	128.9m²
建设时间	1969 年
历史建筑公布时间	2018 年 2 月 3 日

总平面图

实景照片 1

实景照片 2

锡林郭勒盟乌拉盖管理区哈拉盖图农牧场（兵团政治部）

历史建筑介绍：

该建筑位于锡林郭勒盟乌拉盖管理区哈拉盖农牧场巴音陶海村，建筑呈"一"字形布局，建筑层数为1层，占地面积约为453.4m²，建筑面积约为453.4m²，屋顶形式为坡屋顶，外墙材料主要为砖，外立面上有水泥抹面，饰面层上雕刻了石材的纹理，整体色调为灰色，门窗的边框为蓝色，与灰色的窗间墙形成了鲜明的对比，丰富了立面。

历史建筑基本情况：

建筑层数	1层
结构类型	砖混结构
建筑位置	哈拉盖路东侧
建筑面积	453.4m²
建设时间	1969 年
历史建筑公布时间	2018 年 2 月

总平面图

实景照片 1

实景照片 2

锡林郭勒盟乌拉盖管理区哈拉盖图农牧场（兵团后勤部）

历史建筑介绍：

该建筑位于锡林郭勒盟乌拉盖管理区哈拉盖农牧场巴音陶海村，建筑呈"一"字形布局，建筑层数为1层，主体结构为砖混结构，是原内蒙古生产建设兵团五十一团的后勤供应中心，建筑外立面色彩以灰色为主，与周边的建筑风格协调，色调统一。该建筑至今保存完好，现用于旅游区的特色商店。作为红色文化背景下的产物，该建筑继续向游客展现着兵团文化的魅力。

历史建筑基本情况：

建筑层数	1层
结构类型	砖混结构
建筑位置	哈拉盖路东侧
建筑面积	457.85m²
建设时间	1969 年
历史建筑公布时间	2018 年 2 月

总平面图

实景照片 1

实景照片 2

第三部分 西部地区

PART 3 Western Region

第 6 章 西部地区历史建筑概述

Overview of Historic Buildings in the West Region

第 6 章 西部地区历史建筑概述

内蒙古自治区西部地区（简称蒙西地区），地处内蒙古的西北部，包括包头市、巴彦淖尔市、鄂尔多斯市、乌海市、阿拉善盟，西南与甘肃、宁夏回族自治区、陕西、山西毗邻，北部与蒙古国接壤，附有策克口岸、甘其毛都口岸及满都拉口岸作为文化贸易交流中心。

6.1 西部地区环境概述

内蒙古西部地区的范围包括河套平原、土默川平原，以及鄂尔多斯高原在内的半干旱、干旱地区。土壤以第四纪河湖相沉积物及风力搬运和堆积形成的沙质土和黄土为主，二者抗蚀力都很弱，加之该区域干旱少雨，风大且急，极易形成对土壤的破坏，造成土地沙化，面临一系列严重的生态破坏及退化问题。正是因为一些生态环境所带来的问题，导致了西部城镇地区发展规模小、布局松散、基础设施薄弱、城镇经济总体实力落后的现状，全区以农牧业为主体经济的旗县占 60%，产业结构的低层次性制约着包括小城镇在内的城市总体经济实力的提升。另外，受土地沙化的影响，黄土成为当地宅邸民居的主要建筑材料。越偏西部城镇间距离越大，路线的狭长营造了风格迥异的自然风貌。

蒙西地区矿产资源丰富，矿产储备与开采量居于全国第一，位于包头市的白云鄂博矿拥有世界上最大的稀土矿，鄂尔多斯露天煤矿是世界七大煤矿之一，正是矿产资源推动了蒙西地区工业的快速发展，让周边区域的附属工业随之发展。自然景观方面，蒙西地区有希拉穆仁草原、城中草原赛罕塔拉、胡杨林等自然风貌景观。通过自然景观的映射，显现出当地的风土人情，进而影响着建筑形式的表达。

人文方面，包头、乌海偏向于工业城市，建筑的发展大多用于服务工业厂区及厂区内员工，这类建筑大致包括：工人文化宫、俱乐部、厂区办公楼、火车站等。巴彦淖尔及阿拉善则是以农耕文明为主，大多数具有代表性的历史建筑都坐落于附近村庄或小镇。鄂尔多斯地处高原地带，藏传佛教影响广泛，其下附属的准格尔旗又曾是抗日革命阵地，进而该地区的历史建筑通常以庙宇、白塔、窑洞三种形式展现在世人眼中。

总体来说，蒙西地区自然生态环境较差，经济发展不平衡，导致蒙西东部以工业发展为主，蒙西西部以农业发展为主，形成了东西建筑风格迥异的特点，人文因素多以蒙元元素及藏传佛教为主，工业发展痕迹得到较好的保护。总体来说，蒙西地区经过了漫长的历史发展，形成了极具地域特色的建筑风格。

6.2 西部地区历史建筑特征概述

内蒙古西部地区的历史建筑的总体分布情况为：包头市 34 处(包头市市区 18 处、固阳县 12 处、土右旗 4 处），巴彦淖尔市 14 处（巴彦淖尔临河区 5 处、杭锦后旗 1 处、五原县 5 处、乌拉特前旗 3 处），乌海市 2 处，鄂尔多斯市 12 处（准格尔旗 4 处、杭锦旗 1 处、达拉特旗 3 处、乌审旗 4 处），阿拉善盟 10 处（阿拉善左旗 3 处、额济纳旗 6 处、阿拉善右旗 1 处），共计 73 处，其中古建筑 11 处、公共类建筑 45 处、民居类建筑 8 处、工业厂区 2 处、其他 7 处。建筑的分布状态为散点式分布，黄河以北公共类建筑居多，黄河以南古建筑、纪念类建筑居多。

包头市是我国境内以冶金、稀土、机械工业产业为主的综合性工业城市，也是我国重要的基础工业基地和全球轻稀土产业中心，被誉称“草原钢城”、“稀土之都”。另外，包头市也是一座典型的移民城市，从古至今经历了数次大规模人口迁徙，从而造就了丰富多彩、独具特色的移民文化。包头对晋商的发展、汇通天下经济的发展、民族资产阶级的发展以及文化交融的发展与传承有着不可替代、无法磨灭的作用，给后人留下了无限发展的空间。当地传统文化崇尚自然淳朴、宁静淡雅，建筑设计倡导顺畅自然、和谐共存，同时受到工业氛围和晋商文化的影响，建筑种类繁多。建筑类型分为：宅邸民居，文化教育，商业，办公，军事遗存，工业遗存，宗教及其他类型（桥梁、戏台等）。城镇的快速发展，导致大多数的历史遗留建筑集中在市区内，少数分布在周边旗县或村落内。文化教育、办公及商业类建筑，建筑立面已经多次改造及修复，原始面貌逐渐暗淡，只有在立面的细部表达上可以看出历史的雕琢痕迹。相反分布在周边旗县及村落的建筑大多以宅邸民居、供销社、铁路道桥等规模较小的建筑为主。这些建筑由于功能的逐渐缺失，大多已退出了人们的日常生活，所以立面得到了完好的保存。在建筑结构方面，包头地区的历史建筑大多以框架及砖混结构为主，在后期的修复上较为便捷，少数的宅邸民居及宗教建筑却与其相反，主要原因在于建筑材料与建造工艺的缺失，所以在尽量保护主体结构的情况下采用混凝土对其结构进行加固。总体来说，在当地居民与当地政府的共同努力下，该地区历史建筑的保护与修缮工作完成度较高，为内蒙古地区的历史建筑文化传承做出了不可磨灭的贡献。

乌海市地处黄河上游，东临鄂尔多斯高原，南与宁夏石嘴山市隔河相望，西接阿拉善草原，北靠肥沃的河套平原，是华北与西北的结合部，同时也是“宁蒙陕甘”经济区的结合部和沿黄经济带的中心区域。矿产资源非常丰富，有“塞外煤城”的美誉，是中国西北地区重要的煤化工基地之一。改革开放以来，乌海市依托资源优势，努力改善投资环境，扩大开放，经过 40 多年的开发建设，综合经济实力不断增强。随着包兰铁路的开通和包钢等国家重点项目的建设，乌海（分析厂区）作为资源富集区开始大规模开发，在过去人迹罕至的荒漠上建成了一座新兴工业城市。该地区现保留着两处在 20 世纪具有代表性的工业厂区，即乌海青少年创意产业园区（原乌海市硅铁厂）以及乌海职业技能公共培训中心（原乌海市黄河化工厂）。这两处工业园区规模宏大，生产车间及附属建筑保存完好，虽然建筑立面都有一定程度的破损，但都在不破坏建筑主体结构的前提下进行了修缮，在修缮过程中始终秉承“修旧如旧”的理念，所以无论是建筑整体还是细部，处处都能体现出历史的沧桑。两处园区的建筑主体结构全部保留完好，取其精华，去其糟粕，只将一些当时的生产器械所需的附属结构进行了拆除。也正是因为车间空间的高大，人们在其中感受到了岁月洗刷的痕迹，又能感受到古今结合的氛围。虽然这些建筑主体结构依然保存完整，但随着我国工业生产模式的不断进化，这些工厂的布局形式已经无法满足当前的生产，为了提高这些工业建筑的再利用效率，当地政府在将其进行合理改造后作为其他功能使用。以乌海职业技术公共培训中心为例，该厂区在改造过程中以景观规划为主要手段，对整体厂区进行了保护和利用，既为城市注入新的活力元素，同时也推动城市文脉的传承，将化工车间保留或改为实训车间，给场地和师生带来不同的学习体验和历史感受，也给外来参观者带来极强的观赏性和学习性。

巴彦淖尔市是内蒙古自治区西部的一个新兴城市，“巴彦淖尔”系蒙古语，汉语意为“富饶的湖泊”，位于举世闻名的河套平原和乌拉特草原上，东接包头市，西邻阿拉善盟，南隔黄河与鄂尔多斯市相望，北与蒙古国接壤，交通便利，通信便捷，气候干燥，气温偏低，自然资源丰富，旅游资源独具特色，是中国恐龙的故乡，被誉为“塞上江南、黄河明珠、北方新城、西部热土”，该地区历史悠久，文化底蕴深厚，在灿烂的河套文化和多彩的草原文明互相融合的文化条件下形成了当地独特的人文环境。由于地处河套平原，土地肥沃，几百年来这片富饶的土地一直都是高筋度小麦的主产区，因此农业发展优于工业发展，这也是宅邸民居类建筑在该地区保护程度高的因素之一，有些宅邸民居甚至成了该村落的村史馆，记载着村落的发展与历史事件。受当地的气候条件影响，巴彦淖尔的宅邸民居大多以黄土为砌筑材料。为了加固黄土的黏实度，当地居民通常会将其与杉木搅拌混合，再用模具夯实砌筑。临河区内以文化教育类、商业类建筑为主要类型，但其保护情况与包头大相径庭，由于功能的与时俱进导致建筑在立面与结构的更替上较为普遍。值得注意的是大多数的建筑在立面的更新改造上都会与之前的立面形式进行或多或少的呼应，保留了一定的历史痕迹，让历史建筑很自然地与现代建筑融合。这种表达方式正是人们所希望看到的结果。

阿拉善盟是远古人类的发祥地之一，据考古证实，旧石器时代今额济纳旗就有人类存在。旧、新石器过渡的代表——细石器文化的发现，进一步证明了该地区是东、西石器文化的连接点。在新石器、青铜、铁器时代，北方游牧民族在贺兰山、曼德拉山、龙首山等处刻制了数以万计的古代岩画，成为研究古代游牧民族早期宗教信仰、生活习俗和经济生活的重要实物资料和珍贵的文化遗产。由于地处内蒙古自治区最西端，周边都是戈壁沙漠，因此城镇的发展相对落后，建筑年代都较为久远。该地区的历史建筑类型以文化教育、商业类建筑为主，但规模都不大，立面仍保留着初建时的样貌。由于经济发展滞后，人口稀少，导致绝大多数的历史建筑处于废弃状态。但受到多种因素的影响，该地区的历史建筑独具特色，既保留了最纯粹的历史韵味，也最直观地表现出了那个年代的建筑形式与设计手法。这些历史建筑让人们有机会学习与借鉴当时的建造工艺，其中最具代表性的要属“额济纳旗的粮仓”，粮仓墙体为素土夯实，采用了高达平顶仓和浅圆仓两种形式，可谓是粮仓最原始的形体，无论是建造工艺还是建筑形式上都有较高的学习参考价值。虽然当地汉族居多，但蒙古族风俗浓厚，各处建筑在立面表达上或多或少都用蒙古族元素加以点缀。总体上来说，阿拉善地区奇异的大漠风光、秀美的贺兰山神韵、神秘的西夏古韵、雄浑的戈壁奇观孕育了当地独特的文化类型，古老的居延文化、豪放的民族风情、悠远的丝绸文明共同塑造了当地独具地域特色的建筑风格。

鄂尔多斯市地处鄂尔多斯高原，山地较多，蒙古族风情最为浓重，1696 年冬和翌年春，清康熙皇帝在亲征葛丹时，曾两次渡河进入鄂尔多斯巡视，鄂尔多斯的风土人情，给他留下了深刻的印象，《清史稿》中的藩部篇记下了他的见闻和感想：“见其人皆有礼貌，不失旧时蒙古规模”，由于该地区藏传佛教影响较深，因此其历史建筑大多以宗教类为主，历史机构遗址为辅，宗教类建筑主要集中在乌审旗，达拉特旗以及杭锦旗一带，大多以寺庙、白塔为主。寺庙类建筑，除了一些建筑构件损坏外，主体结构保存完好，古建筑的痕迹依然醒目。个别规模较小的庙宇，由于位置偏远，年代久远，因此主体结构受损后采用混凝土包裹的方式进行了保护。区域内的白塔现为当地公园，身处其中能深刻感受到历史建筑的文化氛围。此外，鄂尔多斯还是中国民族革命的最早试验田和民族自治的发源地，是大批少数民族干部的摇篮和陕甘宁边区的北大门，有着波澜壮阔的革命历程。在抗日战争时期，该地区所处的战略地位十分重要，它南临长城与陕甘宁边区相连，北隔黄河同河套、包头、归绥相望，东边又与山西的偏关，河曲为邻。因此，鄂尔多斯是陕甘宁边区的北方门户和连接陕甘宁边区与大青山、晋西北抗日根据地的重要通道。同时，它又是日本侵略者西进南下的屏障，也是国民党军队大量驻扎的地区之一，一度成为国、共、日三方拒力争夺之地。在这样的政治局面之下，大批致力于国家统一的革命人士聚集在这里，在长期的革命斗争历程中遗留下了一些相应的实物资料。例如，中共葫芦头梁党小组刘治衡故居“治源堂”以及中共魏家卯地下党组织联络员周毛秃故居，均是革命年代的红色产物，这些建筑现在依然保存完好，在当地政府的政策推动下，成为当地开展红色教育的主要基地。

总体来说，蒙西地区的历史建筑类型多元，风格迥异。在设计方面，不同地区表现出了不同的处理手法，具有鲜明的地方性特色；建造工艺方面，不同地区采用了不同的建造手法；历史价值方面，由于各城市的发展状况不同，大多数建筑的立面均经过了一定程度的改造与修缮，但宅邸民居和宗教类建筑仍保留着它们原始的样貌。

7

第 7 章 西部地区代表性历史建筑

Typical Historic Buildings in the West Region

7.1 昆区原包头市人民政府办公楼（现昆区政府办公楼）

The Former Baotou Municipal Government Building in the Kun District (now the Kun District Government Building)

内蒙古自治区包头市昆都仑区钢铁大街

Steel Avenue, Kundulun District, Baotou, Inner Mongolia Autonomous Region

历史公布时间：2017 年 12 月 25 日

人视图

建筑简介

原包头市人民政府办公楼（现昆区政府办公楼）位于昆都仑区乌兰道以南，钢铁大街以北。1955 年经党中央批准的城市规划，将市中心区布置在钢铁大街南北两侧，沿阿尔丁大街规划公共设施建筑群和广场。“文化大革命”中，曾决定在钢铁大街北侧建立“万岁馆”并埋下了基础。1976 年在“万岁馆”原址及基础上建设了市党政大楼。

建筑占地 58008 m²，东西长 132m，宽 13.6m，主楼 6 层，两侧附楼 5 层，建筑面积 11000 m²。2005 年整体建筑内外装饰改造，改变了原有风貌。原建筑荣获内蒙古自治区 20 世纪 70 年代优秀设计一等奖。目前保存完好，产权归属于昆区政府，作为办公楼使用。

原包头市人民政府办公楼在整体外形上基本保留了原来的建筑形态和风格，改建后建筑整体体块硬朗，线条笔直，给人以厚重感。

建筑外立面层次分明、简洁大方，建筑细部处理同样如此，无烦琐之修饰，主立面主要为实体墙的几何体块组合，体现了整个建筑的厚重感。建筑造型简洁大方，雄伟庄严。建筑屋顶端部有上翘之势，从正面轴线位置看去，有中国古建筑中屋顶的气势。建筑外形较为统一。

包头市人民政府办公楼是包头市重要的办公建筑之一，它见证了包头市整个城市的成长与发展。随着包头市城市的快速发展，原包头市人民政府办公大楼进行迁址，旧址作为现在昆区政府的办公处，具有重要的历史意义。

<table>
<tr><td>建筑名称</td><td colspan="2">昆区政府办公楼</td><td>历史名称</td><td colspan="3">包头市人民政府办公楼</td></tr>
<tr><td>建筑简介</td><td colspan="6">原包头市人民政府办公楼建于 1976 年，2005 年进行了外立面改造，但仍未改变原有的建筑样貌，而是通过一些细部及屋顶处理的方式，让建筑更好地展现出庄严雄伟的效果，更好地体现出了建筑本身的功能性质。通过竖向的线条和大理石的搭配，使得建筑整体硬朗笔直，给人以厚重感。作为早期的政府办公建筑，它承载了历史变迁的印记，具有较好的历史保护价值</td></tr>
<tr><td>建筑位置</td><td colspan="6">内蒙古自治区包头市昆都仑区广场西道以东，广场东道以西，乌兰道以南，钢铁大街以北</td></tr>
<tr><td rowspan="2">概述</td><td>建设时间</td><td>1976 年</td><td>建筑朝向</td><td>南向</td><td>建筑层数</td><td>五至六层</td></tr>
<tr><td>历史公布时间</td><td>2017 年 12 月 25 日</td><td>建筑类别</td><td colspan="3">办公建筑</td></tr>
<tr><td rowspan="3">建筑主体</td><td>屋顶形式</td><td colspan="5">平屋顶</td></tr>
<tr><td>外墙材料</td><td colspan="5">涂料</td></tr>
<tr><td>主体结构</td><td colspan="5">框架结构</td></tr>
<tr><td>建筑质量</td><td colspan="6">完好</td></tr>
<tr><td>建筑面积</td><td colspan="2">约 11000 m²</td><td>占地面积</td><td colspan="3">约 58008 m²</td></tr>
<tr><td>功能布局</td><td colspan="6">建筑采用传统的三段式风格，以办公和会议为主要功能，场地为中轴线关系，主次分明排列有序</td></tr>
<tr><td>重建翻修</td><td colspan="6">2005 年进行了外立面改造</td></tr>
<tr><td colspan="7">A. 昆区政府办公楼　C. 阿尔丁广场　D. 苏宁广场
B. 包头茂业天地</td></tr>
<tr><td>备注</td><td colspan="6">—</td></tr>
<tr><td>调查日期</td><td colspan="2">2019 年 7 月 31 日</td><td>调查人员</td><td colspan="3">任赫龙、耿雨</td></tr>
</table>

昆区原包头市人民政府办公楼（现昆区政府办公楼）

图片名称 	透视图 1	图片名称 	人视图	图片名称 	细部图 1
图片名称 	透视图 2	图片名称 	主立面局部	图片名称 	局部透视 1
图片名称 	局部透视 2	图片名称 	局部透视 3	图片名称 	立面与屋檐衔接局部图 1
图片名称 	立面与屋檐衔接局部图 2	图片名称 	立面与屋檐衔接局部图 3	图片名称 	立面与屋檐衔接局部图 4
图片名称 	细部图 2	图片名称 	细部图 3	图片名称 	细部图 4
备注	—				
摄影日期	2019 年 7 月 31 日				

建筑透视图

主立面

北立面（左）
局部透视 4
（右）

7.2 青山区一机工人文化宫

Workers' Cultural Palace of the First Factory in Qingshan District

内蒙古自治区包头市青山区自由路以东，临园道以南，文化路以北

East to Freedom Street, South to Linyuan Street, North to Wenhua Street, Qingshan District, Baotou, Inner Mongolia Autonomous Regio

历史公布时间：2017 年 12 月 25 日

| 鸟瞰图

建筑简介

青山区一机工人文化宫位于自由路与敖根道交汇口，与一机二小隔路相望。科技少年宫位于一机工人文化宫南侧，周边建筑大部分为多层建筑，街道尺度较小，容易造成交通拥堵，景观绿化以城市道路两侧绿化为主。建筑建于 1973 年，砖混结构，目前建筑保存完好且仍在正常使用。建筑为中心对称布局，主入口两翼为其配套的功能附属用房。中间的主体建筑为观众席及舞台区域。通过“T”形的平面布局，丰富了建筑的主立面，增强了建筑的凹凸感。建筑主入口面向西面主街道，次入口则设置在了主体建筑两侧。

建筑外立面材质为大理石，石材的线条精美，细腻，层次丰富。主入口凸出，与左右两翼相互呼应，主立面为石材幕墙，体现了整个建筑的厚重感，明确了建筑与道路的边界感。竖向的划分让建筑更加挺拔有力，两翼的入口与主立面的石材幕墙形成了虚实对比，增强了建筑的层次感。同时主体建筑两侧的凹凸变化，反映在空间中的层次变化。端部体块的玻璃幕墙让原本密实的建筑具有通透感，使建筑更好地与周边环境融合。

一机工人文化宫是一机厂为了满足一机职工对文化生活和娱乐活动的需要而建设起来的。三十多年来，一机工人文化宫通过放映电影、举办会议、演出、讲座，丰富了职工的业余生活，满足了职工精神生活的需求，是历代军工职工的精神寄托，具有很强的时代烙印，见证了包头市及一机厂的发展。

建筑名称	一机工人文化宫		历史名称	一机工人文化宫		
建筑简介	青山区一机工人文化宫建于1973年，建筑整体呈“T”形布局，主立面的石材幕墙使得建筑端庄雄伟，竖向的立面划分让建筑挺拔有力，两翼与主体的虚实关系让建筑有了鲜明的层次感。建筑具有很强的时代烙印，见证了包头市的发展历史，具有良好的历史保护价值					
建筑位置	内蒙古自治区包头市青山区自由路以东，临园道以南，文化路以北					
概述	建设时间	1973年	建筑朝向	东向	建筑层数	二层
	历史公布时间	2017年12月25日	建筑类别	文化教育		
建筑主体	屋顶形式	平屋顶				
	外墙材料	大理石				
	主体结构	框架结构				
建筑质量	完好					
建筑面积	约8000㎡		占地面积	约10000㎡		
功能布局	建筑为中心对称布局，主入口两翼为其配套的功能附属用房					
重建翻修	不详，暂未考证					

A. 青山区一机工人文化宫　　C. 青山公园　　D. 青山区老年人体育协会

B. 包头市青山区城乡建设局

备注	—		
调查日期	2019年8月1日	调查人员	任赫龙、耿雨

青山区一机工人文化宫

图片名称 	人视图 1	图片名称 	鸟瞰图 1	图片名称 	人视图 2
图片名称 	局部立面图 1	图片名称 	人视图 3	图片名称 	局部立面图 2
图片名称 	局部透视图 1	图片名称 	局部立面图 3	图片名称 	局部透视图 2
图片名称 	局部立面图 4	图片名称 	入口	图片名称 	局部透视图 3
图片名称 	细部图 1	图片名称 	细部图 2	图片名称 	细部图 3
备注	—				
摄影日期	2019 年 8 月 1 日				

西立面图

鸟瞰图 2

局部效果 1（左）
局部效果 2（右）

7.3 青山区二〇二厂俱乐部

202 Factory Club in Qingshan District

内蒙古自治区包头市青山区朝阳路与育才路交叉口

Intersection of Chaoyang Road and Yucai Road, Qingshan District, Baotou, Inner Mongolia Autonomous Region

历史公布时间：2017 年 12 月 25 日

| 鸟瞰图

建筑简介

二〇二厂俱乐部位于包头市青山区朝阳路与育才路交叉口。建筑建于 20 世纪 50 年代末，2 层砖木结构，是该地区当时较有代表性的建筑，2015 年经过一场火灾之后，被有关部门鉴定为危房，闲置至今。俱乐部位于育才路以东，朝阳路以南，与二〇二小学隔路相望，周围建筑年代普遍较为久远，周边建筑类型单一，多为住宅建筑，交通便利，景观绿化较多。

该建筑总体呈“T”形布局，建筑为平屋面造型。该建筑由“一”字形体块和其北面的长方形体块构成。这样的平面布局让建筑更有延展性，使建筑与周边环境更好地融合在一起。凹凸的造型营造了一些慢行空间供人们在其周围进行各种空间活动，增加了建筑的活跃气氛，无论室内空间还是室外空间都能更充分地应用起来。

立面为三段式严整对称的形式，配合建筑的前广场更好地体现了建筑与场地之间的轴线关系。内部修饰方面具体表现为凸出的壁柱装饰、入口处的柱廊、女儿墙的装饰处理、檐口处的柱状装饰等。通过壁柱与柱廊的设计，让建筑在立面上有了更好的虚实变化，有了立体感。这样的立面装饰也充分阐述了 20 世纪 50 年代时期的立面处理手法——简单硬朗，这也使二〇二厂俱乐部能够很好地体现历史气息的原因所在。

二〇二厂俱乐部是为了满足工厂职工对文化生活和娱乐活动的需要而建设起来的，它的建成丰富了职工的业余生活，满足了职工精神生活的需求，是历代二〇二厂职工的精神寄托，具有很强的时代烙印，见证了二〇二厂的发展。

<table>
<tr><td>建筑名称</td><td colspan="2">二〇二厂俱乐部</td><td>历史名称</td><td colspan="3">二〇二厂俱乐部</td></tr>
<tr><td>建筑简介</td><td colspan="6">作为当时二〇二厂俱乐部职工的活动场所，二〇二厂俱乐部秉着文化生活和娱乐生活为一体的设计理念，自室内空间到室外空间很好地营造了这一空间氛围。二〇二厂俱乐部整体呈现“T”形布局，立面采用了 20 世纪 50 年代标准的三段式手法，场地整体采用轴线设计凸显出了建筑的端庄宏伟</td></tr>
<tr><td>建筑位置</td><td colspan="6">内蒙古自治区包头市青山区朝阳路与育才路交叉口</td></tr>
<tr><td rowspan="2">概述</td><td>建设时间</td><td>20 世纪 50 年代末</td><td>建筑朝向</td><td>南向</td><td>建筑层数</td><td>二至三层</td></tr>
<tr><td>历史公布时间</td><td>2017 年 12 月 25 日</td><td>建筑类别</td><td colspan="3">文化教育、商业建筑</td></tr>
<tr><td rowspan="3">建筑主体</td><td>屋顶形式</td><td colspan="5">平屋顶</td></tr>
<tr><td>外墙材料</td><td colspan="5">涂料</td></tr>
<tr><td>主体结构</td><td colspan="5">框架结构</td></tr>
<tr><td>建筑质量</td><td colspan="6">基本完好</td></tr>
<tr><td>建筑面积</td><td colspan="2">6383 m²</td><td>占地面积</td><td colspan="3">约 2980 m²</td></tr>
<tr><td>功能布局</td><td colspan="6">该建筑总体呈“T”形布局，由“一”字形体块和其后的长方形体块构成</td></tr>
<tr><td>重建翻修</td><td colspan="6">2005 年立面改造</td></tr>
<tr><td colspan="7">朝阳路
育才路
迎宾路
A
B
C
0 20 40 60 80 100m
A. 二〇二厂俱乐部　B. 包头市二〇二小学　C. 迎宾路小区</td></tr>
<tr><td>备注</td><td colspan="6">—</td></tr>
<tr><td>调查日期</td><td colspan="2">2019 年 8 月 1 日</td><td>调查人员</td><td colspan="3">任赫龙、耿雨</td></tr>
</table>

青山区二〇二厂俱乐部

图片名称	鸟瞰图 1	图片名称	主立面局部立面图	图片名称	鸟瞰图 2
图片名称	局部透视图 1	图片名称	局部鸟瞰图	图片名称	局部透视图 2
图片名称	局部立面图 1	图片名称	局部立面图 2	图片名称	局部立面图 3
图片名称	局部透视图 3	图片名称	局部立面图 4	图片名称	局部透视图 4
图片名称	细部图 1	图片名称	细部图 2	图片名称	细部图 3
备注	—				
摄影日期	2019 年 8 月 1 日				

鸟瞰图 3

鸟瞰图 4

主入口（左）

局部透视图 5（右）

7.4 东河区红星影院

Hongxing Theater in Donghe District

内蒙古自治区包头市东河区城环西路以东，人民公园以北

North to People's Park, East to Chenghuan West Road, Donghe District, Baotou, Inner Mongolia Autonomous Region

历史公布时间：2017 年 12 月 25 日

| 人视图

建筑简介

红星影院位于包头市东河区环城西路以东，人民公园以北，红星环岛正北侧，是 1953 年包头市工商联采取集资办法兴建的一座影剧院。市工商联召集各同业委员，计划在东河区口袋房巷筹建“红星影剧院”。筹建计划报请市人民政府批准后，经市第二建筑公司经一年的紧张施工，建筑于 1954 年建成竣工。1956 年，随着社会主义改造，红星影剧院实行了公私合营，隶属市文化局。20 世纪 90 年代，改建为复正饭店和蒙星娱乐城，昔日红星剧院的面貌荡然无存。红星影院占地 3986 ㎡，总建筑面积为 3940 ㎡，建筑保留尚好，是周边重要的公共文化建筑。

红星影院建筑布局简单紧凑，利用效率较高，建筑分为三个部分，分别为花鸟市场、娱乐广场（戏院）、红星影院（电影院）。建筑前面的停车场较小，略显拥堵。平面布局形式采用了常见的矩形布局。

建筑造型美观，风格传统，建筑主要材料为砖，外立面为红色涂料，生动地表达了“红墙绿瓦”的中式建筑形象。建筑入口门牌构件精美，做法考究，保留完好，三座建筑入口造型各具特色，木构件做法精细严整，造型别致。由于门牌采用了古建筑结构形式，建筑更加醒目，成为周边的标志性建筑。

建筑室内较为陈旧，改建痕迹明显，室内采光较差，但部分构件仍旧精美，室内整体具有较大的改造潜质。由于各方面因素的影响现只有剧场仍在使用，作为老年演出活动场所。剧场内大约可以容纳 200 人，演出舞台不大，配有侧台。

红星影院是当时重要的公共文化建筑，对于该区域承担着重要的文化娱乐职能，同时建筑立面较为特别，具有较高的保留与再利用价值。

<table>
<tr><td>建筑名称</td><td colspan="2">东河区红星影院</td><td>历史名称</td><td colspan="3">东河区红星影院</td></tr>
<tr><td>建筑简介</td><td colspan="6">东河区红星影院建于 1953 年，建筑整体风格为中式风格，正立面采用了古建筑形式的门牌楼，建筑内部改造较大，看不出原来的构造形式，由于使用功能的要求，内部多大空间，现只有剧场仍在使用，其余两处已经闲置</td></tr>
<tr><td>建筑位置</td><td colspan="6">内蒙古自治区包头市东河区城环西路以东，人民公园以北</td></tr>
<tr><td rowspan="2">概述</td><td>建设时间</td><td>1953 年</td><td>建筑朝向</td><td>南向</td><td>建筑层数</td><td>一至二层</td></tr>
<tr><td>历史公布时间</td><td>2017 年 12 月 25 日</td><td>建筑类别</td><td colspan="3">文化教育</td></tr>
<tr><td rowspan="3">建筑主体</td><td>屋顶形式</td><td colspan="5">平屋顶</td></tr>
<tr><td>外墙材料</td><td colspan="5">红砖</td></tr>
<tr><td>主体结构</td><td colspan="5">砖混结构</td></tr>
<tr><td>建筑质量</td><td colspan="6">基本完好</td></tr>
<tr><td>建筑面积</td><td colspan="2">3940 m²</td><td>占地面积</td><td colspan="3">3986 m²</td></tr>
<tr><td>功能布局</td><td colspan="6">布局简单紧凑，利用率较高，建筑分为三个单体，分别为花鸟市场、娱乐广场（戏院）、红星影院（电影院）</td></tr>
<tr><td>重建翻修</td><td colspan="6">—</td></tr>
<tr><td colspan="7">
A. 东河区红星影院　C. 德仁堂药店　D. 花园小区
B. 人民公园</td></tr>
<tr><td>备注</td><td colspan="6">—</td></tr>
<tr><td>调查日期</td><td colspan="2">2019 年 8 月 3 日</td><td>调查人员</td><td colspan="3">任赫龙、耿雨</td></tr>
</table>

东河区红星影院

图片名称 	局部透视图 1	图片名称 	局部透视图 2	图片名称 	局部透视图 3
图片名称 	室内局部透视图	图片名称 	局部立面图	图片名称 	屋檐局部图
图片名称 	入口局部图	图片名称 	室内局部图 1	图片名称 	楼梯局部图 1
图片名称 	室内局部图 2	图片名称 	室内局部图 3	图片名称 	室内局部图 4
图片名称 	楼梯局部图 2	图片名称 	楼梯局部图 3	图片名称 	细部图
备注	—				
摄影日期	2019 年 8 月 3 日				

主立面图

局部人视图

屋檐细部（左）

局部透视图 4（右）

7.5 东河区包头东火车站

Baotou East Railway Station in Donghe District

内蒙古自治区包头市东河区南门外大街以东，二里半路以西

East to Nanmenwai Street, Donghe District, west of Erli Half Road, Baotou City, Inner Mongolia Autonomous Region

历史公布时间：2017 年 12 月 25 日

人视图

建筑简介

包头东火车站作为交通建筑，1923 年 1 月正式通车交付使用，为平绥铁路终点。1958 年 1 月改为包头东火车站沿用至今。1982 年 12 月新车站投入使用。1984 年建成站前广场。现包头东火车站占地 36362 ㎡，总建筑面积为 7675 ㎡，是包头市重要的地标，也是包头市主要交通枢纽之一，担负本地客运、货运服务。建筑主体保留尚好，内部经过数次修整。站前广场是街区主要的开放公共空间。

建筑位于包头市东河区站北路南侧，站南路北侧，南门外大街东侧，二里半路西侧。火车东站周边建筑的年代普遍较为久远，建筑类型单一，多为宾馆酒店、商品批发城。公交调度大楼位于火车东站东侧，公交与火车相接，交通便利。周边建筑大部分为多层建筑，街道尺度较大，绿化较多，景观较好。

建筑为三段式布局，分为主体建筑、候车厅、钟楼三部分。平面形式为“一”字形布局，空间简洁明了，内部空间的虚实变化起到了较好的空间导向性作用。建筑层数主要以 2 层为主，局部有 3 层和 5 层，通过体块的高低起伏让建筑有了错落感，避免了呆板的建筑造型。

建筑立面为现代化设计风格，立面简洁大方，局部采用镂空雕花，颜色的搭配给人沉稳感受，候车厅立面的大面积玻璃幕墙是现代建筑风格的体现。建筑色彩整体以灰色为主白色相间，建筑立面虚实结合，变化丰富。

建筑为现代风格，建筑比例协调，内部结构完整。该建筑的钟楼是包头的标识，承载了包头人民几十年的记忆。

<table>
<tr><td>建筑名称</td><td colspan="2">东河区包头东火车站</td><td>历史名称</td><td colspan="3">东河区包头火车站</td></tr>
<tr><td>建筑简介</td><td colspan="6">包头东火车站是包头当时的代表性建筑，1923 年通车使用。建筑整体为现代风格，平面简洁明了，立面简单大方，西侧的钟楼成为火车站的标志性建筑，也是该区域的地标性建筑。作为当地的历史建筑，记载了包头历史的变迁，承载了人们的生活记忆</td></tr>
<tr><td>建筑位置</td><td colspan="6">内蒙古自治区包头市东河区南门外大街以东，二里半路以西</td></tr>
<tr><td rowspan="2">概述</td><td>建设时间</td><td>1923 年</td><td>建筑朝向</td><td>南向</td><td>建筑层数</td><td>二至五层</td></tr>
<tr><td>历史公布时间</td><td>2017 年 5 月</td><td>建筑类别</td><td colspan="3">商业建筑</td></tr>
<tr><td rowspan="3">建筑主体</td><td>屋顶形式</td><td colspan="5">平屋顶</td></tr>
<tr><td>外墙材料</td><td colspan="5">涂料</td></tr>
<tr><td>主体结构</td><td colspan="5">框架结构</td></tr>
<tr><td>建筑质量</td><td colspan="6">完好</td></tr>
<tr><td>建筑面积</td><td colspan="2">7675 m²</td><td>占地面积</td><td colspan="3">36362 m²</td></tr>
<tr><td>功能布局</td><td colspan="6">建筑为三段式布局，分为主体建筑、候车厅、钟楼三部分</td></tr>
<tr><td>重建翻修</td><td colspan="6">1982 年翻新，1984 年建成站前广场</td></tr>
<tr><td colspan="7">站北路
南门外大街
A. 东河区包头东火车站
B. 站前广场
C. 小太阳幼儿园
D. 金谷村镇银行
E. 宜居商务酒店（站前广场）
F. 公交职工快餐
G. 东官房小区</td></tr>
<tr><td>备注</td><td colspan="6">—</td></tr>
<tr><td>调查日期</td><td colspan="2">2019 年 8 月 1 日</td><td>调查人员</td><td colspan="3">任赫龙、耿雨</td></tr>
</table>

<table>
<tr><td colspan="6">东河区包头东火车站</td></tr>
<tr><td>图片名称</td><td>局部透视图 1</td><td>图片名称</td><td>主立面局部</td><td>图片名称</td><td>局部透视图 2</td></tr>
<tr><td colspan="2"></td><td colspan="2"></td><td colspan="2"></td></tr>
<tr><td>图片名称</td><td>局部立面图 1</td><td>图片名称</td><td>局部透视图 3</td><td>图片名称</td><td>局部立面图 2</td></tr>
<tr><td colspan="2"></td><td colspan="2"></td><td colspan="2"></td></tr>
<tr><td>图片名称</td><td>局部透视图 4</td><td>图片名称</td><td>局部透视图 5</td><td>图片名称</td><td>室内局部 1</td></tr>
<tr><td colspan="2"></td><td colspan="2"></td><td colspan="2"></td></tr>
<tr><td>图片名称</td><td>室内局部 2</td><td>图片名称</td><td>室内局部 3</td><td>图片名称</td><td>室内局部 4</td></tr>
<tr><td colspan="2"></td><td colspan="2"></td><td colspan="2"></td></tr>
<tr><td>图片名称</td><td>钟楼入口</td><td>图片名称</td><td>钟楼效果图</td><td>图片名称</td><td>室内局部 5</td></tr>
<tr><td colspan="2"></td><td colspan="2"></td><td colspan="2"></td></tr>
<tr><td>备注</td><td colspan="5">—</td></tr>
<tr><td>摄影日期</td><td colspan="5">2019 年 8 月 1 日</td></tr>
</table>

主立面

人视图

主入口（左）
局部透视图 6（右）

7.6 东河区原包头市地方工业学校（现中山学校）

Former Baotou Local Industrial college in Donghe District (Zhongshan College)

内蒙古自治区包头市东河区一中西路以东，巴彦塔拉大街以北

East to Yizhong West Street, north to Bayantala Street, Donghe District, Inner Mongolia Autonomous Region

历史公布时间：2017 年 12 月 25 日

| 人视图

建筑简介

原包头市地方工业学校（现中山学校）作为文化教育建筑，位于东河区南门外大街 3 号街坊的南端。其前身是包头钢铁公司在巴彦塔拉大街建设的五四钢铁公司筹备处办公大楼。包头市地方工业学校于 1956 年建校，原名包头市地方工业技校，1981 年 7 月改为包头市地方工业学校，同年改为中等专业学校。设工业经济、轻工机械 2 个专业、4 个班，学制 2～3 年，在校学生 183 人，教职工 105 人。1993 年工业学校主楼一层，加建沿街综合商店，同年在东教学楼，实习车间（现为宿舍楼）上加层扩建。1997 年工业学校搬迁到原“佳盈学院”，1999 年包头市中山学校成立并入住工业学校，并沿用至今，目前产权归个人所有。

现中山学校占地 5837 ㎡，总建筑面积为 10045 ㎡，其中主楼总建筑面积为 4519 ㎡。校内现在建筑经改造为欧式风格，建筑保存完整。主教学楼呈“一”字形布局，南临巴彦塔拉大街，院内空地为活动场地，在院落的东侧和西侧分别有附属用房。包头市地方工业学校教学楼为 3 层建筑，建筑经改造后主要以欧式风格为主。

建筑主体材料为砖、水泥、混凝土，建筑 1 层南侧为对外沿街商业。建筑立面为暖色调，以米黄色为主，凸凹有致，变化丰富。开窗形式为欧式拱形，窗檐口线脚处理层次分明。主体建筑檐口为拱券结构，并设计有灰色线脚，开窗以拱形窗为主，建筑立面有欧式柱式，黄色立面与灰色线脚和拱券结构相互搭配，形成了极富特色的建筑风格。建筑内部结构完整，建筑楼梯保留为原始形式，内部设施较好，通过中间走廊连接南北房间，建筑内部采光良好。

作为当时的代表性建筑，承载了当地的历史记忆，具有历史保护价值。

<table>
<tr><td>建筑名称</td><td colspan="2">中山学校</td><td>历史名称</td><td colspan="3">包头市地方工业学校</td></tr>
<tr><td>建筑简介</td><td colspan="6">原包头市地方工业学校（现中山学校）平面呈“一”字形布局，立面后期改造成了罗马式风格，建筑整体端庄宏伟，内部仍保留着 20 世纪 50 年代的室内装修风格，为当时文化教育类建筑增添了新的色彩，具有较高的保护价值</td></tr>
<tr><td>建筑位置</td><td colspan="6">内蒙古自治区包头市东河区一中西路以东，巴彦塔拉大街以北</td></tr>
<tr><td rowspan="2">概述</td><td>建设时间</td><td>1956 年</td><td>建筑朝向</td><td>南向</td><td>建筑层数</td><td>三层</td></tr>
<tr><td>历史公布时间</td><td>2017 年 12 月 25 日</td><td>建筑类别</td><td colspan="3">文化教育</td></tr>
<tr><td rowspan="3">建筑主体</td><td>屋顶形式</td><td colspan="5">平屋顶</td></tr>
<tr><td>外墙材料</td><td colspan="5">涂料</td></tr>
<tr><td>主体结构</td><td colspan="5">砖混结构</td></tr>
<tr><td>建筑质量</td><td colspan="6">完好</td></tr>
<tr><td>建筑面积</td><td colspan="2">10045 ㎡</td><td>占地面积</td><td colspan="3">5837 ㎡</td></tr>
<tr><td>功能布局</td><td colspan="6">主教学楼呈“一”字形布局，院内空地为活动场地，在院落的东侧和西侧分别有附属用房</td></tr>
<tr><td>重建翻修</td><td colspan="6">1999 年将学校主楼改造为欧式风格建筑</td></tr>
<tr><td colspan="7"> 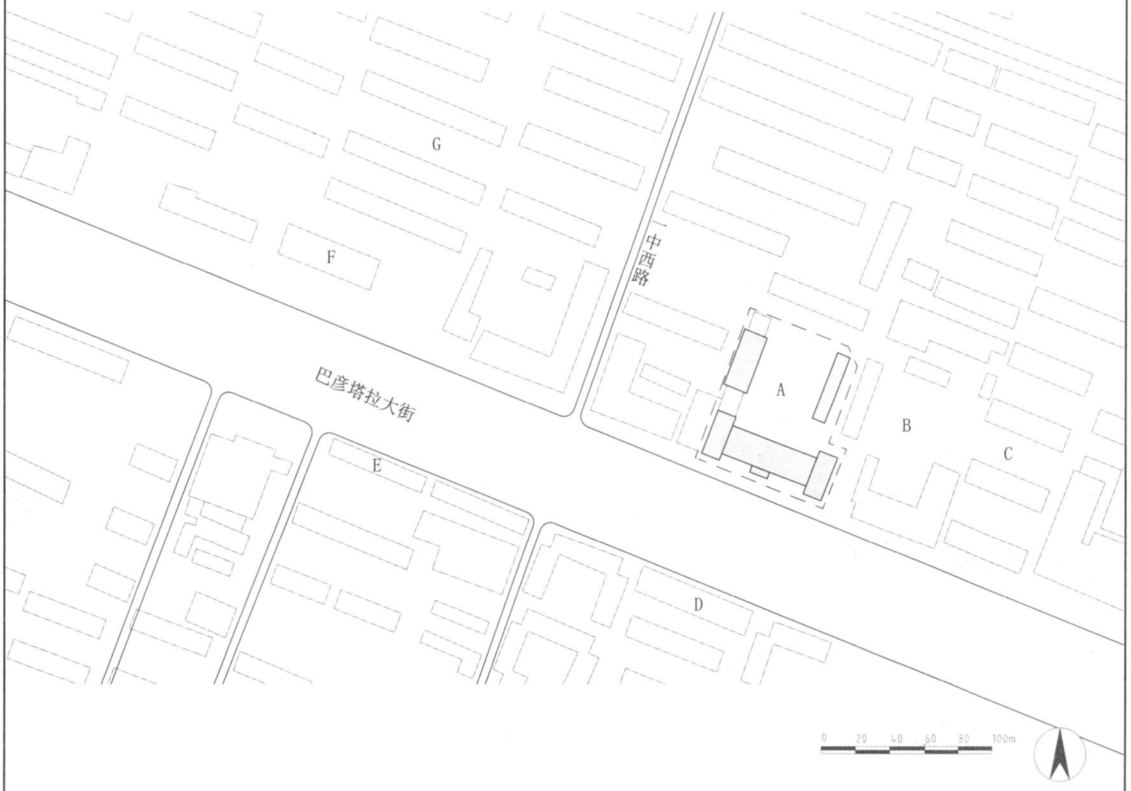A. 包头市中山学校
B. 内蒙古有色地质勘查局五一二队
C. 得胜宫小区
D. 包头铁路公安处
E. 恒瑞化验设备玻璃仪器化工原料
F. 内蒙古电力科技博物馆
G. 三电住宅小区</td></tr>
<tr><td>备注</td><td colspan="6">—</td></tr>
<tr><td>调查日期</td><td colspan="2">2019 年 8 月 2 日</td><td>调查人员</td><td colspan="3">任赫龙、耿雨</td></tr>
</table>

东河区原包头市地方工业学校（现中山学校）

图片名称 	局部透视图 1	图片名称 	北侧入口	图片名称 	建筑细部 1
图片名称 	局部透视图 2	图片名称 	建筑细部 2	图片名称 	建筑细部 3
图片名称 	透视图	图片名称 	楼梯间	图片名称 	走廊
图片名称 	建筑细部 4	图片名称 	入口门厅	图片名称 	室内局部
图片名称 	建筑细部 5	图片名称 	正立面局部	图片名称 	背立面局部

备注	—
摄影日期	2019 年 8 月 2 日

主立面

北立面图

南侧透视图 1（左）

南侧透视图 2（右）

7.7 东河区原中苏友好馆（现包头群艺馆）

Former Sino-Soviet Friendship Pavilion in Donghe District (Baotou Mass Art Museum)

内蒙古自治区包头市东河区南门外大街以西，巴彦塔拉大街以北

North to Bayantala Street, West to Nanmenwai Street, Donghe District, Inner Mongolia Autonomous Region

历史公布时间：2017 年 12 月 25 日

人视图

建筑简介

包头市中苏友好馆馆址始建于 1953 年，当时称中苏友好协会大楼，后为 1970 年成立的包头市文化馆，1973 年改名为包头市群众艺术馆并使用至今。现有舞蹈排练厅、声乐教室、美术工作室、会议室、多功能活动厅等，占地为 2537 ㎡，建筑面积约 4963 ㎡。

中苏友好馆位于东河区南门外大街以西，巴彦塔拉大街以北，处于东河区的核心地段，南有第二工人文化宫，东侧与包头百货超市相对，西临美特好超市。周围公共服务设施齐全，交通便捷。

建筑面向南门外大街，主体建筑呈“一”字形布局，整体采用对称的设计形式，中间的凸出部分为四层，两侧为三层建筑。西侧为后期加建的二层建筑，现作商业用途。中苏友好馆采用现代建筑与中国古典建筑相结合的设计手法，屋顶采用中国古典建筑的庑殿顶，屋脊上有角兽，在檐口点缀了蒙元花纹图案，阳台采用汉白玉栏杆，木窗采用了龟背锦格式。

建筑立面通体采用红色涂料，窗下墙为白色。红色的建筑立面也彰显了中国传统建筑的特色，在白色的窗下墙上设计有蒙古族的花纹图案，在第四层的位置设计有外跨阳台，采用类似于古典建筑中汉白玉栏杆的形式，各部位色彩协调，整栋建筑彰显了民族特色、地域特征和时代风格，是 20 世纪 50 年代仅存的经典建筑之一。

中苏友好馆楼梯采用 20 世纪 50 年代常用 20 世纪的楼梯做法，地面大理石铺装，墙围刷淡蓝色油漆。墙体部分立面采用水刷石传统工艺做法，色泽庄重美观，饰面坚固耐久，二层现作为群众公共活动场地，进行展示、排演等活动。

作为当时的文化娱乐类建筑，包头市中苏友好馆承载了许多历史时刻，具有历史保护价值。

<table>
<tr><td>建筑名称</td><td colspan="2">包头群艺馆</td><td>历史名称</td><td colspan="3">中苏友好馆</td></tr>
<tr><td>建筑简介</td><td colspan="6">包头市中苏友好馆建于1953年，作为当时的文化类建筑使用，1973年改为群众艺术馆，现作为商业建筑使用。建筑平面呈矩形，建筑层数高低起伏，建筑采用中国仿古建筑形式，屋顶为庑殿顶，立面采用祥云及花纹表达蒙古族文化。建筑年代久远，具有很好的历史保护价值</td></tr>
<tr><td>建筑位置</td><td colspan="6">内蒙古自治区包头市东河区南门外大街以西，巴彦塔拉大街以北</td></tr>
<tr><td rowspan="2">概述</td><td>建设时间</td><td>1953年</td><td>建筑朝向</td><td>东向</td><td>建筑层数</td><td>三至四层</td></tr>
<tr><td>历史公布时间</td><td>2017年12月25日</td><td>建筑类别</td><td colspan="3">办公建筑</td></tr>
<tr><td rowspan="3">建筑主体</td><td>屋顶形式</td><td colspan="5">坡屋顶为主，局部平屋顶</td></tr>
<tr><td>外墙材料</td><td colspan="5">涂料</td></tr>
<tr><td>主体结构</td><td colspan="5">砖混结构</td></tr>
<tr><td>建筑质量</td><td colspan="6">一般损坏</td></tr>
<tr><td>建筑面积</td><td colspan="2">4963 m²</td><td>占地面积</td><td colspan="3">2537 m²</td></tr>
<tr><td>功能布局</td><td colspan="6">主体建筑呈“一”字形布局，西侧为后期加建的2层建筑，现作商业用途。中苏友好馆采用现代建筑与中国古典建筑相结合的手法，屋顶采用中国古典建筑的庑殿顶。建筑整体采用对称的设计形式，中间凸出部分为四层，两侧为三层建筑</td></tr>
<tr><td>重建翻修</td><td colspan="6">不详，暂未考证</td></tr>
<tr><td colspan="7">中西路
南门外大街
巴彦塔拉大街
A B C D E F G H I
0 20 40 60 80 100m
A. 包头群艺馆　D. 包头铁路公安处　G. 包头市中山学校
B. 包头百货大楼　E. 恒瑞化验设备玻璃仪器化工原料　H. 内蒙古有色地质勘查局五一二队
C. 和合SOHO公寓　F. 三电住宅小区　I. 得胜宫小区</td></tr>
<tr><td>备注</td><td colspan="6">—</td></tr>
<tr><td>调查日期</td><td colspan="2">2019年8月2日</td><td>调查人员</td><td colspan="3">任赫龙、耿雨</td></tr>
</table>

东河区原中苏友好馆（现包头群艺馆）

图片名称 	局部立面 1	图片名称 	主立面细部	图片名称 	局部透视图 1
图片名称 	局部透视图 2	图片名称 	建筑细部 1	图片名称 	建筑细部 2
图片名称 	走廊	图片名称 	局部立面 2	图片名称 	室内局部
图片名称 	楼梯细部 1	图片名称 	建筑细部 3	图片名称 	建筑细部 4
图片名称 	楼梯细部 2	图片名称 	建筑细部 5	图片名称 	建筑细部 6
备注	—				
摄影日期	2019 年 8 月 2 日				

东立面透视图

东立面图

建筑细部 7（左）

建筑细部 8（右）

7.8 土右旗小召子广福寺

Xiaozhaozi Guangfu Temple in Turmot Right Banner

内蒙古自治区包头市土右旗将军尧镇小召子村

Xiaozhaozi Village, Jiangjunrao Town, Turmot Right Banner, Inner Mongolia Autonomous Region

历史公布时间：2017 年 12 月 25 日

鸟瞰图

建筑简介

广福寺位于将军尧镇小召子村，占地面积 8200 ㎡，建筑面积 4800 ㎡。广福寺俗称小召子，藏名“昂得庆斯么”，蒙古名“伊么庆”，意为药王庙，始建于清乾隆九年（1744 年）。清嘉庆三年（1798 年）毁于天火（雷击起火），清嘉庆十一年（1806 年）重建。由于建筑规模较小，所以民间普遍称之为“小召子”。小召子村也由此而得名。广福寺是土默特右旗河套地区历史较久的喇嘛教召庙。

广福寺内建有藏式庙宇、白塔、蒙古包、文化室等建筑。总体布局具有藏传佛教寺院的布局特点，中轴线对称布局轴线两侧各有一个中心，分别是白塔和大雄宝殿，且分别位于院落的两个对角。建筑材料主要为混凝土。建筑风貌为藏传佛教风格。其中护法殿、民俗展馆及庙宇最为纯粹，它们皆为藏传佛教建筑风格，墙体收分体现了建筑凝重感、洁白的墙身配上朱红的平屋顶使得建筑彰显活力，入口处的退让关系增强了建筑整体的虚实关系。

护法殿面阔五间，进深两间，砖木结构（修复后主要为混凝土），四方形平面布局、二层设有柱廊和假门，增强了建筑整体的虚实关系，打破了墙面的厚重感。民俗馆及庙宇皆为一层，面阔五间，进深两间，砖木结构，方形平面布局，主入口处的挑檐加强了空间导向性。

广福寺作为年代久远的寺庙，在建筑布局、建造技术、色彩搭配、室内装饰等方面都具有较高的历史保护价值和参考学习价值，因此要进行有效的保护与修复。

<table>
<tr><td>建筑名称</td><td colspan="2">小召子广福寺</td><td>历史名称</td><td colspan="3">小召子广福寺</td></tr>
<tr><td>建筑简介</td><td colspan="6">广福寺位于将军尧镇小召子村，寺庙布局规模宏大，为中轴线对称布局形式，寺庙内具有代表性的建筑有护法殿、大雄宝殿、白塔等，寺庙内建筑皆为藏传佛教建筑风格，具有较高的历史保护价值</td></tr>
<tr><td>建筑位置</td><td colspan="6">内蒙古自治区包头市土右旗将军尧镇小召子村</td></tr>
<tr><td rowspan="2">概述</td><td>建设时间</td><td>1976 年</td><td>建筑朝向</td><td>南向</td><td>建筑层数</td><td>二层</td></tr>
<tr><td>历史公布时间</td><td>2017 年 12 月 25 日</td><td>建筑类别</td><td colspan="3">宗教建筑</td></tr>
<tr><td rowspan="3">建筑主体</td><td>屋顶形式</td><td colspan="5">平屋顶</td></tr>
<tr><td>外墙材料</td><td colspan="5">砖墙</td></tr>
<tr><td>主体结构</td><td colspan="5">砖混结构</td></tr>
<tr><td>建筑质量</td><td colspan="6">完好</td></tr>
<tr><td>建筑面积</td><td colspan="2">4800 m²</td><td>占地面积</td><td colspan="3">8200 m²</td></tr>
<tr><td>功能布局</td><td colspan="6">内有藏式庙宇、白塔、蒙古包、文化室等建筑。建筑主要为混凝土。建筑风貌为藏传佛教建筑风格</td></tr>
<tr><td>重建翻修</td><td colspan="6">清嘉庆三年（1798 年）毁于天火（雷击起火），清嘉庆十一年（1806 年）重建。</td></tr>
<tr><td colspan="7">A. 土右旗小召子广福寺　B. 内蒙古农村信用社　C. 宇峰加油站</td></tr>
<tr><td>备注</td><td colspan="6">—</td></tr>
<tr><td>调查日期</td><td colspan="2">2019 年 8 月 22 日</td><td>调查人员</td><td colspan="3">任赫龙、耿雨</td></tr>
</table>

土右旗小召子广福寺

图片名称 	护法殿鸟瞰图	图片名称 	东寺鸟瞰图	图片名称 	西寺鸟瞰图
图片名称 	东寺透视图 1	图片名称 	东寺正立面	图片名称 	西寺透视图 1
图片名称 	东寺透视图 2	图片名称 	西寺透视图 2	图片名称 	西寺透视图 3
图片名称 	东寺侧立面 1	图片名称 	西寺正立面	图片名称 	东寺侧立面 2
图片名称 	西寺侧立面	图片名称 	建筑细部 1	图片名称 	护法殿侧立面
备注	—				
摄影日期	2019 年 8 月 22 日				

鸟瞰图

护法殿正立面

建筑细部 2（左）

建筑细部 3（右）

7.9 新公中镇报恩寺

Baoen Temple in Xingongzhong Town

内蒙古自治区巴彦淖尔市五原县新公中镇永旺一社

Yongwang First Commune, Xingongzhong Town, Wuyuan County, Bayannur, Inner Mongolia Autonomous Region

历史公布时间：2017 年 12 月 30 日

人视图

建筑简介

报恩寺位于巴彦淖尔市五原县新公中镇永旺一社，建于20世纪60年代。建筑占地面积826㎡，建筑面积400㎡，二层，硬山屋顶，砖混结构建筑，是当时较为著名的寺院。报恩寺是当地居民为了报答恩人所修建，后来渐渐成为平时周围居民祈福许愿的地方。

建筑平面布局为矩形，分为前后两个院子。前院主要为一层建筑，为僧人们日常生活所使用，北侧与南侧为居住区、东侧为生活区、西侧为仓库区。后院为报恩寺主殿，主殿面阔四间，进深一间，二层，硬山屋顶。一层主要为礼佛用房，二层由东侧室外楼梯进入，主要为办公用房。入口处的山门上方立着一个写有“报恩寺”的碑，据寺庙的人说这是为了凸显寺庙的神圣性，同时也起到了空间导向性作用。

建筑立面整体采用中国古建筑形式，墙体通体呈米黄色，朱红色的柱子及门窗格外的引人注目。一层的挑檐增加了建筑的凹凸感，同时起到了一、二层的衔接作用。一层挂有观音殿牌匾、二层挂有大雄宝殿牌匾，黑色的牌匾加强了建筑端庄肃立之美。东侧的室外楼梯凸显了建筑的层次感，使得方正的建筑更加生动有趣。

建筑整体保存较好，外立面曾做过一次改造，但原有构件被保存下来，随着时代的变迁，报恩寺仍保留着它原有的面貌，同时也承载着当地村民的许多回忆，无论是建筑风格还是建筑构建方面都具有很高的历史保护价值。该建筑作为宗教建筑，具有很强的感染力与吸引力。

建筑名称	新公中镇报恩寺		历史名称	新公中镇报恩寺		
建筑简介	新公中镇报恩寺位于巴彦淖尔市五原县境内，由当地居民个人修建，现为周围居民许愿祈福的地方，寺庙年代久远，为二层建筑，硬山屋顶，有挑檐，红色的柱子与黄色的墙体在色彩上形成了鲜明的对比，使得建筑醒目而端庄					
建筑位置	内蒙古自治区巴彦淖尔市五原县新公中镇永旺一社					
概述	建设时间	20 世纪 60 年代	建筑朝向	南向	建筑层数	二层
	历史公布时间	2017 年 12 月 30 日	建筑类别	宗教文化、其他建筑		
建筑主体	屋顶形式	硬山屋顶				
	外墙材料	砖木				
	主体结构	砖混结构				
建筑质量	基本完好					
建筑面积	400 m²		占地面积	826 m²		
功能布局	建筑分为前后两院，前院为生活功能区，后院用于礼佛					
重建翻修	不详，暂未考证					

A. 新公中镇报恩寺　　B. 新公中镇

备注	—		
调查日期	2019 年 8 月 9 日	调查人员	任赫龙、耿雨

新公中镇报恩寺

图片名称 	鸟瞰图 1	图片名称 	局部透视图 1	图片名称 	鸟瞰图 2
图片名称 	鸟瞰图 3	图片名称 	入口透视	图片名称 	透视图
图片名称 	鸟瞰图 4	图片名称 	局部透视图 2	图片名称 	局部透视图 3
图片名称 	局部透视图 4	图片名称 	局部立面图 1	图片名称 	建筑细部 1
图片名称 	局部立面图 2	图片名称 	建筑细部 2	图片名称 	局部透视图 5
备注	—				
摄影日期	2019 年 8 月 9 日				

建筑整体
鸟瞰图

单体建筑
鸟瞰图

局部立面 1
（左）

局部立面 2
（右）

7.10 乌海青少年创意园

Wuhai Youth Creative Park

内蒙古自治区乌海市海勃湾区东环路青少年生态园
Youth Ecological Park, Haibowan District, Wuhai City, Inner Mongolia Autonomous Region
历史公布时间：2017 年 9 月 7 日

人视图

建筑简介

内蒙古乌海市青少年创意产业园位于内蒙古乌海市海勃湾区东山脚下，由一座废弃的厂房改造而成。改造前的旧建筑是一处废弃的硅铁厂车间，占地约 4.84hm²，由一个主厂房和几处散布的配套用房组成，总建筑面积 4269.95 m²。

改造设计采取了一系列平实自然的策略：用开放空间完成视觉信息的呈现；用丰富动线营造适于儿童的漫游式体验；用保留痕迹的方式完成记忆信息的提示；用以新衬旧的设计手法完成对特定信息的强化，进而在一系列材料选择、表皮措施、环境适配等表情认同的策略中传递出基于精神空间营造的“光阴感”，强化出一种在既有建筑改造中应有的特定品质。

作为历史建筑，改造后的厂房仍保有历史工业建筑的气息，体块的穿插，竖向的伸展，带状的天窗，无论是结构、材料还是形体的构造都深深地表现出历史工业建筑的气息。通过竖向长窗及玻璃厅的附加修饰，让原有的建筑主体更好地融入周围环境，同时也表达出新老结合的建筑特色，让人感到既怀旧又新鲜。

作为青少年创意基地，园区以开发少年儿童创新意识为主旨的“创意体验式”课外实践场所。园内的体验场馆根据青少年的兴趣爱好和创意体验需求引进独具特色的各类专业项目。新奇的智能遥感屋、高品质的原创音乐创作设备、专业的沙画工具、精巧的魔术道具、神秘的心理沙盘、丰富的手绘创作选材、变化无穷的创意多米诺、逼真的遥控飞行器等匠心独运的项目设置为青少年搭建起一个创意十足的舞台。

乌海青少年创意产业园作为历史建筑，具有很高的历史保护价值，作为改造建筑，又具有很好的使用及观赏性。

<table>
<tr><td>建筑名称</td><td colspan="2">乌海青少年创意园</td><td>历史名称</td><td colspan="3">乌海市硅铁厂车间</td></tr>
<tr><td>建筑简介</td><td colspan="6">乌海市青少年创意产业园位于乌海市海勃湾区，该建筑是由废弃的硅铁厂改造而来，既是代表性历史建筑又是工业厂房改造的典范。建筑整体以开放空间的营造方式来呈现视觉信息，以线性空间来适应儿童的漫游式体验，通过以新衬旧的设计手法来表达建筑的历史气息</td></tr>
<tr><td>建筑位置</td><td colspan="6">内蒙古自治区乌海市海勃湾区东环路东、青少年生态园内</td></tr>
<tr><td rowspan="2">概述</td><td>建设时间</td><td>20 世纪 70 年代</td><td>建筑朝向</td><td>南向</td><td>建筑层数</td><td>二层</td></tr>
<tr><td>历史公布时间</td><td>2017 年 9 月 7 日</td><td>建筑类别</td><td colspan="3">文化教育、工业遗存</td></tr>
<tr><td rowspan="3">建筑主体</td><td>屋顶形式</td><td colspan="5">平屋顶</td></tr>
<tr><td>外墙材料</td><td colspan="5">红砖</td></tr>
<tr><td>主体结构</td><td colspan="5">框架结构</td></tr>
<tr><td>建筑质量</td><td colspan="6">基本完好</td></tr>
<tr><td>建筑面积</td><td colspan="2">4269.95 m²</td><td>占地面积</td><td colspan="3">48419 m²</td></tr>
<tr><td>功能布局</td><td colspan="6">总体功能分为综合区、艺术设计区、夏令营区，管理办公区和户外体验活动区等，综合区又含有各类制作、创作、展览、书吧、茶吧、嬉戏等空间</td></tr>
<tr><td>重建翻修</td><td colspan="6">2012 年 5 月进行旧厂房改造，2013 年 8 月投入使用</td></tr>
<tr><td colspan="7">海北大街
海北东街
A
B
0 20 40 60 80 100m
A. 乌海青少年创意园　　B. 康宁小区</td></tr>
<tr><td>备注</td><td colspan="6">—</td></tr>
<tr><td>调查日期</td><td colspan="2">2019 年 8 月 11 日</td><td>调查人员</td><td colspan="3">任赫龙、耿雨</td></tr>
</table>

乌海青少年创意园

图片名称	鸟瞰图 1	图片名称	鸟瞰图 2	图片名称	鸟瞰图 3
图片名称	鸟瞰图 4	图片名称	透视图	图片名称	鸟瞰图 5
图片名称	局部立面图	图片名称	局部透视图 1	图片名称	局部透视图 2
图片名称	艺术区内院	图片名称	园区环境	图片名称	综合区中部院子
图片名称	从停车场看艺术活动区	图片名称	园区夜景	图片名称	侧入口效果图
备注	—				
摄影日期	2019 年 8 月 11 日				

鸟瞰图 6

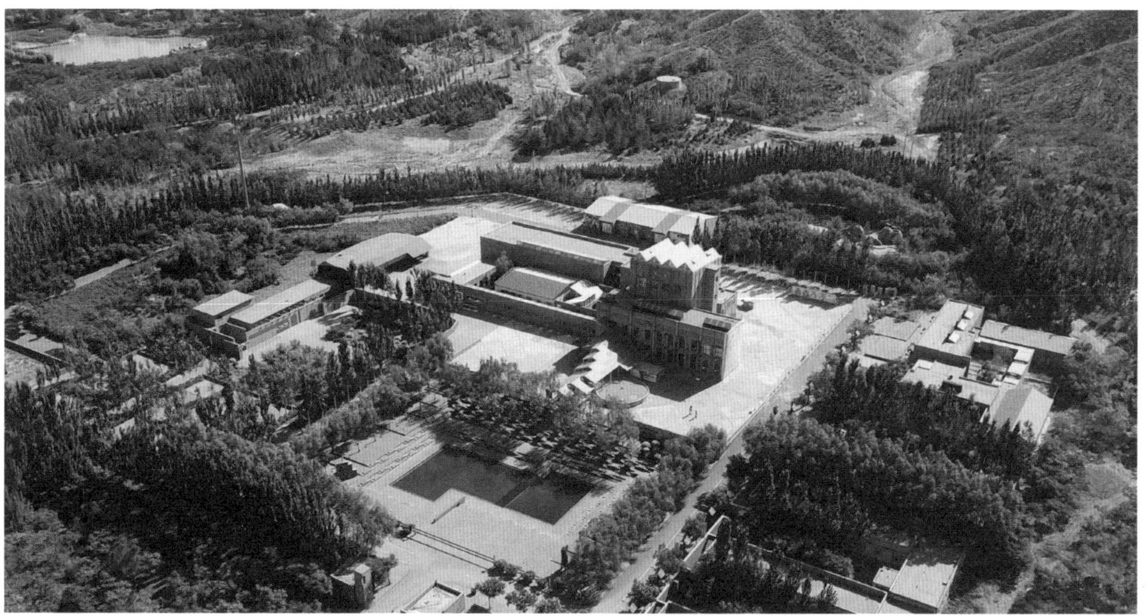

鸟瞰图 7

局部效果 1（左）
局部效果 2（右）

7.11 乌海职业技能公共实训中心

Wuhai Vocational Skills Public Training Center

内蒙古自治区乌海市海勃湾区海乌快速路，原黄河化工厂内

In the former Yellow River Chemical Plant, Haiwu Expressway, Haibowan District, Wuhai, Inner Mongolia Autonomous Region

历史公布时间：2017 年 9 月 7 日

鸟瞰图

建筑简介

乌海职业技能公共实训中心，位于乌海市君正化工厂旧址，建设用地 34.5 万㎡，改造后总建筑面积为 11 万㎡。基地主要分为 10 个主要区域：建筑综合实训区、生活服务区、管理办公区、参观展览区、生活活动区以及 5 个技能职业实训区。

最具有代表性的历史建筑主要为原厂区办公楼、树脂生产车间、化工电石生产车间。原厂区办公楼立面采用普通瓷砖贴砌，檐口采用红色琉璃瓦覆盖，颇具中式风格，经改造后在尽可能地保留原有建筑特色的情况下对建筑的材料及墙体进行了修缮与更替。改造过程中为了使办公楼更好地与周围厂房融为一体，风格协调统一，将门窗换成了黑色铝合金材料，体现出工业风格。

树脂生产厂区原有厂房的结构墙体均受到了不同程度的损坏，因此在改造过程中本着“修旧如旧”的原则，将原有红砖涂料墙面采用人工角磨机磨掉原有涂料层，对原有的门窗框架、结构廊架按原有材质进行修复。将历史工业建筑气息完美展现出来。

化工石电生产车间（现为建筑实训馆展厅）占地面积 1280 ㎡，因房屋建成时间长，基础、墙体、屋面、门窗、构造柱均出现不同程度损坏，因此在改造过程中保留了原有的清水砖墙、花格窗、吊装天车的基础，拆除其他没必要的设备及附属构件，尽可能地让化工石电生产车间成为展示功能空间，达到既满足了历史工业建筑展示，又满足了空间展示功能的要求。

“乌海职业技能公共实训中心”作为一个工业园区，它留下的历史价值已深深地扎根于土地之中，对当时该地区的工业发展状态有着很好的诠释，同时也为后人提供了一个回看历史的平台。

<table>
<tr><td>建筑名称</td><td colspan="2">乌海职业技能公共实训中心</td><td>历史名称</td><td colspan="3">乌海黄河化工厂</td></tr>
<tr><td>建筑简介</td><td colspan="6">乌海职业技能公共实训中心位于乌海市君正化工厂旧址，厂区主要分为10个主要区域：建筑综合实训区、生活服务区、管理办公区、参观展览区、生活活动区以及5个技能职业实训区。作为一个历史工业园区，它起到了承上启下的作用，既为后人提供了回看过去的平台，也经过改造与现代建筑融为一体，具有很高的历史保护价值</td></tr>
<tr><td>建筑位置</td><td colspan="6">内蒙古自治区乌海市海勃湾区包兰铁路东、原黄河化工厂内</td></tr>
<tr><td rowspan="2">概述</td><td>建设时间</td><td>20 世纪 70 年代</td><td>建筑朝向</td><td>南向</td><td>建筑层数</td><td>一至四层</td></tr>
<tr><td>历史公布时间</td><td>2017 年 9 月 7 日</td><td>建筑类别</td><td colspan="3">文化教育、工业遗存</td></tr>
<tr><td rowspan="3">建筑主体</td><td>屋顶形式</td><td colspan="5">平屋顶</td></tr>
<tr><td>外墙材料</td><td colspan="5">红砖</td></tr>
<tr><td>主体结构</td><td colspan="5">框架结构</td></tr>
<tr><td>建筑质量</td><td colspan="6">基本完好</td></tr>
<tr><td>建筑面积</td><td colspan="2">50895 m²</td><td>占地面积</td><td colspan="3">497663 m²</td></tr>
<tr><td>功能布局</td><td colspan="6">园区功能布局分为办公区、体育活动区、宿舍食堂区、核心参观区、建筑综合实训区、化工区、采矿区、机电汽修区、实训区、发电实训区、总变电站等区域</td></tr>
<tr><td>重建翻修</td><td colspan="6">2015 年 8 月进行旧厂房改造</td></tr>
<tr><td colspan="7">A. 建筑类综合实训
B. 生活服务区
C. 管理办公区
D. 总变电站
E. 核心参观区
F. 体育活动区
G. 化工实训
H. 采矿实训
I. 发电类实训
J. 管理类实训
K. 机电、汽修实训</td></tr>
<tr><td>备注</td><td colspan="6">—</td></tr>
<tr><td>调查日期</td><td colspan="2">2019 年 8 月 11 日</td><td>调查人员</td><td colspan="3">任赫龙、耿雨</td></tr>
</table>

乌海职业技能公共实训中心					
图片名称	建筑实训鸟瞰图	图片名称	工业建筑展览区鸟瞰图	图片名称	服务楼鸟瞰图
图片名称	废弃工业建筑人视图	图片名称	人视图 1	图片名称	人视图 2
图片名称	服务楼人视图 1	图片名称	服务楼人视图 2	图片名称	服务楼人视图 3
图片名称	工业建筑人视图 1	图片名称	实训楼背立面	图片名称	工业建筑人视图 2
图片名称	展览馆人视图 1	图片名称	展览馆南立面	图片名称	展览馆人视图 2
备注	—				
摄影日期	2019 年 8 月 11 日				

鸟瞰图 1

鸟瞰图 2

人视图 3（左）
人视图 4（右）

7.12 王陵公园门楼

Gate Building of Wangling Park

内蒙古自治区阿拉善左旗巴彦浩特镇额鲁特大街北侧
North to Eluth Street, Bayanhot Town, Alashan Left Banner, Inner Mongolia Autonomous Region
历史公布时间：2017 年 9 月 28 日

| 鸟瞰图

建筑简介

王陵公园门楼位于阿拉善左旗巴彦浩特镇额鲁特大街北侧，占地面积为 321 m²。和硕特部王族从第二代王爷阿宝及福晋道格欣公主过世起即实行土葬，但当时还没有正式陵园。直至 1744 年阿拉善和硕特旗（第五代第六位王爷囊多布苏隆执政时期）向朝廷申请建置和硕特特部王族陵园，获准许后，便择优良环境建置了和硕特部王族的陵园，并将阿宝及福晋道格欣公主移陵于此，历代均有专门指派的守陵人看护陵园。至此，阿拉善和硕特蒙古部改变了游牧民族延续几千年的火葬或天葬的习俗，有了部族领地上的王族陵园，而后至 1989 年，为公园新修建了门楼，新修建陵园门楼为清代建筑风格，承载了几代人的记忆，具有较高的历史价值。

建筑为二层，首层面阔七间，进深两间，有挑檐。二层面阔五间，进深两间，有柱廊、歇山屋顶。建筑为中国传统古建筑形式，建筑风格是清代建筑风格，额枋上画有苏轼彩画，屋顶画有金龙彩画，栌料与阑额上也绘有彩画。通过这些构件的装饰，传递出古建筑的富丽堂皇之美。

建筑遵照传统的建造手法——三段式，分别为屋基、屋身、屋顶，王陵公园门楼的屋基低矮，屋身采用二层缩进的手法，深化了建筑整体的虚实关系，屋顶采用歇山式屋顶，这是仅次于庑殿式屋顶的屋顶形式，证明了建筑所处的等级并不低。

王陵公园门楼，作为中国传统古建筑，在建筑造型、建造手法上具有很好的参考价值，正是因为这类建筑的存在，才让我们有机会了解到中国古建筑的博大精深，所以该建筑具有较高的历史价值。

建筑名称	王陵公园门楼		历史名称	王陵公园门楼		
建筑简介	王陵公园门楼位于阿拉善左旗巴彦浩特镇额鲁特大街北侧，占地面积321㎡，是当地少有的保存完好的中国古建筑，建筑采用中国古建筑“三段式”的建造手法，在彩画与建造方法上有很高的参考价值					
建筑位置	内蒙古自治区阿拉善左旗巴彦浩特镇额鲁特大街北侧					
概述	建设时间	1989年	建筑朝向	南向	建筑层数	二层
	历史公布时间	2017年9月28日	建筑类别	其他		
建筑主体	屋顶形式	歇山顶				
	外墙材料	砖墙				
	主体结构	砖木结构				
建筑质量	基本完好					
建筑面积	321㎡		占地面积	不详		
功能布局	—					
重建翻修	不详，暂未考证					
A. 王陵公园门楼　B. 中国人民银行						
备注	—					
调查日期	2019年8月17日		调查人员	任赫龙、耿雨		

王陵公园门楼

图片名称 	鸟瞰图 1	图片名称 	透视图	图片名称 	屋顶局部
图片名称 	雀替	图片名称 	正立面	图片名称 	屋顶细部 1
图片名称 	主入口大门	图片名称 	背立面	图片名称 	屋顶细部 2
图片名称 	建筑细部 1	图片名称 	建筑细部 2	图片名称 	二楼廊道局部
图片名称 	建筑细部 3	图片名称 	石狮子	图片名称 	建筑细部 4
备注	—				
摄影日期	2019 年 8 月 17 日				

鸟瞰图 2

鸟瞰图 3

建筑细部 5（左）
建筑细部 6（右）

7.13 阿拉善盟额济纳旗苏泊淖尔苏木粮仓（现广宗庙）

Supoor Sumu Granary in Ejina Banner of Alxa (Now as Guangzong Temple)

内蒙古自治区阿拉善盟额济纳旗苏泊淖尔苏木伊布图嘎查

Supojur Sumu Ibutu Gacha in Ejin, Alxa, Inner Mongolia Autonomous Region

历史公布时间：2018 年 9 月 11 日

鸟瞰图

建筑简介

额济纳旗粮仓建成于 20 世纪 70 年代，该年代苏木农田作物主要为小麦，其功能主要用于存放小麦、高粱等产物，使用约 5～6 年后一直封存，保存至今，粮仓充分体现出了当地的民俗文化。由于地处沙土之中，较为干燥，所以在建设粮仓的时候充分地运用了当地的现有资源。

该粮仓有两种类型，分别是高大平房仓和浅圆仓，高大平房仓具有较好的防潮性能，但占地面积大、隔热性和密闭性较差，主要用于储存小麦；浅圆仓占地面积小、容量大，但自动分级现象较为严重，隔热性能差，主要用于储存高粱。

两种类型的粮仓均由黄土及杉木混合夯实搭建而成，舱体顶部开有方正的小窗便于观察监测舱内粮食情况，高大平房仓在一侧开有两个舱门，浅圆仓开设有一个舱门，但在舱门左下部还有小口便于取粮和监测舱内粮食状况。整个粮仓设计朴素简洁，厚重有力，颇有西部地区的地域风情。

两种仓体造型简单，高大平房仓在建筑转角处并没有采用垂直砌体，而是采用了上扬曲线形式，体现了当时砌筑工艺的精湛，门窗挡板皆采用木制挡板，有利于通风防沙。浅圆仓的仓身与高大平房仓并没有什么差异，屋顶是由原木作为骨架，铺一层草席再由素土压实铺设。

粮仓目前绝大部分保存完好，小部分区域有所损坏，体现出当时苏木生产发展状况，也体现了当地的民俗风情和地貌特征，承载着当地人的历史记忆，具有较好的历史保护价值。

<table>
<tr><td>建筑名称</td><td colspan="2">广宗庙</td><td>历史名称</td><td colspan="3">苏泊淖尔苏木粮仓</td></tr>
<tr><td>建筑简介</td><td colspan="6">额济纳旗粮仓建于 20 世纪 70 年代，位于阿拉善盟额济纳旗苏泊淖尔苏木伊布图嘎查，粮仓总共有 5 处，2 个高大平房仓，3 个浅圆仓。粮仓整体由素土和杉木混合夯实砌筑，很好地展现了当地的地貌特征和民俗风情</td></tr>
<tr><td>建筑位置</td><td colspan="6">内蒙古自治区阿拉善盟额济纳旗苏泊淖尔苏木伊布图嘎查</td></tr>
<tr><td rowspan="2">概述</td><td>建设时间</td><td>20 世纪 70 年代</td><td>建筑朝向</td><td>南向</td><td>建筑层数</td><td>一层</td></tr>
<tr><td>历史公布时间</td><td>2018 年 9 月 11 日</td><td>建筑类别</td><td colspan="3">其他建筑</td></tr>
<tr><td rowspan="3">建筑主体</td><td>屋顶形式</td><td colspan="5">攒尖顶</td></tr>
<tr><td>外墙材料</td><td colspan="5">土坯</td></tr>
<tr><td>主体结构</td><td colspan="5">土木结构</td></tr>
<tr><td>建筑质量</td><td colspan="6">一般损坏</td></tr>
<tr><td>建筑面积</td><td colspan="2">1050 ㎡</td><td>占地面积</td><td colspan="3">1050 ㎡</td></tr>
<tr><td>功能布局</td><td colspan="6">—</td></tr>
<tr><td>重建翻修</td><td colspan="6">—</td></tr>
<tr><td colspan="7">A. 粮仓
B. 供销合作社
C. 农业银行
D. 人民邮电局
E. 边防站旧址</td></tr>
<tr><td>备注</td><td colspan="6">—</td></tr>
<tr><td>调查日期</td><td colspan="2">2019 年 8 月 13 日</td><td>调查人员</td><td colspan="3">任赫龙、耿雨</td></tr>
</table>

<table>
<tr><td colspan="6">粮仓</td></tr>
<tr><td>图片名称</td><td>局部透视图 1</td><td>图片名称</td><td>局部透视图 2</td><td>图片名称</td><td>局部透视图 3</td></tr>
<tr><td colspan="2"></td><td colspan="2"></td><td colspan="2"></td></tr>
<tr><td>图片名称</td><td>局部透视图 4</td><td>图片名称</td><td>仓库正立面</td><td>图片名称</td><td>粮仓入口</td></tr>
<tr><td colspan="2"></td><td colspan="2"></td><td colspan="2"></td></tr>
<tr><td>图片名称</td><td>局部透视图 5</td><td>图片名称</td><td>内院实景 1</td><td>图片名称</td><td>内院实景 2</td></tr>
<tr><td colspan="2"></td><td colspan="2"></td><td colspan="2"></td></tr>
<tr><td>图片名称</td><td>土坯仓库透视图</td><td>图片名称</td><td>屋顶结构图</td><td>图片名称</td><td>土坯仓库侧立面</td></tr>
<tr><td colspan="2"></td><td colspan="2"></td><td colspan="2"></td></tr>
<tr><td>图片名称</td><td>粮仓实景</td><td>图片名称</td><td>粮仓出粮口</td><td>图片名称</td><td>仓库大门</td></tr>
<tr><td colspan="2"></td><td colspan="2"></td><td colspan="2"></td></tr>
<tr><td>备注</td><td colspan="5">—</td></tr>
<tr><td>摄影日期</td><td colspan="5">2019 年 8 月 13 日</td></tr>
</table>

鸟瞰图 1

鸟瞰图 2

内院实景 3（左）

内院实景 4（右）

7.14 边防站旧址

Former Site of Frontier Inspection Station

内蒙古自治区阿拉善盟额济纳旗苏泊淖尔苏木伊布图嘎查

Supojur Sumu Ibutu Gacha in Ejin, Alxa, Inner Mongolia Autonomous Region

历史公布时间：2018 年 9 月 11 日

| 鸟瞰图

建筑简介

原策克边防站旧址所在地名为额日德尼音陶来（蒙古语为珍宝胡杨），苏泊淖尔苏木政府原驻地，位于达来呼布镇北 18km 处。策克边防站始建于 1956 年，营级单位，当时隶属于内蒙古公安厅武警总队。是原“达来霍博边防总站”、现 66120 部队的前身。与该站同时建成的还有策克会晤站，是现中华人民共和国策克边境会晤站的前身。

1961 年 10 月～ 1963 年 12 月，策克边防站作为中蒙两国边境划界工作的一个重要边境巡逻执勤及会晤联络点，协助上级完成了大量涉边涉外工作和所属边境管段内的边境勘察及界标埋设等项任务，为中蒙边境正式划界做出了积极的贡献。1965 年，随着国防建设的需要边防站前移，守备师入驻后，策克边防站营房交付守备师使用并成为该师卫生队。1976 年，守备师撤离后，该营房暂交苏泊淖尔公社管理并成为该公社社办企业厂房。乡镇企业改制后，此营房曾被当地居民使用。2008 年，经当地苏木政府同意，策克边防站旧址被纳入老边防设施及国防教育基地保护管理规划。

策克边防站房屋整体布局呈现传统的半围合形式布局，主要为二进院，第一个院子主要为官兵生活及工作区域，第二进院为官兵的作战会晤室。房屋整体为土坯房，主要由黄土与杉木组合而成，墙体结实不易损毁。建筑立面简单朴素，竖向开窗使建筑显得挺拔有力，展现了军事类建筑的形象特征。

策克边防站作为边防部队的前身，为国家边防建设奠定了基础；作为酒泉卫星发射中心的前哨和守备部队的医疗卫生保障基地，为国防建设发挥了积极作用；作为地方乡镇企业基地，为地方经济建设和边疆建设发挥了应有的作用。

<table>
<tr><td>建筑名称</td><td colspan="2">边防站旧址</td><td>历史名称</td><td colspan="3">达来霍博边防总站</td></tr>
<tr><td>建筑简介</td><td colspan="6">原策克边防站旧址始建于 1956 年，位于阿拉善盟额济纳旗苏泊淖尔苏木，其用于边防将士日常活动、作战会晤等。建筑整体采用半围合形式布局，两进院，采用泥土和杉木混合夯实的方法搭建，简单的立面结合土坯材质体现了边防建筑的朴实有力，具有很强的代表性</td></tr>
<tr><td>建筑位置</td><td colspan="6">内蒙古自治区阿拉善盟额济纳旗苏泊淖尔苏木伊布图嘎查</td></tr>
<tr><td rowspan="2">概述</td><td>建设时间</td><td>20 世纪 50 年代</td><td>建筑朝向</td><td>南向</td><td>建筑层数</td><td>一层</td></tr>
<tr><td>历史公布时间</td><td>2018 年 9 月 11 日</td><td>建筑类别</td><td colspan="3">其他建筑</td></tr>
<tr><td rowspan="3">建筑主体</td><td>屋顶形式</td><td colspan="5">坡屋顶</td></tr>
<tr><td>外墙材料</td><td colspan="5">土坯</td></tr>
<tr><td>主体结构</td><td colspan="5">土木结构</td></tr>
<tr><td>建筑质量</td><td colspan="6">完好</td></tr>
<tr><td>建筑面积</td><td colspan="2">834 m^2</td><td>占地面积</td><td colspan="3">6000 m^2</td></tr>
<tr><td>功能布局</td><td colspan="6">中蒙边防会晤室、部队指挥作战室、部队士兵休息室</td></tr>
<tr><td>重建翻修</td><td colspan="6">—</td></tr>
<tr><td colspan="7">额济纳旗 004 村道
伊布图嘎查村道
A
B
C
D
E
0 20 40 60 80 100m
A. 粮仓
B. 供销合作社
C. 农业银行
D. 人民邮电局
E. 边防站旧址</td></tr>
<tr><td>备注</td><td colspan="6">—</td></tr>
<tr><td>调查日期</td><td colspan="2">2019 年 8 月 13 日</td><td>调查人员</td><td colspan="3">任赫龙、耿雨</td></tr>
</table>

<table>
<tr><td colspan="6">边防站旧址</td></tr>
<tr><td>图片名称</td><td>大门效果图</td><td>图片名称</td><td>东院鸟瞰</td><td>图片名称</td><td>东院全景</td></tr>
<tr><td colspan="2"></td><td colspan="2"></td><td colspan="2"></td></tr>
<tr><td>图片名称</td><td>北房背立面</td><td>图片名称</td><td>东厢房正立面</td><td>图片名称</td><td>东厢房效果图</td></tr>
<tr><td colspan="2"></td><td colspan="2"></td><td colspan="2"></td></tr>
<tr><td>图片名称</td><td>西厢房正立面</td><td>图片名称</td><td>前院效果图</td><td>图片名称</td><td>西院建筑鸟瞰</td></tr>
<tr><td colspan="2"></td><td colspan="2"></td><td colspan="2"></td></tr>
<tr><td>图片名称</td><td>主房效果图</td><td>图片名称</td><td>主入口背立面</td><td>图片名称</td><td>建筑细部 1</td></tr>
<tr><td colspan="2"></td><td colspan="2"></td><td colspan="2"></td></tr>
<tr><td>图片名称</td><td>建筑细部 2</td><td>图片名称</td><td>建筑细部 3</td><td>图片名称</td><td>建筑细部 4</td></tr>
<tr><td colspan="2"></td><td colspan="2"></td><td colspan="2"></td></tr>
<tr><td>备注</td><td colspan="5">—</td></tr>
<tr><td>摄影日期</td><td colspan="5">2019 年 8 月 13 日</td></tr>
</table>

鸟瞰图 1

主房正立面 2

大院门口(左)
鸟瞰图 2（右）

7.15 额济纳旗原政府礼堂

Former Government Hall in Ejin Banner

内蒙古自治区阿拉善盟额济纳旗达来呼布镇军民东街

Junmin East Street, Dalai Hubu Town, Ejin Banner, Alxa, Inner Mongolia Autonomous Region

历史公布时间：2017 年 10 月 30 日

鸟瞰图

建筑简介

额济纳旗原政府礼堂位于达来呼布镇军民东街以北，苏泊淖尔路以东，建筑面积 1180 ㎡，占地约 2000 ㎡，始建于 1959 年 6 月，由驻军某部队援建，同年 11 月 14 日竣工并交付使用，建成后为当地地标性建筑。它历经六十载风雨历程，见证了额济纳旗的发展和航天事业的发展历程，曾经，这座礼堂是达来呼布镇最气派的建筑，是各类文化活动和观赏演出的场所。

原政府礼堂整体布局为“一”字形布局，分为两个部分，前面为办公区域、后面是礼堂区域。办公区域为传统的三段式中心对称风格，也是建筑最具有历史代表性的特点。建筑两侧配有耳房作为次入口和演员演出入口。

原政府礼堂主体色调为米黄色，绿色门窗相间，使建筑显的清新自然、端庄肃穆。外立面为砖石砌筑，外表经过重新粉刷。在建筑檐部及门窗处还添加了些许的蒙元元素。在侧立面上采用竖向分割的手法，烘托建筑的竖向高度增强建筑的虚实关系。主立面则以横向分割为主，体现入口的宽度，增强建筑的庄严感。同时立面还设有壁柱强调立面的韵律构成。

原政府礼堂作为当时唯一的观演性场所，记载了当地的历史时刻，也承载了老一辈的当地居民记忆，具有很好的历史价值。如今，这座礼堂已被人们遗忘在闹市中静静地等待着故人的来访，等待讲述着它那昔日的辉煌！

<table>
<tr><td>建筑名称</td><td colspan="2">额济纳旗原政府礼堂</td><td>历史名称</td><td colspan="3">额济纳旗原政府礼堂</td></tr>
<tr><td>建筑简介</td><td colspan="6">额济纳旗原政府礼堂位于额济纳旗达来呼布镇，始建于 1959 年，占地面积 2000 m²，它历经六十载风雨历程，承载了当地重要的历史时刻，作为当时唯一的观演性建筑起到了相当重要的作用。建筑平面为“一”字形布局，立面主体色调为米黄色绿色相辅，整体高大宏伟</td></tr>
<tr><td>建筑位置</td><td colspan="6">内蒙古自治区阿拉善盟额济纳旗达来呼布镇军民东街</td></tr>
<tr><td rowspan="2">概述</td><td>建设时间</td><td>1959 年 11 月</td><td>建筑朝向</td><td>南向</td><td>建筑层数</td><td>三层</td></tr>
<tr><td>历史公布时间</td><td>2017 年 10 月 30 日</td><td>建筑类别</td><td colspan="3">文化教育</td></tr>
<tr><td rowspan="3">建筑主体</td><td>屋顶形式</td><td colspan="5">平屋顶</td></tr>
<tr><td>外墙材料</td><td colspan="5">涂料</td></tr>
<tr><td>主体结构</td><td colspan="5">砖混结构</td></tr>
<tr><td>建筑质量</td><td colspan="6">基本完好</td></tr>
<tr><td>建筑面积</td><td colspan="2">1180 m²</td><td>占地面积</td><td colspan="3">约 2000 m²</td></tr>
<tr><td>功能布局</td><td colspan="6">平面为对称式布局形式，由观演、办公等功能组成，前置广场强调了建筑的主次</td></tr>
<tr><td>重建翻修</td><td colspan="6">—</td></tr>
<tr><td colspan="7">新华街
苏泊淖尔路
古日乃路
公园路
S315
0 20 40 60 80 100m
A. 额济纳旗原政府礼堂　B. 白马宾馆　C. 丽雅商务宾馆</td></tr>
<tr><td>备注</td><td colspan="6">—</td></tr>
<tr><td>调查日期</td><td colspan="2">2019 年 8 月 13 日</td><td>调查人员</td><td colspan="3">任赫龙、耿雨</td></tr>
</table>

额济纳旗原政府礼堂

图片名称 	局部透视图 1	图片名称 	鸟瞰图 1	图片名称 	鸟瞰图 2
图片名称 	局部透视图 2	图片名称 	正立面	图片名称 	局部透视图 3
图片名称 	局部透视图 4	图片名称 	侧立面	图片名称 	鸟瞰图 3
图片名称 	耳房正立面	图片名称 	建筑细部 1	图片名称 	耳房侧立面
图片名称 	入口侧立面	图片名称 	建筑细部 2	图片名称 	局部侧立面
备注	—				
摄影日期	2019 年 8 月 13 日				

鸟瞰图 4

鸟瞰图 5

耳房（左）

建筑细部 3（右）

7.16 中共魏家卯地下党组织联络员周毛秃故居

Former Residence of Zhou Maotu, the liaison of the Weijiatun underground party organization of the Communist Party of China

内蒙古自治区鄂尔多斯准格尔旗魏家峁镇魏家峁村

Weijiamao Village, Weijiamao Town, Jungar Banner, Ordos, Inner Mongolia Autonomous Region

历史公布时间：2017 年 12 月 29 日

| 鸟瞰图

建筑简介

魏家卯地下党联络员周毛秃故居坐落在魏家峁镇魏家峁村西墕社，为一排背靠土崖面向深沟的四孔土窑，始建于民国初年。就是这座普通的土窑，在 70 年前的抗战胜利前夕，成为魏家峁地下党组织的联络中心，开辟了通往晋西北根据地的交通线；在两年之后的解放战争之初，成为蒙汉游击区区公所的办公驻地，形成了伊克昭盟最早的解放区。魏家峁地下党革命活动遗址，在地下党联络员周毛秃故居修缮布展，挂魏家峁地下党革命活动遗址、准格尔旗蒙汉游击区两块牌匾，以图片、文字、实物三种形式的珍贵史料，展示了魏家峁地下党在晋绥边区的领导下，发动群众、坚守敌后，由开展地下斗争到武装夺取政权的革命历程。

周毛秃故居为传统的靠崖式窑洞，建于山坡和土原边缘呈阶梯式分布，总共分为三个高差，最低处的窑洞用于学习、办公、会议功能，2、3 阶为居住生活场所，内部空间不高但却不显得拥挤。整体布局和谐美观。

窑洞作为西部的传统民居，具有很好的防火防燥功能，冬暖夏凉，既节省土地，又经济省工。传统的窑洞空间从外观上看是圆拱形，虽然很普通，但是相对于周边荒芜的环境，圆弧形更显得轻巧而活泼，这种源于自然的形式，不仅体现了传统思想中天圆地方的理念，更重要的是门洞处高高的圆拱及高窗，在冬天可以使阳光进一步深入窑洞的内侧，从而可以充分地利用太阳辐射，而内部也是因为拱形结构，加大了内部竖向空间，使人们感觉开敞舒适。著名的建筑技术大师刘加平先生曾经这样评价窑洞建筑：窑洞冬暖夏凉，舒适节能，同时传统的空间渗透着与自然的和谐，朴素的外观在建筑美学视角来看也是别具匠心。

<table>
<tr><td>建筑名称</td><td colspan="2">中共地下党周毛秃故居</td><td>历史名称</td><td colspan="3">中共地下党周毛秃故居</td></tr>
<tr><td>建筑简介</td><td colspan="6">魏家峁地下党联络员周毛秃故居坐落于魏家峁镇魏家峁村西墕社，为一排背靠土崖，面向深沟的四孔土窑，始建于民国初年。作为窑洞类建筑，在建造技术方面具有良好的学习与参照之处，无论是在抗日战争历史层面还是建筑建造层面都有较高的保护价值</td></tr>
<tr><td>建筑位置</td><td colspan="6">鄂尔多斯准格尔旗魏家峁镇魏家峁村</td></tr>
<tr><td rowspan="2">概述</td><td>建设时间</td><td>中华民国</td><td>建筑朝向</td><td>南向</td><td>建筑层数</td><td>一层</td></tr>
<tr><td>历史公布时间</td><td>2017 年 12 月 29 日</td><td>建筑类别</td><td colspan="3">重要机构旧址</td></tr>
<tr><td rowspan="3">建筑主体</td><td>屋顶形式</td><td colspan="5">窑洞</td></tr>
<tr><td>外墙材料</td><td colspan="5">黄土</td></tr>
<tr><td>主体结构</td><td colspan="5">窑洞</td></tr>
<tr><td>建筑质量</td><td colspan="6">保存良好</td></tr>
<tr><td>建筑面积</td><td colspan="2">195 m²</td><td>占地面积</td><td colspan="3">约 1808 m²</td></tr>
<tr><td>功能布局</td><td colspan="6">用于日常生活、会议办公等功能，现被作为爱国主义教育基地使用</td></tr>
<tr><td>重建翻修</td><td colspan="6">—</td></tr>
<tr><td colspan="7">西墕村道
A
B
0 20 40 60 80 100m
A. 中共地下党周毛秃故居　　B. 西墕村</td></tr>
<tr><td>备注</td><td colspan="6">—</td></tr>
<tr><td>调查日期</td><td colspan="2">2019 年 8 月 21 日</td><td>调查人员</td><td colspan="3">任赫龙、耿雨</td></tr>
</table>

中共魏家卯地下党组织联络员周毛秃故居

图片名称	局部透视图 1	图片名称	局部透视图 2	图片名称	局部透视图 3

图片名称	局部透视图 4	图片名称	局部透视图 5	图片名称	局部效果图 1

图片名称	室内局部 1	图片名称	室内局部 2	图片名称	局部效果图 2
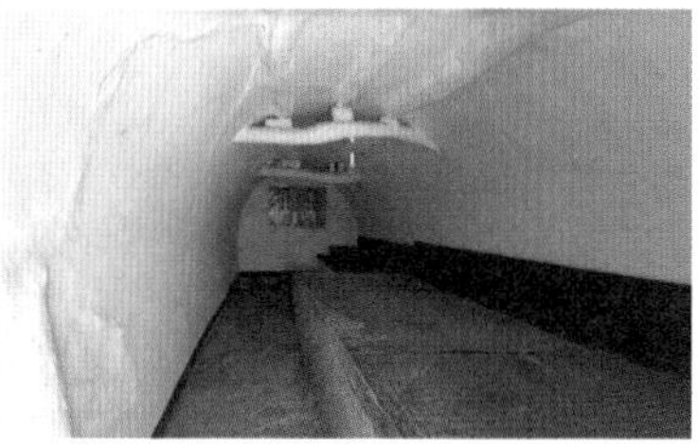					
图片名称	室内局部 3	图片名称	室内局部 4	图片名称	室内局部 5
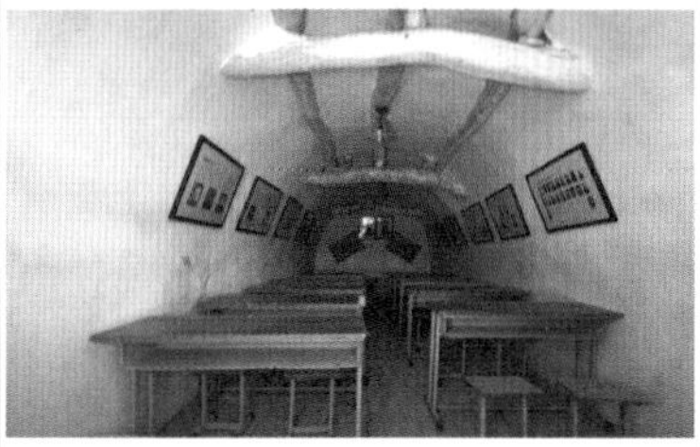					
图片名称	建筑细部 1	图片名称	建筑细部 2	图片名称	建筑细部 3

备注	—				
摄影日期	2019 年 8 月 21 日				

鸟瞰图

局部效果图 3

建筑细部 4（左）
建筑细部 5（右）

7.17 苏力德苏木陶日木庙

Sulidesumutaorimu Temple

内蒙古自治区鄂尔多斯乌审旗陶尔庙村

Taoermiao Village, Wushen Banner, Ordos, Inner Mongolia Autonomous Region

历史公布时间：2018 年 3 月 18 日

| 人视图

建筑简介

陶日木庙，藏名为热希纯奎日灵，意译为“吉祥经殿之寺”，该庙位于乌审旗苏力德苏木陶日木庙嘎查所在地，位于乌审旗旗政府所在地西北方 17.8km，是全旗最古老的藏传佛教寺庙之一。由于该庙东侧有陶日木湖，庙与湖形成了相互映衬的美丽景象，因此被人们称之为陶日木庙。

陶日木庙于清朝康熙四十五年（1706 年）由第一世活佛拉白・唐古德所建。自建成以来经过了三百多年的历史，几经被毁，几度修复。1988 年，陶日木庙被内蒙古自治区宗教事务局正式批准为藏传佛教活动场所。至今，寺庙经过五次的大规模修缮，殿宇布局以陶日木庙为主体，周围包含有牧户体验、草原观光、沙漠游玩等旅游项目，是旅游观光度假的理想胜地。

寺庙入口处为一个石刻门牌坊，进入寺院主要分为两个院子，主院以白塔为中心，周围配有其他附属用房，次院则是一个传统的四合院，正殿用于礼佛，东西各有两个厢房作为附属用房。寺院的主殿为传统的藏式建筑，收分的墙体，厚重的矩形墙身，重叠的建筑布局，让殿宇层次十分强烈。为了使主体建筑更加突出，东西两侧的厢房则较为朴实。绿色的硬山屋顶结合白色屋身让厢房看起来安静有序，同时烘托出了主体建筑鲜艳的色彩，引人注目。

经过几年的修复，陶日木庙本身所蕴含的历史气息仍旧没有改变。作为当地较为古老的寺庙，陶日木庙承担起了它应有的历史责任，随着时间的推移也渐渐成为周围居民主要的朝拜与游玩场所，其历史价值不可替代。

<table>
<tr><td>建筑名称</td><td colspan="2">苏力德苏木陶日木庙</td><td>历史名称</td><td colspan="3">苏力德苏木陶日木庙</td></tr>
<tr><td>建筑简介</td><td colspan="6">陶日木庙，藏名为热希纯奎日灵，意译为“吉祥经殿之寺”，该庙位于乌审旗苏力德苏木陶日木庙嘎查所在地，位于乌审旗府所在地西北方 17.8 公里，是全旗最古老的藏传寺庙之一。寺庙具有鲜明的藏传佛教特色，具有很高的历史价值</td></tr>
<tr><td>建筑位置</td><td colspan="6">鄂尔多斯市乌审旗陶尔庙村</td></tr>
<tr><td rowspan="2">概述</td><td>建设时间</td><td>1770 年</td><td>建筑朝向</td><td>南向</td><td>建筑层数</td><td>一层</td></tr>
<tr><td>历史公布时间</td><td>2018 年 3 月 18 日</td><td>建筑类别</td><td colspan="3">宗教建筑</td></tr>
<tr><td rowspan="3">建筑主体</td><td>屋顶形式</td><td colspan="5">坡屋顶</td></tr>
<tr><td>外墙材料</td><td colspan="5">砖墙</td></tr>
<tr><td>主体结构</td><td colspan="5">砖木结构</td></tr>
<tr><td>建筑质量</td><td colspan="6">保存良好</td></tr>
<tr><td>建筑面积</td><td colspan="2">约 5000 m²</td><td>占地面积</td><td colspan="3">约 15650 m²</td></tr>
<tr><td>功能布局</td><td colspan="6">寺庙分为两进院，主院为礼佛祈福的地方，次院以白塔为中心分布一些僧侣日常生活用房</td></tr>
<tr><td>重建翻修</td><td colspan="6">—</td></tr>
<tr><td colspan="7">A
陶尔庙村道
陶尔庙村道
0 20 40 60 80 100m
A. 苏力德苏木陶日木庙</td></tr>
<tr><td>备注</td><td colspan="6">—</td></tr>
<tr><td>调查日期</td><td colspan="2">2019 年 8 月 18 日</td><td>调查人员</td><td colspan="3">任赫龙、耿雨</td></tr>
</table>

苏力德苏木陶日木庙

图片名称 	主殿实景图	图片名称 	局部透视图 1	图片名称 	外部实景图 1
图片名称 	局部透视图 2	图片名称 	内院实景图 1	图片名称 	内院实景图 2
图片名称 	厢房实景图 1	图片名称 	厢房实景图 2	图片名称 	厢房实景图 3
图片名称 	外部实景图 2	图片名称 	入口	图片名称 	侧立面
图片名称 	山门正立面 1	图片名称 	主殿入口	图片名称 	山门正立面 2
备注	—				
摄影日期	2019 年 8 月 18 日				

入口正立面

正立面

佛塔（左）
门楼（右）

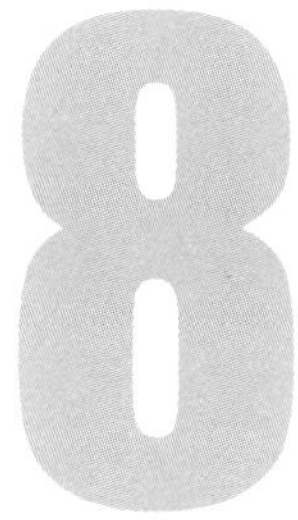

第 8 章 西部地区 其他历史建筑信息档案

Other Historic Buildings' Files in the West Region

8.1 包头市地区档案

昆区包钢医院门诊楼

历史建筑介绍：

钢医院门诊楼是包头市较为重要的医疗建筑之一，担负包钢地区及周围居民的医疗服务功能，人流量较大。建筑主体保留尚好，内部经过数次修整。建筑外立面风格鲜明，是具有特色的砖混结构建筑。建筑主体呈中心对称布置，长 50m，宽 20m；建筑主入口在北侧，面向城市道路，建筑造型为 20 世纪 70 年代标准的对称式布局且中间高两侧低，是一个时代建筑风格的典型代表。

历史建筑基本情况：

建筑层数	3 层
结构类型	砖混结构
建筑位置	昆都仑区林荫路以东，少先路以南，北侧紧邻八一公园
建筑面积	$3000m^2$
建设时间	1976 年
历史建筑公布时间	2017 年 12 月 25 日

总平面图

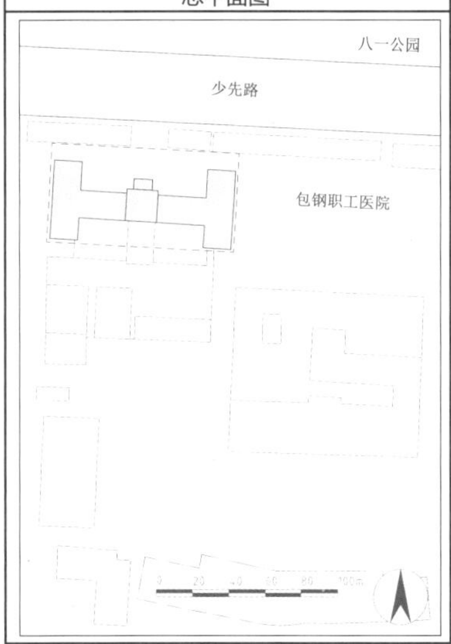

实景照片 1

实景照片 2

青山区青山宾馆 3 号楼

历史建筑介绍：

目前建筑保存完好，原建筑主楼入口为方形柱，改建后为圆形柱，建筑风格变为欧式风格。该建筑建于 20 世纪五六十年代，距今已有六十年的历史。主体建筑呈南北"一"字形布局，院内空地为活动场地，在院落的东侧有一车库。改建后建筑主体檐口稍向外挑，檐口下有金色正四棱锥形的装饰，开窗以条形窗为主，在建筑立面装饰有精美柱式，白色立面和金色装饰及鹿形花式栏杆结构和谐搭配，形成了极富特色的建筑风格。

历史建筑基本情况：

建筑层数	2 层
结构类型	砖混结构
建筑位置	青山区文化路与民族东路交汇口东 200 米
建筑面积	$4036.72m^2$
建设时间	1958 年
历史建筑公布时间	2017 年 12 月 25 日

总平面图

实景照片 1

实景照片 2

青山区青山宾馆 4 号楼

历史建筑介绍：

该建筑建于 20 世纪五六十年代，距今已有六十年的历史。宾馆主体建筑呈东西向"一"字形布局，建筑对面为绿化草坪，在院落的东侧有两个配电用房。立面窗户形式为方形窗口，窗檐口刷有棕红色涂料。建筑一层窗下墙由不规则的大理石拼贴构成。主体建筑檐口为白色混凝土压边，且有灰色线脚，在建筑入口处装有六角柱，黄色立面和灰色线脚和棕红色和谐搭配，建筑外观和谐统一。

历史建筑基本情况：

建筑层数	2 层
结构类型	砖混结构
建筑位置	包头市青山区文化路与民族东路交汇口东 200 米
建筑面积	$2729.39m^2$
建设时间	1958-1961 年
历史建筑公布时间	2017 年 12 月 25 日

总平面图

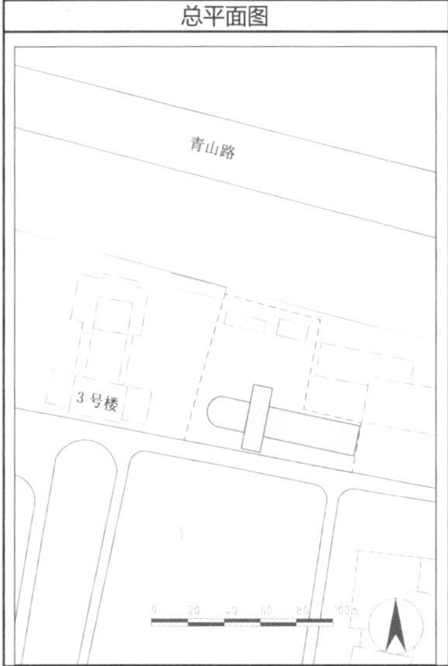

实景照片 1

实景照片 2

青山区原华建办公楼

历史建筑介绍：

1954年6月，建筑工程华北直属第二建筑公司和抗美援朝的中国人民解放军建二师合并组建为建工部华北包头工程总公司（简称华建）。1955年8月以后，华北直属第三建筑公司（驻北京市）的三个工区及来自东北、西北的部分力量陆续也调遣包头并入总公司序列。"华建"作为包头工业基地建设的主力军，是中华人民共和国成立后最早组建的国有建筑施工企业之一，见证了包头市60年来的建设和发展。

历史建筑基本情况：

建筑层数	4层
结构类型	砖混结构
建筑位置	东邻呼得木林大街，西邻草原道且北邻文化路
建筑面积	5437.84m²
建设时间	1957年
历史建筑公布时间	2017年12月25日

总平面图

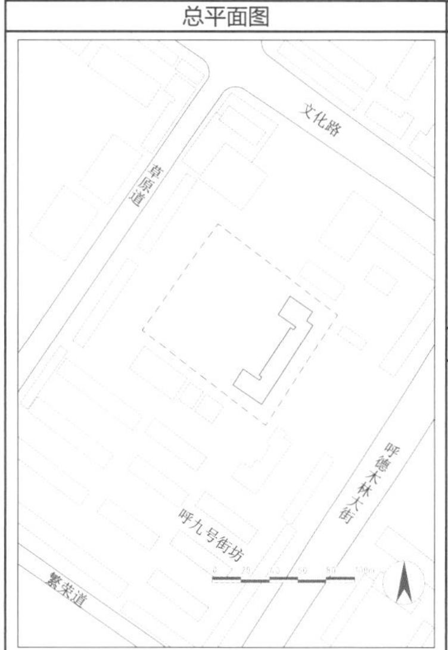

实景照片 1

实景照片 2

青山区原二〇二百货大楼

历史建筑介绍：

原二〇二百货大楼（现乌素图街道办事处办公楼），立面简洁且充满序列感，屋檐折线形状与立面墙柱呼应，建筑端庄、生动。满足了二〇二厂职工的生活需求，是乌素图历史文化街区的组成部分，见证了二〇二厂的发展，承载了一代人的回忆。

历史建筑基本情况：

建筑层数	3层
结构类型	砖混结构
建筑位置	青山区朝阳路与迎宾路交叉路口
建筑面积	1709.4m²
建设时间	20世纪50年代末
历史建筑公布时间	2017年12月25日

总平面图

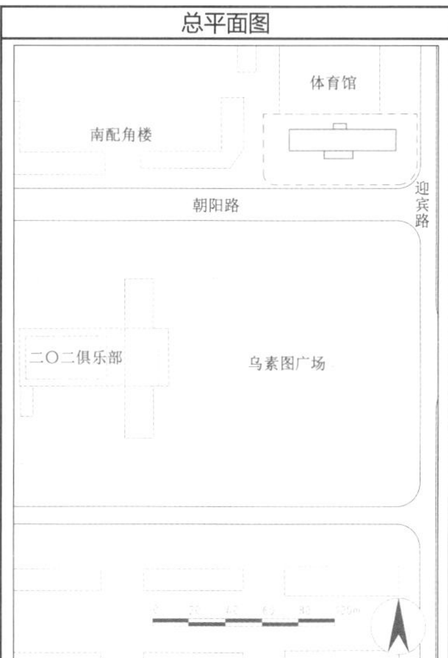

实景照片 1

实景照片 2

东河区包头机场老航站楼

历史建筑介绍：

包头市机厂老航站楼，建于民国时期，是包头在国家发展战略的重要体现，也是经济繁荣发展的体现，是包头市航空业发展的见证，是包头市人民的骄傲。现阶段民航广场为老机场的跑道，老航站楼的存在是几辈人的共同记忆，寄托着包头人特殊的情感。

历史建筑基本情况：

建筑层数	主体1层，局部2层
结构类型	砖混结构
建筑位置	东河区南海二村机场路通达路
建筑面积	621m²
建设时间	1934年
历史建筑公布时间	2017年12月25日

总平面图

实景照片 1

实景照片 2

东河区包头铝厂老办公楼

历史建筑介绍：

根据调研与走访，该建筑群大概建于1957年，是包头铝业生产的核心区域，主导和影响了一定时期内周边区域的生产建设。随着社会发展和办公要求的不断提高，行政职能迁移，但整组建筑仍具有较高的历史保留价值与改造潜力，对于包头地区历史记忆延续有特殊意义。

历史建筑基本情况：

建筑层数	4层
结构类型	砖混结构
建筑位置	东河区巴彦塔拉大街以北，建安公司以西
建筑面积	5868m²
建设时间	1957年
历史建筑公布时间	2017年12月25日

总平面图

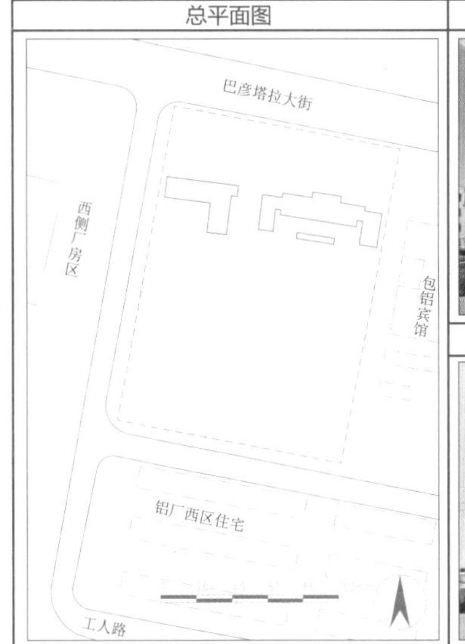

实景照片1

实景照片2

高新区原兵团团部（红旗农场）

历史建筑介绍：

团部为一组建筑群，群组内建筑多为砖混结构，外立面多为砖墙，建筑形体、空间秩序感较强。建筑立面和建筑结构保存基本完好，建筑曾被其他功能所用，内部曾经的装饰也依稀可见，鉴于建筑的完整性，我们认为其保留价值较大。

历史建筑基本情况：

建筑层数	1层
结构类型	砖砌结构
建筑位置	稀土高新区万水泉大街以东，包哈公路以南
建筑面积	447m²
建设时间	1963年
历史建筑公布时间	2017年12月25日

总平面图

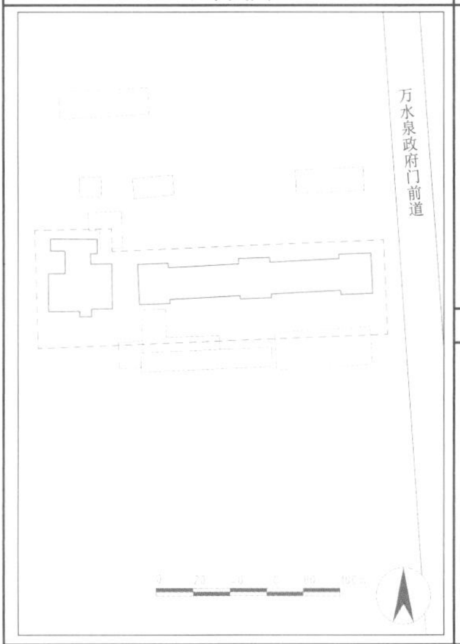

实景照片1

实景照片2

土右旗——学大寨展览建筑

历史建筑介绍：

位于河子村内，北邻民居、110国道，西南约100m处是"王老太太故居"，东行1000m即为河子村主干道。建筑为混凝土砖结构，墙体主体为砖，房顶混凝土结构。建筑风格具有时代特征，主体结构基本完好。

历史建筑基本情况：

建筑层数	1层
结构类型	砖混结构
建筑位置	美岱召镇河子村
建筑面积	430m²
建设时间	1977年
历史建筑公布时间	2017年12月25日

总平面图

实景照片1

实景照片2

土右旗马留碉堡

历史建筑介绍：

本碉堡建筑在山体高坡处，为石砌建筑，坐北向南，总体布局和周边环境协调统一。该建筑为日伪时期的防御工事，设枪眼炮口，居高临下，易守难攻，视野开阔，整体坚固，起到扼守沟口通道的作用。

历史建筑基本情况：

建筑层数	1 层
结构类型	石砌结构
建筑位置	土右旗沟门镇马留村
建筑面积	$75m^2$
建设时间	日伪时期
历史建筑公布时间	2017 年 12 月 25 日

土右旗美岱桥古戏台

历史建筑介绍：

位于村内主街北侧，东侧为空地，南侧为空地，西侧为空地，北侧为空地。建筑为砖木结构，后做防水处理。

总平面图

实景照片 1

实景照片 2

历史建筑基本情况：

建筑层数	3 层
结构类型	砖混结构
建筑位置	土右旗苏波盖乡美岱桥村
建筑面积	$200m^2$
建设时间	清朝
历史建筑公布时间	2017 年 12 月 25 日

原石拐农业银行

历史建筑介绍：

20 世纪 80 年代商业建筑的材料大多为砖混结构，建筑外观呈现出“方盒子”的特点。建筑墙面或以裸砖为原型，或者呈浅色或混凝土墙面，建筑外观简单朴实，没有过多繁复的装饰，建筑屋顶多为平屋顶。

总平面图

实景照片 1

实景照片 2

历史建筑基本情况：

建筑层数	1 层
结构类型	砖木结构
建筑位置	石拐区、旧石拐街、石拐大桥东、梁正沟、五当召镇西梁村
建筑面积	$606.35m^2$
建设时间	80 年代
历史建筑公布时间	2017 年 12 月 25 日

原石拐影剧院

历史建筑介绍：

近代以来，西方多元的建筑文化汹涌而来，中华民族的传统建筑风格受到强烈的冲击，可以说近代是中国建筑风格的转型时期，通过对西方建筑风格的克隆、变异与融合的过程，把传统的木构架体系与西方的混凝土结构相融合，将儒家思想影响的院落布局与西方的独立别墅融合，经过一个世纪的融合，中国现代建筑逐渐有了自己的风格。

历史建筑基本情况：

建筑层数	1层
结构类型	砖木结构
建筑位置	石拐区法治文化公园以东，五当召 乡镇工人村
建筑面积	839.3m²
建设时间	20 世纪 60 年代
历史建筑公布时间	2017 年 12 月 25 日

总平面图

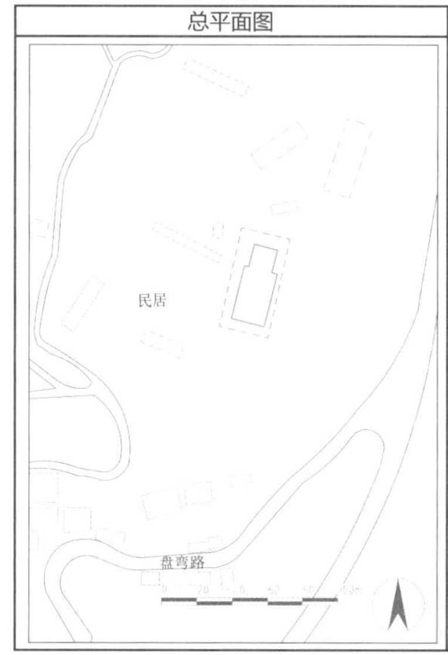

实景照片 1

实景照片 2

原石拐供销社

历史建筑介绍：

近代以来，中国传统建筑融入西方元素，把传统的木构架体系与西方的混凝土结构相融合，形成独特的建筑风格。

历史建筑基本情况：

建筑层数	1层
结构类型	砖混结构
建筑位置	石拐区旧石拐街以东、石拐东梁村
建筑面积	1259m²
建设时间	20 世纪 60 年代
历史建筑公布时间	2017 年 12 月 25 日

总平面图

实景照片 1

实景照片 2

石拐区大发石窑洞

历史建筑介绍：

石窑就是用石头和灰砂垒砌的拱形窑洞，窑面石料按尺寸凿方凿弧，砌面讲究横平竖直，表面整体平整，拱圈平缓，符合规范标准。窑口安装亮门大窗，窑顶采用砖砌，美观整齐。

历史建筑基本情况：

建筑层数	1层
结构类型	砖混结构
建筑位置	石拐区大发街以东大慈新曙光村
建筑面积	2490m²
建设时间	民国时期至 20 世纪 30 ~ 40 年代
历史建筑公布时间	2017 年 12 月 25 日

总平面图

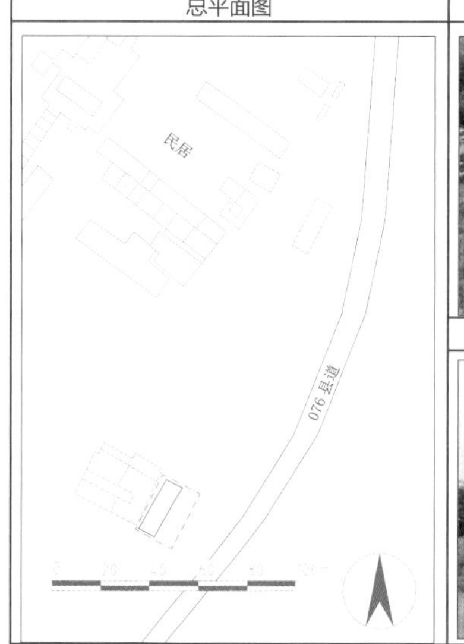

实景照片 1

实景照片 2

石拐区铁路桥

历史建筑介绍：

桥梁结构的造型表现出有力量、稳定、连续的特征，比较强调实用性。铁路桥不仅对该区域的发展起到促进作用，也为不同地区之间的物质交流做出了一定的贡献。

历史建筑基本情况：

建筑层数	—
结构类型	—
建筑位置	石拐区五当召乡镇五当沟村
建筑面积	1421m²
建设时间	50年代末
历史建筑公布时间	2017年12月25日

总平面图

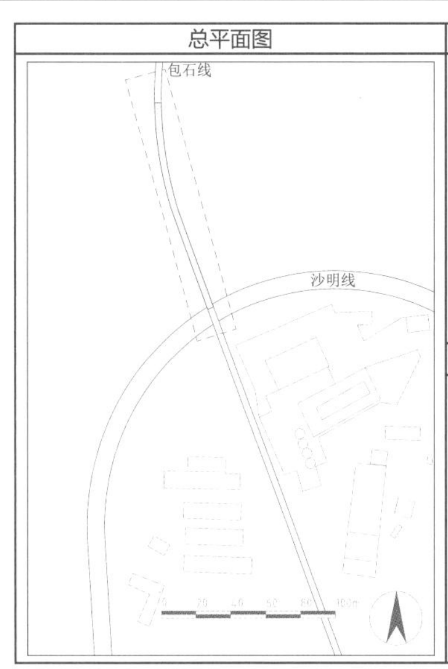

实景照片1

实景照片2

原固阳县法院审判庭

历史建筑介绍：

人民法院于1950年成立，首任院长是由县长林田接任，为了维护治安，维护人民的权益，1950至195年，人民法院单独设立特别刑事审判庭，共受理反革命案件350件，审结烟毒案142件。从1988年到1990年召开过大型审判会13次，贯彻"依法从严、从快、一网打尽"的方针。

历史建筑基本情况：

建筑层数	1层
结构类型	砖木结构
建筑位置	固阳县阿拉塔大街
建筑面积	150m²
建设时间	1950年
历史建筑公布时间	2017年12月25日

总平面图

实景照片1

实景照片2

原固阳县公安局看守所

历史建筑介绍：

作为中华人民共和国成立初期城市法制建设的重要机构，为维护当地法制社会做出了重大贡献，看守所特有的内部空间形式较有特点，具有较大的改造和再利用潜力，作为重要机构旧址，在固阳县城市建设发展上具有重要意义。

历史建筑基本情况：

建筑层数	1层
结构类型	砖木结构
建筑位置	固阳县阿拉塔大街
建筑面积	412m²
建设时间	1951年
历史建筑公布时间	2017年12月25日

总平面图

实景照片1

实景照片2

固阳新城小学旧教室

历史建筑介绍：

1925 年（民国 14 年），由固阳教育科科长韩理廷等人创办了"固阳第一小学"，是固阳县的第一所小学，即现在的新城小学。在这 80 多年的岁月中，新城小学几经沧桑，曾更换校名三次，迁移校址四次，曾受到过国民党的反动统治和日本帝国主义的践踏，直到中华人民共和国成立，它才获得新生。这座砖木结构的平房，建于 20 世纪 50 年代初期，当时用于教室，后改为幼儿班和教工食堂，现为仓库。

历史建筑基本情况：

建筑层数	1 层
结构类型	砖木结构
建筑位置	固阳县民主路
建筑面积	135m^2
建设时间	1950 年
历史建筑公布时间	2017 年 12 月 25 日

总平面图

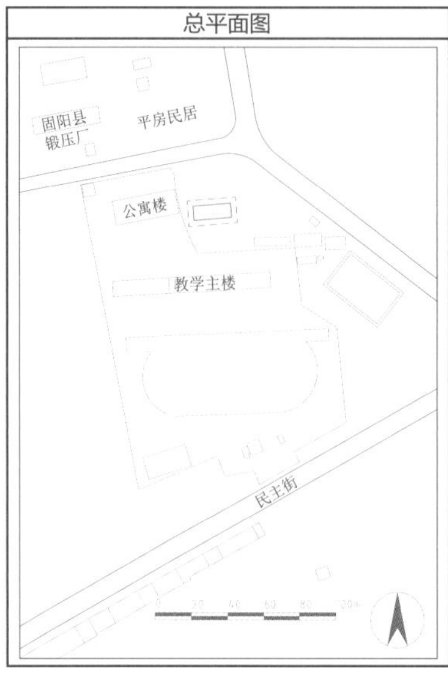

实景照片 1

实景照片 2

固阳一中礼堂

历史建筑介绍：

固阳一中始建于 1948 年，当时学校的名字为"知行中学"。校区内的礼堂始建于 1954 年，建筑结构为砖混结构，建筑面积为 650 m^2，建筑高度约 5.3m，建筑层数为 1 层。固阳一中历史悠久，前身可追溯到民国 37 年的"知行中学"，是由地方乡绅与广茂涌商号资助建成的。

历史建筑基本情况：

建筑层数	1 层
结构类型	砖混结构
建筑位置	固阳县民主路
建筑面积	650m^2
建设时间	1954 年
历史建筑公布时间	2017 年 12 月 25 日

总平面图

实景照片 1

实景照片 2

东河区包头糖厂厂区 1 号楼

历史建筑介绍：

糖厂厂区 1 号楼位于厂区东南侧，该建筑建于 1955 年。建筑面积 224m^2，1 层楼两面坡屋顶带木结构前廊，曾为苏、德专家住房。糖厂曾经是东河区乃至包头市一个重要的工业建筑，担负着包头市轻工业的职能，厂区整体保留较好，特别是 1 号建筑具有中国传统建筑风格，建筑特征鲜明，具有很高的保存价值。

历史建筑基本情况：

建筑层数	1 层
结构类型	砖混结构（有木结构柱廊）
建筑位置	东河区萨包线，巴彦塔拉东大街
建筑面积	224m^2
建设时间	1955 年
历史建筑公布时间	2017 年 12 月 25 日

总平面图

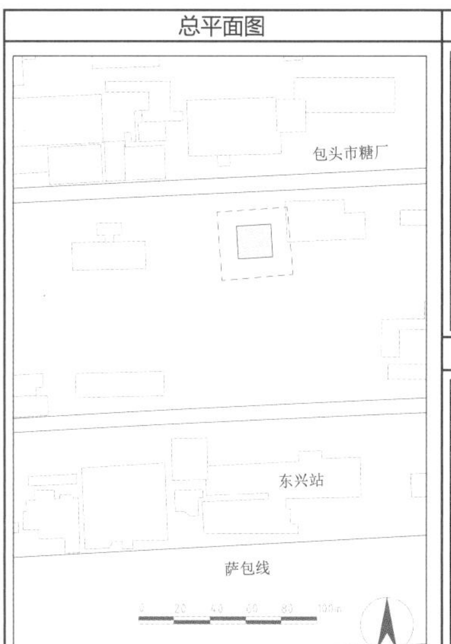

实景照片 1

实景照片 2

固阳县兴顺西李四壕村供销社

历史建筑介绍：

建筑经历过立面改造，但其最初的建筑风格和元素被完整地保留下来。现在建筑已经为私人所有，但其功能没有发生变化，仍在为村民提供生活必需品。无论是过去还是现在，它都一直在为李四壕村村民做出贡献，是固阳县商贸服务产业发展历史的见证者。

历史建筑基本情况：

建筑层数	1层
结构类型	砖混结构
建筑位置	固阳县兴顺西镇李四壕村
建筑面积	160m²
建设时间	20世纪70年代
历史建筑公布时间	2017年12月25日

总平面图

实景照片1

实景照片2

固阳县下湿壕镇后窑子村民宅

历史建筑介绍：

这座门楼不仅仅是全村历史最悠久的现存建筑，也是全村唯一一座经历过抗日战争的建筑，虽然大部分已经破损，但主体结构一直保存至今，现在墙上的弹孔还清晰可见，是战士们艰苦斗争并取得伟大胜利的见证者。

历史建筑基本情况：

建筑层数	1层
结构类型	砖木结构
建筑位置	固阳县下湿壕镇后窑子村
建筑面积	15m²
建设时间	清代
历史建筑公布时间	2017年12月25日

总平面图

实景照片1

实景照片2

固阳新华书店

历史建筑介绍：

1951年，县政府在新城东街租一间铺面，办起国营书店，叫固阳县书店。1953年更名为内蒙古新华书店乌盟中心支店。1957年新华书店和在新城十字街西南角原文化馆互换地址，又经扩建，建起固阳县书店。1958年内蒙古新华书店乌盟中心支店更名为“固阳新华书店”，并和原“固阳书店”合并。

历史建筑基本情况：

建筑层数	1层
结构类型	砖木结构
建筑位置	固阳县阿拉塔大街
建筑面积	151m²
建设时间	1957年
历史建筑公布时间	2017年12月25日

总平面图

实景照片1

实景照片2

昆区钢城饭店

历史建筑介绍：

建筑布局采用"一"字形，长 85m，沿钢铁大街布置；主入口在北侧，面向城市主干道，建筑造型为 20 世纪 70 年代标准的对称式布局而且中间高两侧低，是一个时代建筑风格的典型代表，也是20世纪70年代包头市旅店、餐饮类建筑的代表。因此，钢城饭店成为钢铁大街少有的 40 年前的建筑之一。该建筑作为包头市钢铁建设早期的服务类建筑，具有一定的历史价值。

历史建筑基本情况：

建筑层数	4 层
结构类型	砖混结构
建筑位置	固阳县民主路
建筑面积	4000m²
建设时间	1970 年
历史建筑公布时间	2017 年 12 月 25 日

总平面图

实景照片 1

实景照片 2

东河区铁路工人文化宫

历史建筑介绍：

根据走访调研，该建筑建成于20世纪50年代，现是铁路工人文化宫，建筑过去为铁道俱乐部，作为中华人民共和国成立初期为数不多的娱乐文化场馆，该建筑本身就具有时代特征和历史价值，经过后期改造后，又多了一份现代建筑的韵味。另外，该建筑的发展与演变，也见证了包头市的发展与崛起。

历史建筑基本情况：

建筑层数	主体 3 层，局部 2 层
结构类型	砖混结构
建筑位置	东河区公园路，巴彦塔拉大街以南
建筑面积	3775m²
建设时间	1950 年
历史建筑公布时间	2017 年 12 月 25 日

总平面图

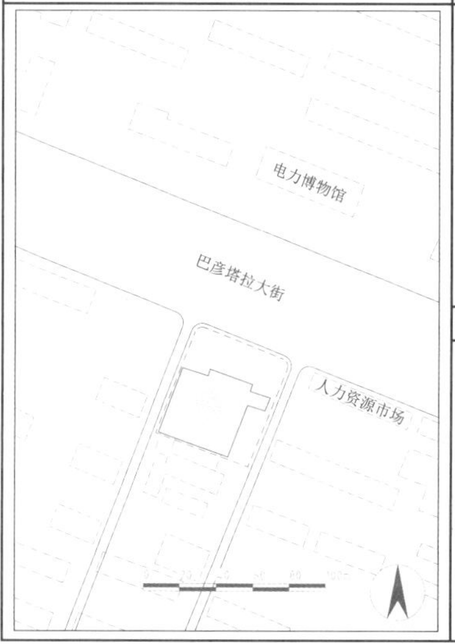

实景照片 1

实景照片 2

8.2 巴彦淖尔市地区档案

塔尔湖宝塔寺

历史建筑介绍：

宝塔寺由当地居士创建。因佛教自古有很多塔形建筑，塔尔湖地名中也有"塔"字，所以起名宝塔寺，又有宝地塔尔湖镇的意思。

历史建筑基本情况：

建筑层数	1层
结构类型	木结构
建筑位置	五原县塔尔湖镇春光六社
建筑面积	1200m²
建设时间	1994 年
历史建筑公布时间	2018 年 4 月 13 日

总平面图　实景照片 1　实景照片 2

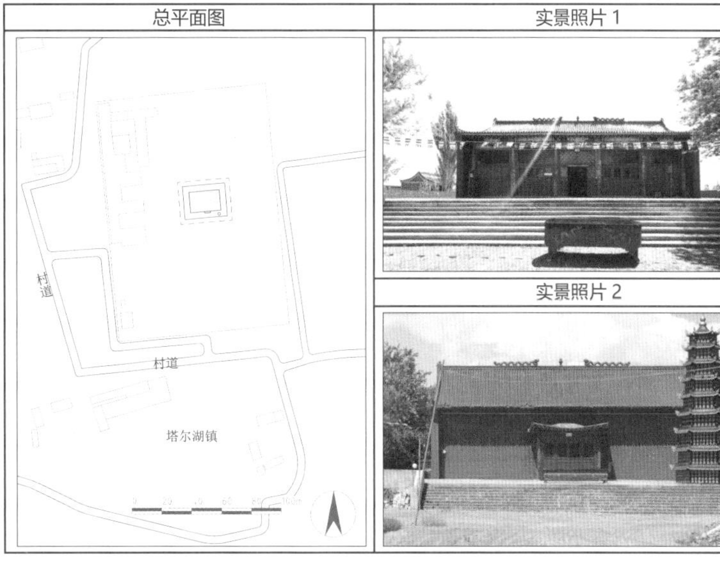

王善村村史纪念馆

历史建筑介绍：

王善村村史纪念馆原是村民的私有建筑，2015 年王善村进行村庄整治，将该建筑重新修缮，作为展示后套地区及王善村历史的纪念馆。

历史建筑基本情况：

建筑层数	1层
结构类型	木结构
建筑位置	五原县隆兴昌镇王善村
建筑面积	60m²
建设时间	20 世纪 60 年代
历史建筑公布时间	2018 年 4 月 13 日

总平面图

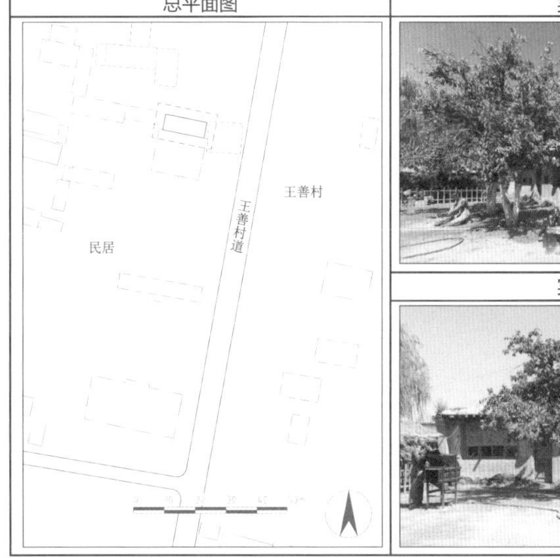

实景照片 1

实景照片 2

李贵书记蹲点处

历史建筑介绍：

建筑位于巴彦淖尔市五原县和胜乡和胜五社，始建于 1974 年。当时李贵书记在此地监督灌区及地表渗水的排水，因此有了该建筑。建筑为传统的院落式民居，土坯质房，共分三间，中间作为会议、办公使用，两侧作为日常生活使用。该建筑虽年代久远，但整体保护完好，具有较高的历史保护价值。

历史建筑基本情况：

建筑层数	1层
结构类型	木结构
建筑位置	五原县和胜乡和胜五社
建筑面积	约 200m²
建设时间	1974 年
历史建筑公布时间	2018 年 4 月 13 日

总平面图

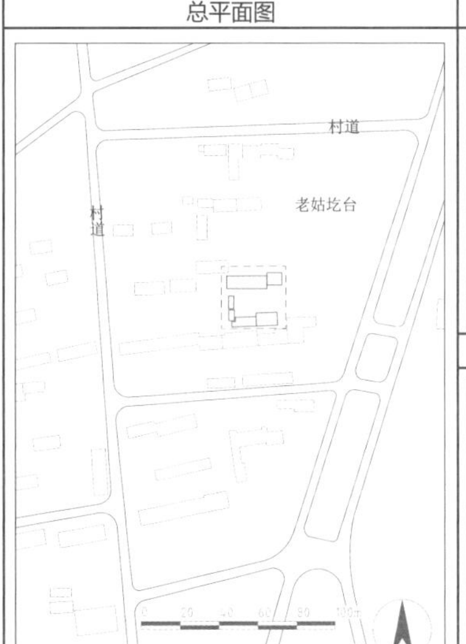

实景照片 1

实景照片 2

乌梁素海二师 19 团团部

历史建筑介绍:

该建筑位于乌梁素海渔场坝头南侧，始建于1969 年。建筑整体为"一"字形布局，双坡屋顶、规模较小，仅作为办公用房，入口处设有雨棚。由于年久失修，历史痕迹明显，主入口上侧的墙体上刻有"为人民服务"的字样，体现了那个时代的建筑特征，具有一定的历史保护价值。

历史建筑基本情况:

建筑层数	1 层
结构类型	砖混结构
建筑位置	乌梁素海额尔登布拉格苏木
建筑面积	420m²
建设时间	1969 年
历史建筑公布时间	2018 年 4 月 13 日

总平面图

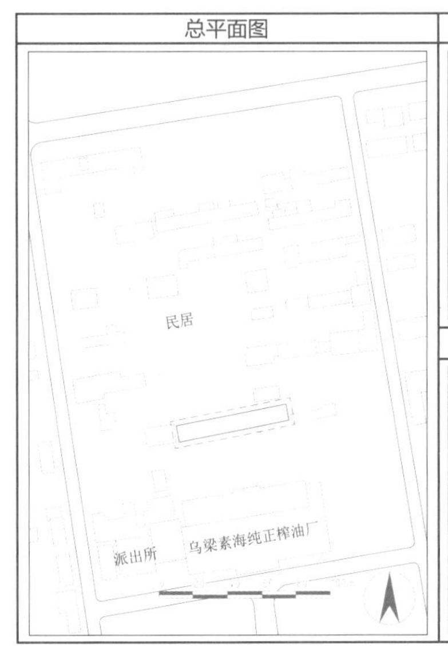

实景照片 1

实景照片 2

先锋桥

历史建筑介绍:

先锋桥始建于 1977 年，上部结构为四肋三坡，等截面悬链线空腹拱式双曲拱，三跨连拱，每孔净跨 30m，桥面宽 7+2×1.25m；下部结构为井柱基础重力式桥墩和井柱基础组合式空箱桥台。全桥长 124m，两岸引道长 400m，坡度为 2%。

历史建筑基本情况:

建筑层数	—
结构类型	—
建筑位置	先锋路总干渠
建筑面积	—
建设时间	1974 年
历史建筑公布时间	2018 年 4 月 13 日

总平面图

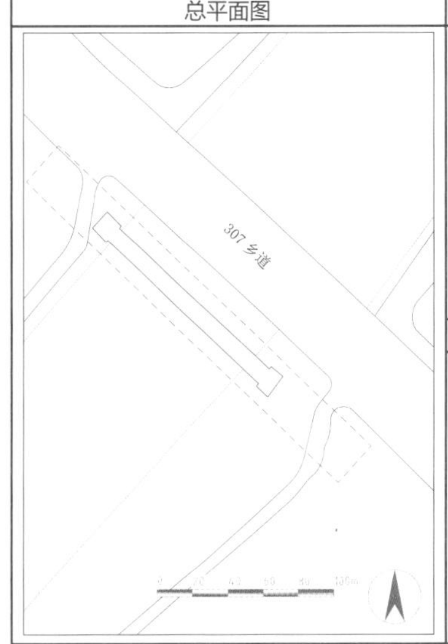

实景照片 1

实景照片 2

备战碉堡

历史建筑介绍:

20 世纪 60 年代末，中苏关系破裂，苏联在中苏、中蒙边境陈兵百万，对我国构成直接的战争威胁。在毛主席备战、备荒、为人民的号令下，各地区开始搬迁企业，疏散人口、训练民兵、构筑工事。该地区于 1972 年修筑了这两座碉堡并一直保存至今，作为这一历史阶段的有力证明。

历史建筑基本情况:

建筑层数	1 层
结构类型	水泥砌筑
建筑位置	五原县义和渠东风桥与北大桥北侧渠堤
建筑面积	24m²
建设时间	1972 年
历史建筑公布时间	2018 年 4 月 13 日

总平面图

实景照片 1

实景照片 2

长胜乡影剧院

历史建筑介绍:

该建筑位于乌拉特前旗新安镇红光村东风社（原长胜乡政府所在地），建于 1977 年。建筑平面呈“一”字形布局，立面设计采用传统的三段式。外墙以贴面砖为主，檐口处采用水刷石，主入口处的挑檐、竖向的立面开窗，反映了 20 世纪 60 ~ 70 年代建筑设计风格，具有地区代表性。由于历史的变迁，现已改造为农作物及副产品展厅。

历史建筑基本情况:

建筑层数	主体 1 层，局部 2 层
结构类型	砖混结构
建筑位置	新安镇红光村东风社
建筑面积	580m²
建设时间	1977 年
历史建筑公布时间	2018 年 4 月 13 日

总平面图

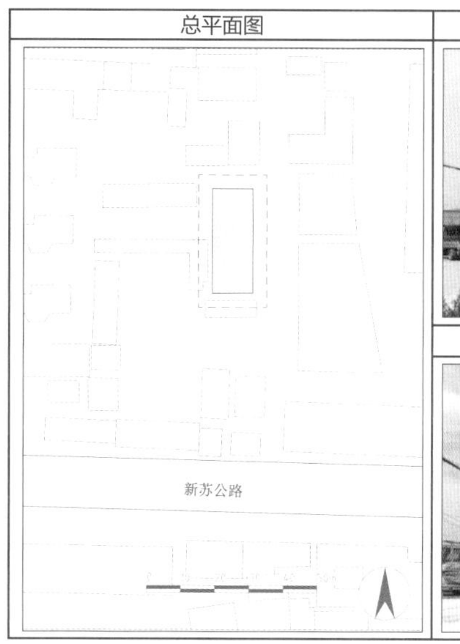

实景照片 1

实景照片 2

巴彦淖尔影剧院

历史建筑介绍:

巴彦淖尔影剧院于 1980 年建院，属国有企业，是当时临河地区规模最大、设施最好的专业影剧院，剧院主楼建筑总面积 3400m²，占地面积近 0.53hm²。

历史建筑基本情况:

建筑层数	5 层
结构类型	砖混结构
建筑位置	胜利北路 12 号
建筑面积	3400m²
建设时间	1979 年
历史建筑公布时间	2018 年 4 月 13 日

总平面图

实景照片 1

实景照片 2

河大一号教学楼

历史建筑介绍:

河套大学的前身是 1943 年由傅作义将军创办、在社会上享有良好声誉的原巴盟师范学校。在教育资源的优化过程中，巴彦淖尔市将当地的七所院校整合到一起，办学实力显著增强。2012 年 3 月经教育部批准晋升为普通本科院校，是内蒙古西部地区唯一一所普通本科高校。1 号教学楼是河套大学建设的第一栋教学楼。于 1985 年开工建设。主体结构为 5 层，局部 6 层，总建筑面积 6700m²。

历史建筑基本情况:

建筑层数	6 层
结构类型	砖混结构
建筑位置	河套学院北校区
建筑面积	6700m²
建设时间	1984 年
历史建筑公布时间	2018 年 4 月 13 日

总平面图

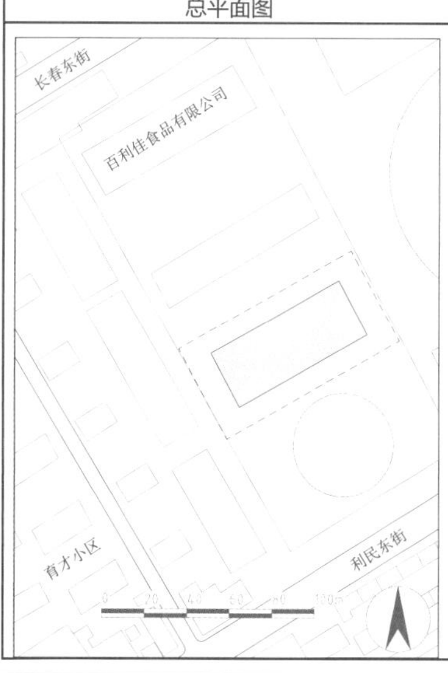

实景照片 1

实景照片 2

胜利南路铁路俱乐部

历史建筑介绍：

铁路俱乐部现为临河职工活动中心，1974年12月23日开工建设，1977年建成投入使用，总建筑面积为1958m²。建成后为铁路职工举办文艺活动、看电影、表彰大会等的主要活动地点。后经更新改造，充分利用原有空间结构，将一楼全部作为开放式活动区域，空间高度13m，符合运动场馆的设计标准。

历史建筑基本情况：

建筑层数	2层
结构类型	砖混结构
建筑位置	胜利路东、曙光街南
建筑面积	1958m²
建设时间	1974年
历史建筑公布时间	2018年4月13日

总平面图

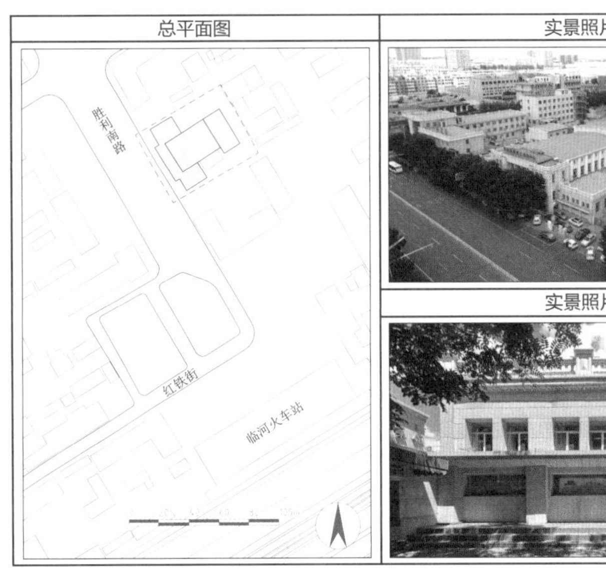

实景照片1

实景照片2

太阳庙农场原兵团机运连机库

历史建筑介绍：

1969年3月，内蒙古生产建设兵团一师四团成立于太阳庙农场，当时机库用于停放兵团工农业生产使用的拖拉机等机械设备。整排机库共12间，东西长9.45m，南北长49m，建筑面积463.05m²。机运连机库保留着原来兵团时期的风貌，有一定的历史纪念意义。

历史建筑基本情况：

建筑层数	1层
结构类型	砖混
建筑位置	杭锦后旗太阳庙农场场部
建筑面积	463m²
建设时间	1969年
历史建筑公布时间	2018年4月13日

总平面图

实景照片1

实景照片2

西公旗礼堂

历史建筑介绍：

该建筑位于巴彦淖尔市白彦花镇政府大楼南侧，始建于1953年，建筑层数为1层，主体结构为砖混结构。建筑立面特征鲜明，主入口处设有雨篷，雨篷上侧的墙体上有红色的五角星作为装饰，时代特征鲜明。

历史建筑基本情况：

建筑层数	1层
结构类型	砖混结构
建筑位置	白彦花镇政府大楼南
建筑面积	280m²
建设时间	1953年
历史建筑公布时间	2018年4月13日

总平面图

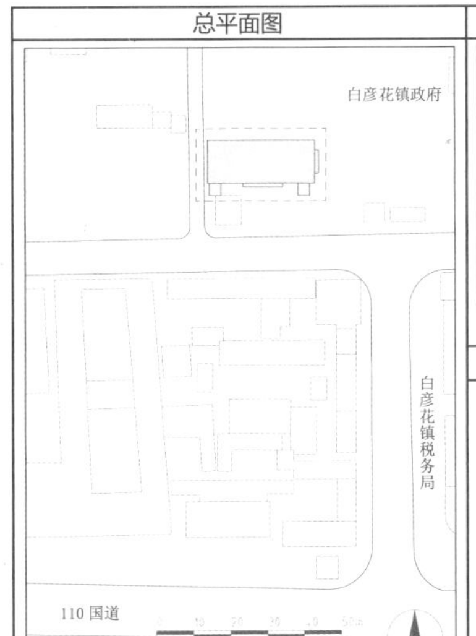

实景照片1

实景照片2

临河百货大楼

历史建筑介绍：

百货大楼是 20 世纪临河区的地标建筑，位于新华街、胜利路交叉口东北角。临河百货大楼始建于 1974 年，是巴彦淖尔市规模较大的集购物、餐饮、住宿于一体的大型商业企业。1997 年 9 月改组设立为职工全员持股的有限责任公司。经过 30 多年的发展，百货大楼已形成了规模较大、影响力较强的巴彦淖尔市家电手机市场的排头兵和龙头企业。2013 年，在胜利路、新华街街景改造过程中又对百货大楼进行了外立面改造。

历史建筑基本情况：

建筑层数	5 层
结构类型	砖混结构
建筑位置	胜利路新华东街 1 号
建筑面积	18000m^2
建设时间	1974 年
历史建筑公布时间	2018 年 4 月 13 日

总平面图

实景照片 1

实景照片 2

临河火车站

历史建筑介绍：

该建筑位于临河区内部，总建筑面积约为 5115m^2，使用面积约 4409m^2；内部功能主要由售票处，普通候车室，行包房，贵宾室以及软席候车室组成，其余空间均为办公室、学习室、间休室、公安执勤室以及职工活动室等附属用房，内部空间布局紧凑，空间使用率较高。

历史建筑基本情况：

建筑层数	2 层
结构类型	砖混结构
建筑位置	胜利南路与曙光街交叉口
建筑面积	5115m^2
建设时间	1988 年
历史建筑公布时间	2018 年 4 月 13 日

总平面图

实景照片 1

实景照片 2

8.3 阿拉善盟地区档案

人民邮电局

历史建筑介绍：

该建筑始建于 20 世纪 80 年代，在当时主要作为苏木收发邮件、寄邮货物的场所，2004 年左右撤出最后一批工作人员，之后一直关停，直到 2016 年"新农村新牧区"建设过程中被重新利用。

历史建筑基本情况：

建筑层数	1 层
结构类型	砖砌结构
建筑位置	苏泊淖尔苏木伊布图嘎查
建筑面积	130m²
建设时间	20 世纪 80 年代
历史建筑公布时间	2018 年 9 月 11 日

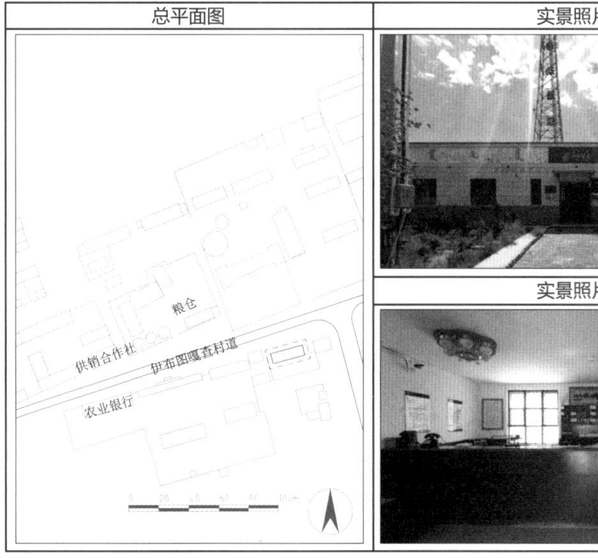

中国农业银行

历史建筑介绍：

成立于 20 世纪 80 年代，当时该建筑主要由中国农业银行、信用社联合使用，主要负责苏木农牧民的信贷，一直沿用至 2009 年后关闭使用，其主要反映了苏木当时经济发展状况，具有一定的保存价值和意义。

历史建筑基本情况：

建筑层数	1 层
结构类型	砖混结构
建筑位置	苏泊淖尔苏木伊布图嘎查
建筑面积	240m²
建设时间	20 世纪 80 年代
历史建筑公布时间	2018 年 9 月 11 日

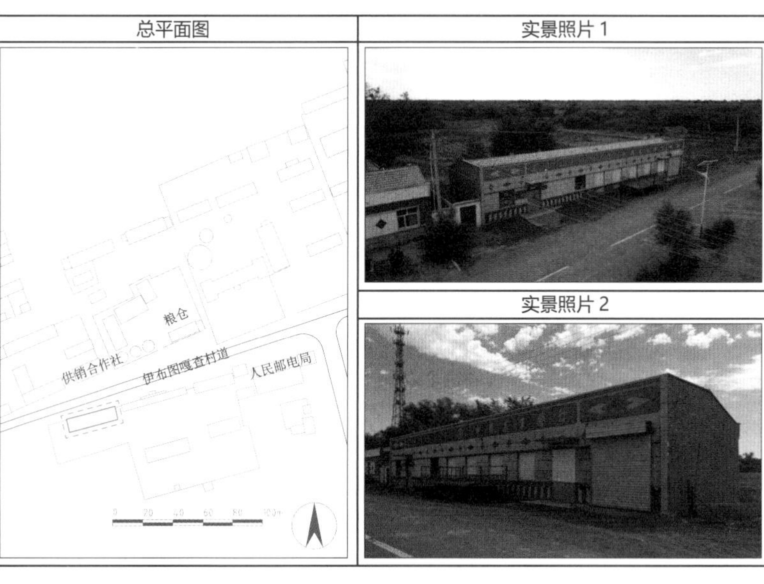

阿右旗影剧院

历史建筑介绍：

阿右旗影剧院是甘肃八冶设计院于 1969 年夏天设计并施工的电影院及演出场所，位于巴丹吉林镇雅布赖路南侧，新华书店东侧，1970 年建成后承担了全旗文艺演出和重大会议、集会承办的功能，成为 20 世纪 90 年代之前阿右旗标志性建筑，具有"文化大革命"时期建筑特点，庄严大气，简约适用，建筑使用青砖建设，是文化生活匮乏时代所有文艺生活的载体，承载了几代人的青春记忆。

历史建筑基本情况：

建筑层数	2 层
结构类型	砖混结构
建筑位置	雅布赖路南侧新华书店东侧
建筑面积	625m²
建设时间	1969 年
历史建筑公布时间	2017 年 11 月 30 日

原盟委四合院

历史建筑介绍：

原盟委四合院位于阿拉善左旗巴彦浩特镇土尔扈特路西侧、额鲁特大街北侧。该建筑始建于1956年，其格局为一个院子四面建有房屋，从四面将庭院合围在中间，与我国古代传统的院落形式相似。

历史建筑基本情况：

建筑层数	1层
结构类型	砖混结构
建筑位置	阿拉善左旗巴彦浩特镇额鲁特路
建筑面积	2112m²
建设时间	1956年
历史建筑公布时间	2017年9月28日

总平面图

实景照片1

实景照片2

“中国驼乡”骆驼雕塑

历史建筑介绍：

阿拉善建盟初期，在首府巴彦浩特镇新区转盘位置矗立起首尊大型双峰驼雕塑，这是阿拉善地区有史以来第一座雕塑，意味着“驼乡”首府——巴彦浩特成为“驼城”。从那时起，它便成为这座城市最具代表性的地标。2011年9月，一座高16米，部分为铜铸的骆驼接了白骆驼，将白骆驼移至阿拉善博物馆前广场上。转眼30多年过去了，矗立在两条主干道交叉口的“白骆驼”和“铜骆驼”，共同见证着这座城市的变化。

历史建筑基本情况：

建筑层数	—
结构类型	—
建筑位置	额鲁特大街和土尔扈特大街交叉口
建筑面积	约160m²
建设时间	1984年
历史建筑公布时间	2018年9月11日

总平面图

实景照片1

实景照片2

供销合作社

历史建筑介绍：

该建筑始建于1984年，在当时作为当地主要的粮食、粮油供应场所，一直沿用至2003年后撤走，之后承包给私人经营，现阶段处于闲置状态，但建筑物一直保存至今。

历史建筑基本情况：

建筑层数	1层
结构类型	砖砌结构
建筑位置	苏泊淖尔苏木伊布图嘎查
建筑面积	310m²
建设时间	1984年
历史建筑公布时间	2018年9月11日

总平面图 实景照片1

实景照片2

8.4 鄂尔多斯市地区档案

柳树湾召

历史建筑介绍：

柳树湾召始建于清朝年间，距现在约有 300 多年的历史，原为清朝皇家寺院名曰古佛寺，柳树湾召是著名的准格尔召的下属寺院，建筑风格和准格尔召基本相同，属于典型的藏传佛教寺庙，寺院规模小于准格尔召。

历史建筑基本情况：

建筑层数	1层
结构类型	砖木结构
建筑位置	准格尔旗薛家湾镇柳树湾村
建筑面积	204m²
建设时间	1735 年
历史建筑公布时间	2017 年 12 月 29 日

总平面图

实景照片 1

实景照片 2

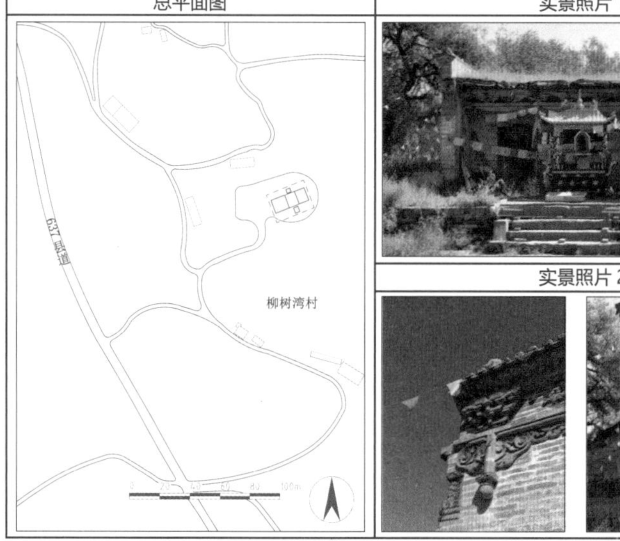

中共葫芦头梁党小组刘治衡故居“治源堂”

历史建筑介绍：

葫芦头梁党小组是准格尔境内成立的最早的党小组，是由迁居到此地的刘氏族人所建，建筑由石块垒砌，青砖灶面，雕花门窗，历经百年风吹雨打至今依然完好无损。

历史建筑基本情况：

建筑层数	1层
结构类型	砖混结构
建筑位置	准格尔旗纳日松镇奎洞沟村
建筑面积	115m²
建设时间	民国
历史建筑公布时间	2017 年 12 月 29 日

总平面图

实景照片 1

实景照片 2

韩根栋故居

历史建筑介绍：

韩根栋故居位于鄂尔多斯准格尔旗魏家峁镇井子沟村，始建于民国。作为早期的抗日革命阵地，建筑扎根于大山之中，以窑洞的形式展现给世人。现已评为该地区的历史保护建筑、爱国主义教育基地。建筑现已失修久远，破损较为严重，历史氛围浓重，具有较高的历史保护价值。

历史建筑基本情况：

建筑层数	1层
结构类型	窑洞
建筑位置	准格尔旗魏家峁镇井子沟村
建筑面积	386m²
建设时间	民国
历史建筑公布时间	2017 年 12 月 29 日

总平面图

实景照片 1

实景照片 2

白塔

历史建筑介绍：

白塔位于达拉特旗树林召镇白塔公园内，于20 世纪 80 年代末期仿照树林召镇已毁的树林召白塔复建的，并于 2006 年进行了修缮，目前已成为能代表达拉特的标志性建筑。

历史建筑基本情况：

建筑层数	—
结构类型	—
建筑位置	白塔公园内
建筑面积	300m²
建设时间	20 世纪 80 年代末期
历史建筑公布时间	2017 年 10 月 27 日

总平面图

实景照片 1

实景照片 2

树林召遗址

历史建筑介绍：

达拉特旗旗政府所在地树林召镇的地名就是由树林召庙而来。树林召遗址位于达拉特旗树林召镇王贵村，建于清光绪五年（1879 年）。有正殿 22 间，小殿 5 间。1940 年被毁，"文化大革命"中再遭破坏。现地表仅存少量砖、瓦、残片等，遗址仅存一间154m²的经过修缮的佛堂。

历史建筑基本情况：

建筑层数	一层
结构类型	砖木结构
建筑位置	达拉特旗树林召镇锡尼街
建筑面积	154m²
建设时间	1879 年
历史建筑公布时间	2017 年 10 月 27 日

总平面图

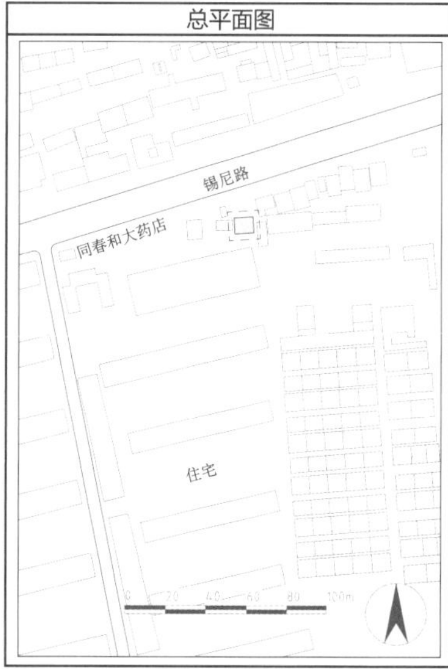

实景照片 1

实景照片 2

水泉子

历史建筑介绍：

20 世纪 30 年代日军侵华时期的日本驻军打的水井，井深约 2m，是日本侵华的历史见证。

历史建筑基本情况：

建筑层数	—
结构类型	—
建筑位置	昭君镇二狗湾村
建筑面积	9m²
建设时间	1930 年
历史建筑公布时间	2017 年 12 月 25 日

总平面图

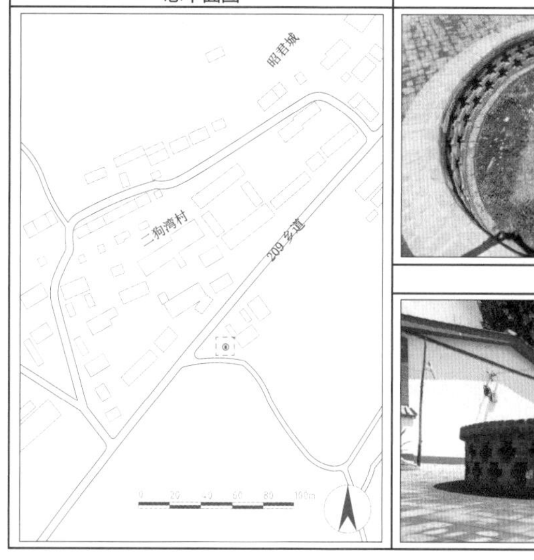

实景照片 1

实景照片 2

乌兰陶勒盖镇乌兰陶勒盖庙

历史建筑介绍：

乌兰陶勒盖庙藏语名称之为彭素阁确灵，又名汇众经寺，建于清光绪元年（乙亥年，1875年）。传说，班禅活佛随口说的一句话，当地牧民巴勒丹、丹巴扎木苏两位就向旗王府札萨克衙门启奏建庙，获得批准。因庙宇建立在红砂岩坡底，故取名为"乌兰陶勒盖庙"。20世纪上中叶，该庙曾作为乌审王府札萨克衙门军政活动要地之一，军政官吏经常聚在此商讨政务要务，还曾作为独贵龙运动和十二团前线指挥部总参谋部所在地。

历史建筑基本情况：

建筑层数	一层
结构类型	砖木结构
建筑位置	鄂尔多斯乌审旗巴音高勒嘎查
建筑面积	36m²
建设时间	1875 年
历史建筑公布时间	2018 年 3 月 12 日

总平面图

实景照片 1

实景照片 2

大礼堂

历史建筑介绍：

大礼堂于1959年建成，在原贝勒召的基础上建立，1964年增加了990个座位，内设排练厅、化妆品厅、放映厅。大礼堂是该地区唯一 一处保留至今年代较长的综合性宣传文化活动场所。2017年从新改造为杭锦旗古如歌音乐博物馆。大礼堂为一座年代较长的现代建筑，见证了当地人民的艰苦朴实、勇于拼搏的奋斗历程，具有重要的历史价值、社会价值和文化价值。

历史建筑基本情况：

建筑层数	2 层
结构类型	砖混结构
建筑位置	杭锦旗锡尼镇百灵路西侧
建筑面积	900m²
建设时间	1959 年
历史建筑公布时间	2017 年 10 月 30 日

总平面图

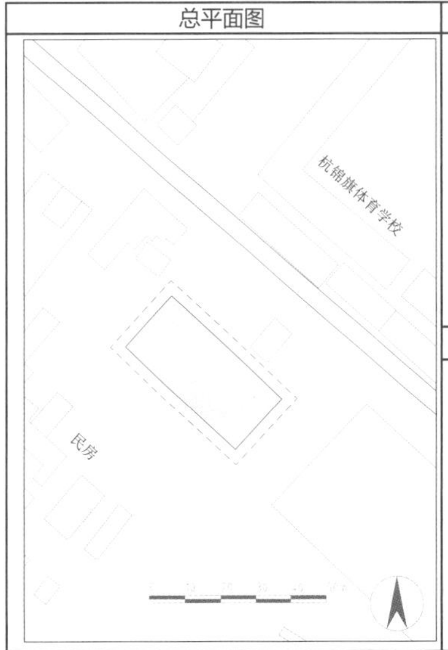

实景照片 1

实景照片 2

嘎鲁图镇达布察克公园

历史建筑介绍：

达布察克公园，原名乌审旗革命烈士陵园，始建于1964年5月，位于乌审旗嘎鲁图镇达布察克路南。其主要历史建筑革命历史纪念塔位于公园正中部，塔身上雕刻老一辈乌审旗革命先烈的简介。

历史建筑基本情况：

建筑层数	一
结构类型	一
建筑位置	鄂尔多斯乌审旗萨拉乌苏街
建筑面积	42300m²
建设时间	1964 年
历史建筑公布时间	2018 年 3 月 12 日

总平面图

实景照片 1

实景照片 2

嘎鲁图镇席尼喇嘛纪念塔

历史建筑介绍：

主体建筑均以圆形"独贵龙"筑成，圆形塔座，其中腰圆盘上开有 11 个圆孔，代表席尼喇嘛（乌力吉杰尔格勒）当初领导的 11 个"独贵龙" 组织；圆形塔檐为两层琉璃瓦檐，象征"独贵龙"组织成长壮大；圆形塔锥（顶端以尖锐的锥体结束）象征席尼喇嘛从一个民主主义革命者成长为无产阶级革命战士。在塔身中层花岗岩墙上刻有"席尼喇嘛纪念塔"几个大字。

历史建筑基本情况：

建筑层数	—
结构类型	—
建筑位置	乌审旗乌审街西侧
建筑面积	基座 36m^2
建设时间	始建于 1958 年、1984 年重建
历史建筑公布时间	2018 年 3 月 12 日

总平面图

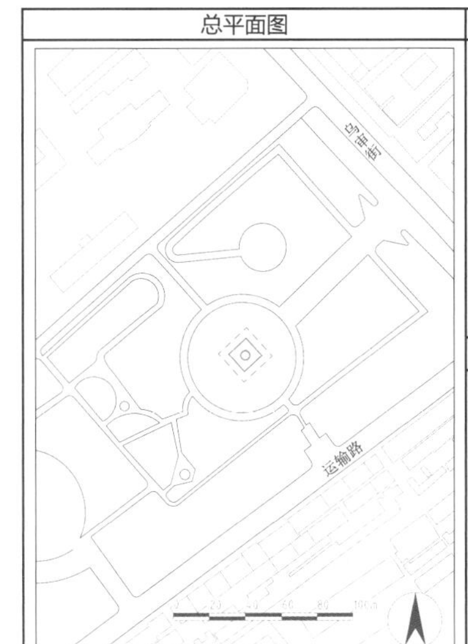

实景照片 1

实景照片 2

第四部分 东部地区

PART 4 East Region

9

第 9 章 东部地区历史建筑概述

Overview of Historic Buildings in the East Region

第9章 东部地区历史建筑概述

内蒙古自治区东部地区地处内蒙古的东北部，包括赤峰市、通辽市、呼伦贝尔市以及兴安盟四个盟市，东南与黑龙江省、吉林省、辽宁省以及河北省毗邻，北与俄罗斯、蒙古国接壤。

9.1 东部地区环境概述

内蒙古东部地区自然地理环境独特，有较长的国境线，凭借通向内陆和俄蒙的口岸以及便利的交通条件，形成了一个相对独立的自然区。

该地区属寒温带和中温带大陆性季风气候、半干旱季风气候。主要气候特征表现为春季干旱多风、夏季短促温热、秋季气温骤降、霜冻早、冬季寒冷漫长。各盟市之间的气候条件存在一定的差异，不同地区之间降水量差别较大，总的特征为年降水总量少，降雨日数少，局地性暴雨较多，但降水主要集中在作物生长季、雨热同季。由于夏季与冬季的降水量较大，为了保证屋顶的积雨和积雪及时排下，当地建筑屋顶的起坡较大。另外，该地区夏季日照时间长，太阳辐射强，光能资源较丰富，为了更好地利用天然光能，建筑的朝向多以南向为主。整体来说，东部地区相对于西部地区降水量较大，为大面积的植被生存提供了较好的自然条件。为了抵御漫长冬季的寒冷，建筑的围护结构相比其他地区更加厚重，因此“坚实厚重”成为该地区建筑的普遍风格。

内蒙古东部地区的自然资源十分丰富，包括土地资源、水资源、矿产资源、旅游资源和口岸资源等。矿产资源方面，全国五大露天煤矿中，伊敏、霍林河、元宝山三大露天煤矿处于内蒙古东部地区。另外还有银、铂等贵重金属矿产和铁、铬、锰、铜、铅、锌等金属矿以及石油、萤石、水晶石、大理石、珍珠岩等非金属矿。在矿产资源如此富集的条件下，该地区于20世纪四五十年代便开始发展工业，在各地相关部门的大力保护之下，一大批20世纪的工业建筑也完整地保存到了现在。内蒙古东部地区还是旅游资源富集地区，不论是草原、林海、河流、湖泊、温泉等自然旅游资源，还是以历史文化、民族风情为主的人文旅游资源都十分丰富。这里不仅拥有世界上原生植被保存最好的呼伦贝尔大草原和锡林郭勒大草原，而且还有原始森林、湿地、温泉、湖泊、冰雪、边疆少数民族民俗文化、历史遗迹等旅游资源。

内蒙古东部地区的少数民族人口占到总人口的80%，是全自治区少数民族最集中的地区，凭借独特的人文环境以及历史文化一度成为各学科学术界研究的热点。作为地理环境优美、人文历史资源丰富的代表地区，内蒙古东部地区在漫长的历史发展过程中形成了极具地域特色的建筑风格。

9.2 东部地区历史建筑特征概述

内蒙古东部地区共有历史建筑188处，其中赤峰18处（赤峰市4处、巴林右旗12处、宁城县2处），通辽36处（通辽市科尔沁区6处、扎鲁特旗12处、库伦旗5处、科左中旗3处、科左后旗10处），呼伦贝尔104处（博克图66处、扎兰屯7处、莫力达瓦达斡尔族自治旗2处、额尔古纳市2处、陈巴尔虎旗17处、满洲里10处），兴安盟30处（乌兰浩特市1处、阿尔山25处、科右前旗4处）。内蒙古东部地区是我国北方少数民族的聚居地，幅员辽阔、资源丰富，由于文化的多样性以及产业的多元化，该地区的建筑风格也呈现出多样化的态势，主要有融合了中俄文化的宅第民居、保留着我国20世纪工业园区形态的工业遗址、藏传佛教与蒙元文化相结合的宗教建筑以及结合了中国传统文化与红色革命文化于一身的军事建筑。这些建筑历史悠久，内涵丰富，共同谱写了蒙东地区建筑文化的华丽篇章。

呼伦贝尔市作为全自治区旅游资源最富集的城市，旅游业自然作为城市发展的核心力量，而其他产业的发展水平相对较低，因此该地区的工业建筑较少，保存情况较好的历史建筑类型以宅第民居为主；另外，由于该地区地理区位特殊，国境线较长，与俄罗斯的物质文化交流比较频繁，因而分布着大量俄式风格的建筑。这些俄式建筑主要集中在牙克石市博克图镇，其中有被称之为“彩色立体雕塑”的木刻楞民居、外部装饰精美的俄式砖房，这些建筑虽然经历了百年风雨、自然风化以及人为的改造，仍然以最初的建筑风貌以及建造工艺向人们诉说着当地的历史与文化。日军侵华后，该地区于1932年被占领，日军在这里建造了大量的日伪公共建筑，这些建筑一直保存至今，是日军侵华的铁证。陈巴尔虎旗的赫尔洪德站是连接内蒙古东部地区与东三省的关键枢纽，这里的建筑群作为中东铁路时期遗留下来的实物资料，见证了中东铁路发展的历史，也为内蒙古自治区与东北地区的物质交流做出了不可磨灭的贡献。在19世纪80年代，俄国一直把吞并中国东北地区作为它的既定国策，并开始酝酿建设一条穿过中国东北地区的铁路干线，其目的主要是夺取远东地区霸权，进一步掠夺中国东北部丰富的资源，加强对东北地区的经济侵略和政治入侵。1896年5月之后，清政府被迫签订了一系列中俄不平等条约，从而使沙皇俄国攫取了在中国东北修筑中东铁路等许多特权。在这样的历史背景之下，“中东铁路”应运而生，大量服务于铁路干线的建筑也因此建成。在呼伦贝尔市的陈巴尔虎旗就遗留着大量中东铁路发展初期的建筑，这些建筑多由俄罗斯人所建，整体风格与牙克石地区的俄式砖房极其相似，外墙多刷有黄色涂料，门窗上部的过梁都在建筑的外立面上真实地表现了出来，窗户周边通常都有用砖拼成的图案作为立面的装饰。由于这些建筑的使用功能以辅助铁路运行为主，因此在细节上不像俄式砖房那般精致，相对于俄式砖房装饰较少。在后续的历史发展过程中，中东铁路收归国有，但这些建于中东铁路发展初期的建筑都被完好地保留了下来，作为我国近现代产业发展及民族屈辱与奋进历史的典型例证，见证了中国20世纪早期工业化、近代化、城市化的社会经济发展历程。虽然部分建筑已经严重损坏，但所有的建筑群布局形态还比较完整。

赤峰市是草原青铜文化和契丹文化的发祥地，也是有史以来我国北方各少数民族活动的中心地带。早在一万多年前就有人类在此地生存，在这一带繁衍生息的先民们创造了光辉灿烂的兴隆洼文化、红山文化、夏家店下层文化以及新石器晚期的富河文化。早在8000多年前，当地的原始居民就已经过上了原始农耕、渔猎和畜牧的定居生活。在漫长的历史发展和时代更替过程中，不同类型的文化之间经历了漫长的交流、碰撞与融合，从而形成了有着深厚历史积淀的多元文化，进而塑造了当地独特的建筑风格。该地区的历史建筑以藏传佛教文化与蒙元文化相结合的宗教建筑为典型代表，这些宗教建筑主要集中在巴林右旗一带。外来文化的渗入往往无法抵挡本土文化的吸收与再创造，在当地特殊的历史背景与文化背景之下，藏传佛教的传入自然会与本土文化进行交流与碰撞，最终融合成独具当地特色的文化类型，这也是该地区的宗教建筑独具特色的根本原因。当地的祭祀对象与祭祀仪式与原始的藏传佛教存在较大差异，因此从建筑室外空间布局到室内空间布局都与藏传佛教建筑不尽相同。这些宗教建筑作为当地文化与外来文化相结合的产物，以独一无二的建筑风貌体现着建筑文化的交融之美。另外，赤峰市作为我国20世纪七八十年代的重要军事布防区域，曾有多支部队在这里驻扎，20世纪90年代初，苏联解体后国际政治关系发生了巨大变化，在国家百万裁军的基础上，军队撤出，因此遗留下了一部分军事建筑，现阶段多数保存完整，有的作为当地的政府办公处，有的作为当地居民的活动中心。这些建筑在20世纪70年代为保卫中国北部边疆、防止苏联的修正主义做出了重大贡献，现阶段带着红色文化的底蕴继续发挥着自身的余热，具有极大的历史意义和保存价值。

通辽市是内蒙古自治区的革命老区，在20世纪长期的革命斗争中形成了浓厚的红色文化氛围。解放战争时期的通辽地区，国民党势力争夺了抗日战争的胜利果实，在这里建立了政权，广大人民群众沦入水深火热之中。当时的中国共产党，在复杂多变的社会形式下，发动群众，开展革命战争，进行土地革命，创建了革命根据地，建立了人民政权。在这样的革命历史背景之下，该地区在20世纪五六十年代涌现出一大批极具时代特征的文化教育类建筑，主要类型有礼堂、纪念碑、语录塔等。这些建筑中礼堂的数量最多，代表性也最强。礼堂多分布于村落之中，在20世纪主要承担着文化传播的作用，是党和政府对于农村人民进行再教育的主要场所，对于研究乡村的革命历史以及传统文化都具有较高的价值。这些礼堂的设计手法极其相似，主立面的设计模仿了徽派建筑中马头墙的形式，墙体高出屋顶一部分，墙的高度层层降低，自然地形成了渐变的韵律美，这样的造型仿佛带着墙壁向前奔腾。虽然没有像徽派建筑那般精雕细琢，但这样的渐变形式，似乎改变了墙壁原来的静止状态，更赋予了建筑动态之美，“马头墙”中央挂着的毛主席照片，是对建筑年代的最好见证。总体来说，严谨对称的布局形式以及外立面的五角星装饰是这一类建筑共有的特征，这些极具中国特色的装饰元素也是我国20世纪五六十年代文化教育类建筑的典型特征。历经五十余年的岁月，这些礼堂始终服务于当地的村民，不仅见证了通辽市多个村落将近半个世纪的改革与发展，更警示着后人铭记曾经的历史，学习革命先烈们艰苦奋斗的精神。另外，该地区在20世纪70年代是我国重要的军事布防节点，沈阳军区81641部队曾于1973年驻扎在此，虽然部队现已撤销，但为当地留下了大量的军事建筑。这些建筑现阶段作为当地居民的住所，虽然个别建筑已经被拆毁，但整体布局依然保存完整，这对于我国的军事聚落空间形态研究具有较高的参考价值。

兴安盟地处大兴安岭与松嫩平原的过渡带，拥有大面积的森林资源，多年来盛产木材。在20世纪50年代，该地区凭借得天独厚的资源优势大力发展木材制造业，因此以贮木厂为代表的工业建筑成为该地区现存历史建筑的主要类型。在当时尚不发达的技术条件下，该地区实现了将原始的原木为主产品、生产方式为原始手工作业转变为采集、装运全部机械化流水作业，也实现了将单一的原木生产，改为原木、原条生产相结合的重大突破，这是我国林业发展史上的一个历史性的转折点，对于林业的发展史具有重要的意义。虽然这些工业建筑现阶段均有不同程度的损坏，但工业遗址的整体布局仍然保留完整，对于20世纪我国工业园区的布局形态研究有较大的参考价值。1931年“九·一八事变”后，日本帝国主义侵占了中国东北地区以及内蒙古东部地区，使其沦为日本的殖民地，面对岌岌可危的军事局面，苏联红军出兵支援我国，为驱逐内蒙古东部地区的日军做出了一定的贡献。抗日战争胜利后，为了纪念在这场战争中光荣牺牲的苏联红军，在内蒙古东部地区兴建了一大批苏联红军烈士墓，兴安盟地区现存一处烈士墓以及一座纪念碑，整体格局保存完整，是第二次世界大战期间我国与俄国之间共同抵御法西斯军事力量的有力证明。

综上所述，内蒙古东部地区凭借独特的区位优势、深厚的历史积淀、丰富的文化形式以及多元的产业发展塑造出了极具地域特色的建筑风格。呼伦贝尔的俄式民居见证了中俄文化交流的历史；赤峰市的宗教建筑是外来文化与本土文化巧妙融合的经典案例；通辽市的礼堂与军事建筑是20世纪红色革命的完美缩影；兴安盟的工业建筑代表了我国20世纪木材制造业的发展水平。在不可阻挡的历史洪流之中，这些历史建筑都被完整地保留了下来，这与国家提出的保护历史文物的大方针以及各级政府部门的贯彻落实是分不开的。总体来说，内蒙古东部地区的历史建筑类型多样，个性鲜明，内涵丰富，历经多年风雨仍然保持着原有的风貌。作为当地文化的载体，这些历史建筑见证了蒙东地区几十年来的发展历程，也为该区域的历史研究提供了实物依据，对于内蒙古东部地区乃至整个内蒙古地区的地域建筑研究都具有较大的意义。

10

第 10 章 东部地区代表性历史建筑

Typical Historical Buildings in the East Region

10.1 通辽市农业科学研究院主楼

Main Building in Tongliao Academy of Agricultural Science

内蒙古自治区通辽市农业科学研究院
Tongliao Academy of Agricultural Science in Inner Mongolia Autonomous Region
历史公布时间：2017 年 12 月

鸟瞰图

建筑简介

通辽市农业科学研究院初建于 1949 年，与中华人民共和国同龄。曾为内蒙古自治区乃至全国的农业发展和科技进步以及粮食产量的提高做出了重大贡献。农科院目前保留了 20 世纪七八十年代我国国营大企业的经营模式，建筑布局在空间上保留原有“大院”的社区形式，功能完善。目前，仅有科研楼保存较好并一直使用至今。

农科院主楼建于 1964 年，建筑呈“一”字形布局，建筑层数为二层，建筑面积约为 2000 ㎡，目前仍然用作研究院的办公楼。建筑内部水平交通空间采用单内廊的形式，功能空间沿内廊两侧均匀排布，不仅使用方便，而且空间的利用率也较高。

主楼建筑的主体结构为典型的砖混结构，无论是内部的功能布局还是外立面的形式均属于我国早期典型的办公楼建筑风格。建筑主立面色调淡雅，以灰色为主，再配上白色的窗框和贯穿整个立面的横向线条，极大地增强了立面的整体感，并且与灰色的墙身在色彩上形成了鲜明的对比，使整个立面达到了统一中又有变化的效果。在整个主立面中，主入口的设计更是可圈可点的，首先是体量上的变化，主入口的体量高出周边体块一部分，顶部的装饰墙上刻有建筑的建设年份；其次，在装饰墙的下侧有一个外挂的阳台，既可以为二层的室内空间提供一个半室外的活动空间，又作为建筑主入口的雨棚，更是主入口处的主要装饰元素。这样的设计既考虑到了实用性，又考虑到了建筑的美观，即使对于现代建筑的设计仍然具有教科书式的示范意义。

主楼从建成到目前已有 55 年的历史，见证了通辽市农科院从成立到现在的发展，更是我国 20 世纪五六十年代办公建筑设计风格的典型代表。在过去的五十多年中经历过两次外立面粉刷以及一次顶层加建，但主体结构以及内部的空间组织都没有改变，基本保留了初建时的风貌，因此具有较大的保护与再利用价值。

<table>
<tr><td>建筑名称</td><td colspan="2">通辽市农业科学研究院主楼</td><td>历史名称</td><td colspan="3">通辽市农业科学研究院主楼</td></tr>
<tr><td>建筑简介</td><td colspan="6">通辽市农业科学研究院于 1949 年初建。建筑在空间上保留原有“大院”的社区形式，功能完善。目前，仅有科研楼保存较好并一直沿用至今。主楼为典型的砖混结构办公楼形式，功能布局及外立面形式是我国早期典型的办公楼建筑，具有教科书式示范意义</td></tr>
<tr><td>建筑位置</td><td colspan="6">内蒙古自治区通辽市农业科学研究院</td></tr>
<tr><td rowspan="2">概述</td><td>建设时间</td><td>1949 年</td><td>建筑朝向</td><td>南向</td><td>建筑层数</td><td>二层</td></tr>
<tr><td>历史公布时间</td><td>2017 年 12 月</td><td>建筑类别</td><td colspan="3">办公建筑</td></tr>
<tr><td rowspan="3">建筑主体</td><td>屋顶形式</td><td colspan="5">坡屋顶</td></tr>
<tr><td>外墙材料</td><td colspan="5">砖与石</td></tr>
<tr><td>主体结构</td><td colspan="5">砖混结构</td></tr>
<tr><td>建筑质量</td><td colspan="6">基本完好</td></tr>
<tr><td>建筑面积</td><td colspan="2">约 2000 m²</td><td>占地面积</td><td colspan="3">1000 m²</td></tr>
<tr><td>功能布局</td><td colspan="6">“一”字形布局</td></tr>
<tr><td>重建翻修</td><td colspan="6">外立面粉刷（2015 年）</td></tr>
<tr><td colspan="7">研究院道路
研究院道路
A
0 10 20 30 40 50m
A. 通辽市农业科学研究院主楼</td></tr>
<tr><td>备注</td><td colspan="6">—</td></tr>
<tr><td>调查日期</td><td colspan="2">2019 年 8 月 7 日</td><td>调查人员</td><td colspan="3">马德宇、吕保</td></tr>
</table>

通辽市农业科学研究院主楼

图片名称	东立面	图片名称	入口广场	图片名称	西立面
图片名称	细部装饰	图片名称	立面装饰	图片名称	外部环境
图片名称	办公室 1	图片名称	过厅	图片名称	办公室 2
图片名称	室内透视 1	图片名称	室内透视 2	图片名称	屋顶
图片名称	楼梯 1	图片名称	一层走道	图片名称	楼梯 2
备注	—				
摄影日期	2019 年 8 月 7 日				

人视图

主立面图

次入口（左）
入口细节（右）

10.2 通辽金锣文瑞食品有限公司冷库

Cold Storage of Tongliao Jinluo Wenrui Food Co., Ltd.

内蒙古自治区通辽市科尔沁区城东工业园区
Chengdong Industrial Park, Khorchin District, Tongliao, Inner Mongolia Autonomous Region
历史公布时间：2017 年 12 月

鸟瞰图

建筑简介

通辽金锣文瑞食品有限公司冷库位于通辽市工业园区内，目前为通辽金锣文瑞食品有限公司使用。冷库建于 1958 年，是计划经济体制下的产物，原来作为物资储备库，目前主要作为禽肉的加工与储藏空间。

建筑为一个立方体的体块，呈“一”字形布局，局部三层，建筑面积约为 7360 m²。从建筑的整体造型上看，建筑体块的设计以减法为主，设计中对于体块的多处进行了切割，从而形成了高低错落、富有层次感的体量关系。建筑的主体结构为混合结构，冷库内部使用无梁楼盖与带有椎体状柱帽的方柱作为承重构件，但在冷库外围的交通空间中采用了以梁、板、柱作为承重构件的框架结构。该结构形式一直保存至今，没有经历过任何的改造与重置。该建筑的内部功能空间的组织方式也没有改变，内部的钢筋混凝土楼梯还保留着水泥砂浆的抹面，再加上蓝黄两色的金属栏杆，极具年代感。另外，冷库中的工艺流程以及设备也仍然处于使用状态，这也代表了我国 20 世纪 60 年代工业发展的水平。

冷库外立面原为灰墙，于 2015 年进行了改造，现主要以白色为主色调。首层在白色涂料的基础上，再用湖绿色的涂料粉刷墙裙，并在立面的两个尽端设计了湖绿色的伊斯兰风格装饰图案；二层和三层主要以白色的涂料为主要材质，再以网格进行分隔处理；屋面形式为平屋顶，檐口挑檐的颜色为白色，在色彩上服从于主色调，符合建筑设计中“统一与协调”的形式美规律。从整体上来说，改造后的立面一改五六十年代传统工业建筑的风貌，更多了一份现代工业建筑的韵味。

由于通辽市位于特殊的地理区位，是农耕区与游牧区的交界之地，随着行政区位的变更，通辽禽肉加工产业对东北地区及内蒙古地区都产生了重要的影响。冷库见证了这一段历史的发展，因此无论是冷库的内部空间、结构类型还是其工业设备都具有较高的历史价值与再利用价值。

<table>
<tr><td>建筑名称</td><td colspan="2">通辽金锣文瑞食品有限公司冷库</td><td>历史名称</td><td colspan="3">通辽金锣文瑞食品有限公司冷库</td></tr>
<tr><td>建筑简介</td><td colspan="6">建筑位于通辽市工业园区内，始建于1958年建设，目前为通辽金锣文瑞食品有限公司使用。通辽位于特殊的地理区位，是农耕与游牧交界之地，随着行政区位的变更，通辽禽肉加工产业对东北及内蒙古地区有重要的影响，冷库见证了这一段历史的发展</td></tr>
<tr><td>建筑位置</td><td colspan="6">内蒙古自治区通辽市科尔沁区城东工业园区</td></tr>
<tr><td rowspan="2">概述</td><td>建设时间</td><td>1960年</td><td>建筑朝向</td><td>北向</td><td>建筑层数</td><td>三层</td></tr>
<tr><td>历史公布时间</td><td>2017年12月</td><td>建筑类别</td><td colspan="3">工业遗存</td></tr>
<tr><td rowspan="3">建筑主体</td><td>屋顶形式</td><td colspan="5">平屋顶</td></tr>
<tr><td>外墙材料</td><td colspan="5">砖</td></tr>
<tr><td>主体结构</td><td colspan="5">混合结构</td></tr>
<tr><td>建筑质量</td><td colspan="6">基本完好</td></tr>
<tr><td>建筑面积</td><td colspan="2">7360 m²</td><td>占地面积</td><td colspan="3">3000 m²</td></tr>
<tr><td>功能布局</td><td colspan="6">“一”字形布局</td></tr>
<tr><td>重建翻修</td><td colspan="6">外立面粉刷、添加装饰（2015年）</td></tr>
<tr><td colspan="7">
A. 保安礼堂
B. 工业园区建筑</td></tr>
<tr><td>备注</td><td colspan="6">—</td></tr>
<tr><td>调查日期</td><td colspan="2">2019年8月7日</td><td>调查人员</td><td colspan="3">马德宇、吕保</td></tr>
</table>

通辽金锣文瑞食品有限公司冷库

图片名称	鸟瞰图	图片名称	立面	图片名称	货物出入口

图片名称	货物电梯	图片名称	办公部分	图片名称	冷库内部设备

图片名称	冷库卸货广场	图片名称	值班室	图片名称	冷库室内透视

图片名称	冷库运货站台	图片名称	立面材质	图片名称	挑檐

图片名称	细部构造	图片名称	站台细部	图片名称	消毒处理室

备注	—				
摄影日期	2019 年 8 月 7 日				

人视图 1

人视图 2

立面细部（左）
运货站台（右）

10.3 通辽市科尔沁区保安礼堂

Security Hall in Khorchin District, Tongliao

内蒙古自治区通辽市科尔沁区大林镇保安嘎查

Baoan Gacha in Dalin Town, Khorchin District, Tongliao, Inner Mongolia Autonomous Region

历史公布时间：2017 年 12 月

| 鸟瞰图

建筑简介

保安礼堂位于通辽市科尔沁区大林镇保安村村委会所在地，建筑体量较大，主要在村子内部起到文化传播的作用。20 世纪 60 ～ 70 年代，保安村以农业为主导产业，第一产业发展迅速，经济水平较高于周边村落。从保安礼堂的外部空间布局、内部功能组织、形体造型以及结构形式均能反映出保安村的历史。

建筑坐北朝南，呈“T”字形布局，局部三层，建筑面积约为1110㎡，正前方有青砖铺成的广场。村民们为了感谢保安村第一任村委书记海玉深同志为保安村做出的卓越贡献，将他的雕像立于广场的中心位置，作为保安村的明信片。从外部空间设计的角度来看，雕像的存在作为礼堂的外部空间的焦点，坐落于整个场地的中轴线上，正对着礼堂的主入口，既强化了外部广场的场所感，又强调了整个布局的中轴线。

建筑的内部功能空间分布简单合理，主要由村委会办公使用的小空间以及礼堂这一大空间组成。建筑师根据功能的使用频率以及使用性质进行了空间朝向的变换，其中村委会的办公部分作为使用频率较高的空间置于南北向，并采用单外廊的水平交通方式组织；礼堂部分作为不经常使用的大空间，因此设计在东西向。这样的功能布局考虑了功能的动静分区，既避免了不同使用性质的空间相互干扰，又解决了大空间与小空间在结构形式上的矛盾。

建筑主立面于 2015 年进行了部分材质的更换，立面设计为线框式构图，顶部为初建时的钢筋混凝土悬挑造型；中间是部分大面积的无色玻璃，玻璃之间用双条的细方柱进行划分；首层的两侧边缘保留着原来的青灰色干粘石墙面，其中心位置贴有黑色涂料的小黑板。整个立面的设计考虑了颜色的统一、材质的对比，层次分明，风格突出。

保安礼堂作为历史遗留下来的文化产物，对于研究乡村的历史沿革以及传统文化都具有较高的价值。

建筑名称	保安礼堂		历史名称	保安礼堂		
建筑简介	保安礼堂位于通辽市保安村，初建时作为礼堂，现作为保安村村委会。20世纪60～70年代，保安村以农业种植业为主导产业，可以从建筑形式、功能、体量上反映出保安村的历史。保安礼堂作为历史遗留下来的文化产物，对于研究乡村历史沿革以及传统文化具有较高的价值					
建筑位置	内蒙古自治区通辽市科尔沁区大林镇保安嘎查					
概述	建设时间	1977年	建筑朝向	南向	建筑层数	三层
	历史公布时间	2017年12月	建筑类别	办公建筑		
建筑主体	屋顶形式	坡屋顶				
	外墙材料	砖与石				
	主体结构	框架结构				
建筑质量	基本完好					
建筑面积	1110 m²		占地面积	800 m²		
功能布局	“T”字形布局					
重建翻修	室内装修、门窗更换（2015年）					

A. 保安礼堂
B. 保安嘎查民居

备注	—		
调查日期	2019年8月7日	调查人员	马德宇、吕保

通辽市科尔沁区保安礼堂					
图片名称 	南立面	图片名称 	东立面	图片名称 	礼堂观众出入口
图片名称 	局部透视 1	图片名称 	广场雕像	图片名称 	室内透视 1
图片名称 	办公室	图片名称 	主入口门厅	图片名称 	礼堂大厅
图片名称 	办公走道	图片名称 	礼堂观众出入口	图片名称 	演员入口
图片名称 	局部透视 2	图片名称 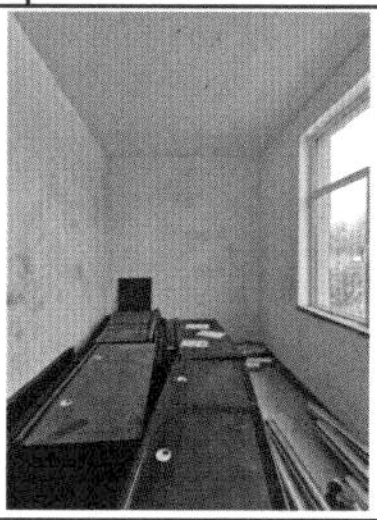	室内透视 2	图片名称 	细部构造
备注	—				
摄影日期	2019 年 8 月 7 日				

人视图

西立面图

立面细部（左）
屋顶挑檐（右）

10.4 通辽市科尔沁区爱国村供销社

Aiguo Supply and Marketing Cooperative, Khorchin District, Tongliao

内蒙古自治区通辽市科尔沁区科尔沁区大林镇爱国村
Aiguo Village, Dalin Town, Khorchin District, Khorchin District, Tongliao, Inner Mongolia Autonomous Region
历史公布时间：2017 年 12 月

鸟瞰图

建筑简介

爱国供销社位于通辽市科尔沁区大林镇爱国村，是我国计划经济时代的产物，承担着 20 世纪 70 年代当地商品交易和流通的重要任务。供销社与爱国语录塔均始建于 1972 年，爱国语录塔位于道路交叉口中心，供销社位于原有道路的交叉口一角，两者经过地下通道连通。

供销社呈“L”形布局，建筑为一层，屋顶形式为坡屋顶，建筑面积约为 675 m²，外墙材料以砖石为主，主体结构形式为木桁架与砖墙承重的混合结构。建筑于 2016 年进行了外立面的重新装饰，但主体结构以及内部功能空间布局仍然为初建时的形式。建筑的主入口位于“L”形的连接处，正对十字路口，且在立面上做了斜切的处理加以强调，考虑到了其作为商业建筑的使用性质。内部空间组合形式简单明了，“L”形的连接部位作为所有空间中的枢纽空间，连接着两端的两个大空间。走道与门厅连接处的弧形门洞以及屋顶的木桁架都被完整地保留了下来。这些作为当时的室内空间的代表性元素，是建筑的时代烙印。

建筑主入口的顶部提取了徽派建筑中的马头墙这一装饰元素，尺度较小，高度较低，在立面上渐变的层次也比较少，装饰墙上有素水泥砂浆抹面，且刻有装饰的线脚，这是传统的拉毛手艺，从建筑初建一直保留到现在。正立面墙身上有水刷石作为饰面层，再以几何分割线进行处理，避免了大面积的石墙，在一定程度上强调了建筑的主入口。另外，建筑正立面较为完好地保存了“社员之家”字样以及雕刻在墙上的“喜看稻菽千重浪，遍地英雄下夕烟”诗句，具有很强的时代特征。虽然其他的立面进行过重新粉刷以及门窗的更换，但所用的材质与色彩都与主立面相似，从而保护了建筑原始的立面造型与整体风格。

作为 20 世纪 70 年代的商业建筑，供销社见证了大林镇四十多年来的经济发展，也为当地的商品交易和流通做出了不可磨灭的贡献。

<table>
<tr><td>建筑名称</td><td colspan="3">爱国村供销社</td><td>历史名称</td><td colspan="3">爱国村供销社</td></tr>
<tr><td>建筑简介</td><td colspan="7">供销社与爱国语录塔均始建于 1972 年，爱国语录塔位于道路交叉口中心，供销社位于原有道路的交叉口一角，两者经过地下通道连通，具有较强的时代特征。目前建筑保存情况较差，只有正立面还保存历史痕迹，辅助用房经过改造，现作为仓库使用</td></tr>
<tr><td>建筑位置</td><td colspan="7">内蒙古自治区通辽市科尔沁区大林镇爱国村</td></tr>
<tr><td rowspan="2">概述</td><td>建设时间</td><td colspan="2">1972 年</td><td>建筑朝向</td><td>东向</td><td>建筑层数</td><td>一层</td></tr>
<tr><td>历史公布时间</td><td colspan="2">2018 年 2 月 28 日</td><td>建筑类别</td><td colspan="3">商业建筑</td></tr>
<tr><td rowspan="3">建筑主体</td><td>屋顶形式</td><td colspan="6">坡屋顶</td></tr>
<tr><td>外墙材料</td><td colspan="6">砖</td></tr>
<tr><td>主体结构</td><td colspan="6">砖混结构</td></tr>
<tr><td>建筑质量</td><td colspan="7">基本完好</td></tr>
<tr><td>建筑面积</td><td colspan="3">675 m²</td><td>占地面积</td><td colspan="3">675 m²</td></tr>
<tr><td>功能布局</td><td colspan="7">“L” 形布局</td></tr>
<tr><td>重建翻修</td><td colspan="7">外立面粉刷（2016 年）</td></tr>
<tr><td colspan="8">爱国村道
爱国村道
爱国村道
A
B
B
B
B
0 10 20 30 40 50m

A. 爱国村供销社
B. 民居</td></tr>
<tr><td>备注</td><td colspan="7">—</td></tr>
<tr><td>调查日期</td><td colspan="3">2019 年 8 月 7 日</td><td>调查人员</td><td colspan="3">马德宇、吕保</td></tr>
</table>

通辽市科尔沁区爱国村供销社

图片名称	南立面图	图片名称	供销社后院	图片名称	局部透视

图片名称	入口走廊	图片名称	西立面	图片名称	销售大厅

图片名称	主入口门厅	图片名称	主入口细部	图片名称	后勤

图片名称	办公部分走道	图片名称	仓库屋顶	图片名称	货架

图片名称	室内走道	图片名称	语录塔	图片名称	主入口门扇

备注	—				
摄影日期	2019 年 8 月 7 日				

人视图

供销社仓库

主入口（左）
走道拱门(右)

10.5 通辽市科尔沁区孔家村礼堂

Hall of Kongjia Village, Khorchin District, Tongliao

内蒙古自治区通辽市科尔沁区钱家店镇孔家村

Kongjia Village, Qianjiadian Town, Khorchin District, Tongliao City, Inner Mongolia Autonomous Region

历史公布时间：2017 年 12 月

| 鸟瞰图

建筑简介

孔家村礼堂位于通辽市科尔沁区钱家店镇孔家村，建筑始建于 1968，年在 1969 ～ 1972 年之间，主要服务于原通辽县的乌兰牧骑演出；1972 ～ 1983 年作为孔家乡的乡政府，主要用于召开党员大会、村民大会；1983 ～ 1985 年，主要用作孔家村电影院。1992 年，电影《血色黎明》曾经在此拍摄，政府、学校也多在此进行文艺汇演。

礼堂坐北朝南，呈“T”字形布局，建筑层高为一层，屋顶形式为坡屋顶，建筑面积约为 1000 ㎡。建筑于 2015 年进行了维修更新，主要内容包括室内墙面和顶棚的装修、门窗的更换以及主体结构材料的更换，但建筑的主体结构形式、内部空间组合以及外立面都没有改变。建筑内部的功能空间组合方式比较简单，主入口门厅的两侧对称分布着值班室与招待室，门厅正对着礼堂这一大空间，建筑空间区分明确，均通过门厅进行联系，布局紧凑，空间使用率较高。礼堂屋顶部分用桁架支撑；其他的小空间均是砖混结构，既满足了大空间的力学要求，又节约了建筑材料的使用量，从而降低了建筑的建造成本，这在我国当时的经济情况下是被大力提倡的。

建筑的四个外立面一直保留着初建时的样子，其中主立面的设计是建筑的亮点。主立面的设计模仿了徽派建筑中马头墙的形式，墙体高出屋顶一部分，墙的高度层层降低，自然的形成了渐变的韵律美，这样的造型仿佛带着墙壁向前奔腾。虽然没有像徽派建筑那般精雕细琢，但这样的动态，似乎改变了墙壁原来的静止状态，更赋予了建筑动态之美。“马头墙”中央挂着的毛主席照片，是对建筑年代的最好见证。

随着社会不断发展，村民的物资生活和精神世界都不断地丰富，现在的礼堂不仅用于村委议政，还用于村民们各种集体娱乐活动。历经五十余年的岁月，礼堂始终服务于当地的居民，见证了孔家村半个世纪的改革与发展。

<table>
<tr><td>建筑名称</td><td colspan="2">孔家村礼堂</td><td>历史名称</td><td colspan="3">孔家村礼堂</td></tr>
<tr><td>建筑简介</td><td colspan="6">在 1969 ～ 1972 年之间，孔家村大礼堂多用于原通辽县乌兰牧骑演出，当时进行多场次的文艺汇演。1972 ～ 1983 年孔家乡政府、孔家村多用于召开党员大会、村民大会，多用于议事议政。1983 ～ 1985 年期间原通辽县拨给电影播映设备，用作孔家村电影院。1992 年，电影《血色黎明》曾经在此拍摄，政府、学校多在此进行文艺汇演</td></tr>
<tr><td>建筑位置</td><td colspan="6">内蒙古自治区通辽市科尔沁区钱家店镇孔家村</td></tr>
<tr><td rowspan="2">概述</td><td>建设时间</td><td>1968 年</td><td>建筑朝向</td><td>南向</td><td>建筑层数</td><td>一层</td></tr>
<tr><td>历史公布时间</td><td>2017 年 12 月</td><td>建筑类别</td><td colspan="3">文体娱乐</td></tr>
<tr><td rowspan="3">建筑主体</td><td>屋顶形式</td><td colspan="5">坡屋顶</td></tr>
<tr><td>外墙材料</td><td colspan="5">砖与石</td></tr>
<tr><td>主体结构</td><td colspan="5">框架结构</td></tr>
<tr><td>建筑质量</td><td colspan="6">基本完好</td></tr>
<tr><td>建筑面积</td><td colspan="2">约 1000 m²</td><td>占地面积</td><td colspan="3">约 1000 m²</td></tr>
<tr><td>功能布局</td><td colspan="6">“T”字形布局</td></tr>
<tr><td>重建翻修</td><td colspan="6">室内装修、门窗更换、结构加固（2015 年）</td></tr>
<tr><td colspan="7">
A. 孔家村礼堂
B. 孔家村民居</td></tr>
<tr><td>备注</td><td colspan="6">—</td></tr>
<tr><td>调查日期</td><td colspan="2">2019 年 8 月 7 日</td><td>调查人员</td><td colspan="3">马德宇、吕保</td></tr>
</table>

通辽市科尔沁区孔家村礼堂

图片名称	西立面	图片名称	主入口雨棚	图片名称	礼堂主入口细部
图片名称	立面装饰	图片名称	主舞台	图片名称	舞台正立面
图片名称	礼堂舞台	图片名称	室内透视	图片名称	室内设施
图片名称	局部透视	图片名称	礼堂入口处东立面	图片名称	礼堂主入口柱廊
图片名称	门	图片名称	门斗	图片名称	舞台台口

备注	—
摄影日期	2019 年 8 月 7 日

人视图

主立面

立面装饰(左)
主入口（右）

10.6 沈阳军区 81641 部队建筑群（沈阳军区 16 团）

Group of Buildings of Force 81641 in Shenyang Military Region (Shenyang Military Region 16th Regiment)

内蒙古自治区通辽市扎鲁特旗巨日合镇

Jurihe Town, Jarud Banner, Tongliao, Inner Mongolia Autonomous Region

历史公布时间：2017 年 12 月

鸟瞰图

建筑简介

沈阳军区 81641 部队旧址位于通辽市巨日合镇巨日合村，沈阳军区 81641 部队（沈阳军区 16 团）于 1973 年在此地驻防并建立了军区大院，占地面积约 18 万m²。部队于 1992 年 10 月撤销，院内现有居民住户 50 户，现存有团部、部队礼堂、团部招待处、枪械所、兵营、家属房、锅炉房、通信连部、油库等建筑，现所有建筑权属仍归沈阳军区所有。

团部招待处始建于 1973 年，占地面积为 4166.5 m²，建筑面积为 304.1 m²，建筑层数为一层，房屋为砖混结构，青色水泥瓦屋顶，适合 6 口之家居住，是当时营区内营级以上军官家属居住场所；油库坐落在营区的最北端，结构合理，防火设施齐全，地处当时整个营区的能源中心，占地面积为 3767.34 m²，建筑面积为 78.92 m²，建筑层数为 1 层；通信连部占地面积为 4108.03 m²，建筑面积为 194.67 m²，建筑层数为 1 层，承担着整个团部的内外信息往来，有电台、步话机等通信设备；锅炉房占地面积 1927.67 m²，建筑面积 146.18 m²，建筑层数为 1 层；部队家属房建筑面积 170.19 m²，占地面积 1142.3 m²，建筑层数为 1 层。兵营建筑面积 236.61 m²，占地面积 1908.24 m²，建筑层数为 1 层，能容纳 17 名士兵居住，房屋砖混结构，青色水泥瓦屋顶；部队礼堂占地面积 1666.11 m²，建筑面积 271.52 m²，建筑层数为 1 层，当时部队营区大型会议、文艺演出等活动都在部队礼堂举行，室内可同时容纳 800 余名军官；部队团部占地面积 4166.5 m²，建筑面积 304.1 m²，是原部队最高指挥机构，是部队政治、军事力量的中枢指挥中心，建筑层数为 1 层。

巨日合镇具有浓厚的红色文化底蕴，目前，该军区遗址中除枪械所被拆除以外，其他建筑均保存完好，对于我国早期的军事聚落空间形态研究具有较高的参考价值。

<table>
<tr><td>建筑名称</td><td colspan="2">沈阳军区 81641 部队建筑群</td><td>历史名称</td><td colspan="3">沈阳军区 16 团</td></tr>
<tr><td>建筑简介</td><td colspan="6">沈阳军区 81641 部队旧址位于通辽市巨日合镇巨日合村，沈阳军区 81641 部队（沈阳军区 16 团）于 1973 年在此地驻防并建立了军区大院，占地面积约 18 万m²。部队于 1992 年 10 月撤销，院内现有居民住户 50 户，现存有团部、部队礼堂、团部招待处、枪械所、兵营、家属房、锅炉房、通信连部、油库等建筑，现所有建筑权属仍归沈阳军区所有</td></tr>
<tr><td>建筑位置</td><td colspan="6">内蒙古自治区通辽市科尔沁区钱家店镇孔家村</td></tr>
<tr><td rowspan="2">概述</td><td>建设时间</td><td>1973 年</td><td>建筑朝向</td><td>南向</td><td>建筑层数</td><td>一层</td></tr>
<tr><td>历史公布时间</td><td>2017 年 12 月</td><td>建筑类别</td><td colspan="3">军事建筑</td></tr>
<tr><td rowspan="3">建筑主体</td><td>屋顶形式</td><td colspan="5">坡屋顶</td></tr>
<tr><td>外墙材料</td><td colspan="5">砖与石</td></tr>
<tr><td>主体结构</td><td colspan="5">砖混结构</td></tr>
<tr><td>建筑质量</td><td colspan="6">基本完好</td></tr>
<tr><td>建筑面积</td><td colspan="2">—</td><td>占地面积</td><td colspan="3">—</td></tr>
<tr><td>功能布局</td><td colspan="6">大院内的建筑呈行列式布局，根据建筑的使用性质分为部队办公区、士兵训练区以及家属居住区三个部分</td></tr>
<tr><td>重建翻修</td><td colspan="6">—</td></tr>
<tr><td colspan="7">A. 沈阳军区 81641 部队兵营
B. 沈阳军区 81641 部队礼堂
C. 沈阳军区 81641 部队招待所
D. 沈阳军区 81641 部队枪械所
E. 沈阳军区 81641 部队兵营
F. 沈阳军区 81641 部队家属房
G. 沈阳军区 81641 部队锅炉房
H. 沈阳军区 81641 部队通信连部
I. 沈阳军区 81641 部队油库</td></tr>
<tr><td>备注</td><td colspan="6">—</td></tr>
<tr><td>调查日期</td><td colspan="2">2019 年 8 月 7 日</td><td>调查人员</td><td colspan="3">马德宇、吕保</td></tr>
</table>

<table>
<tr><td colspan="6">沈阳军区 81641 部队建筑群（沈阳军区 16 团）</td></tr>
<tr><td>图片名称</td><td>兵营鸟瞰图</td><td>图片名称</td><td>兵营人视图</td><td>图片名称</td><td>兵营正立面</td></tr>
<tr><td colspan="2"></td><td colspan="2"></td><td colspan="2"></td></tr>
<tr><td>图片名称</td><td>锅炉房鸟瞰图</td><td>图片名称</td><td>锅炉房人视图</td><td>图片名称</td><td>锅炉房东立面</td></tr>
<tr><td colspan="2"></td><td colspan="2"></td><td colspan="2"></td></tr>
<tr><td>图片名称</td><td>家属房人视图</td><td>图片名称</td><td>家属房主入口</td><td>图片名称</td><td>礼堂鸟瞰</td></tr>
<tr><td colspan="2"></td><td colspan="2"></td><td colspan="2"></td></tr>
<tr><td>图片名称</td><td>礼堂人视图</td><td>图片名称</td><td>通信连部人视图</td><td>图片名称</td><td>通信连部南立面</td></tr>
<tr><td colspan="2"></td><td colspan="2"></td><td colspan="2"></td></tr>
<tr><td>图片名称</td><td>油库人视图</td><td>图片名称</td><td>招待所人视图</td><td>图片名称</td><td>招待所南立面</td></tr>
<tr><td colspan="2"></td><td colspan="2"></td><td colspan="2"></td></tr>
<tr><td>备注</td><td colspan="5">—</td></tr>
<tr><td>摄影日期</td><td colspan="5">2019 年 8 月 7 日</td></tr>
</table>

团部鸟瞰图

招待所鸟瞰图

通信连部（左）
油库（右）

10.7 原种场电影院

Stock Seed Farm Theater

内蒙古自治区通辽市科左后旗原种场二分场
The Second Branch of Stock Seed Farm, Kezuohou Banner, Tongliao, Inner Mongolia Autonomous Region
历史公布时间：2018 年 2 月 28 日

| 鸟瞰图

建筑简介

原种场电影院位于通辽市科尔沁左翼后旗原种场二分场，是 20 世纪科尔沁左翼后旗最早兴建的电影院之一，是 20 世纪 60 年代农村影剧院建设的代表建筑，现在仍然坐落在原址上，无论是建筑造型、主体结构还是外立面均未进行过改造，一直保存至今，是科尔沁左翼后旗范围内仅存的一座 20 世纪 60 年代的电影院。2017 年 12 月由科尔沁左翼后旗人民政府公布为当地的历史建筑。

电影院始建于 1963 年，呈“一”字形布局，坐北朝南，局部二层，屋顶形式为坡屋顶，建筑占地面积约为 2500 m²，建筑面积约为 375.35 m²，可同时容纳 650 人，受益人数较多，影响了几代人的童年生活。内部功能空间主要由观众厅、放映间以及其他辅助空间三个部分组成，观众厅采用桁架结构，现保存完整。放映厅内依然保留着用铁板和钢筋制成的旋转楼梯，这样的空间节点设计对于当时的公共建筑来说是比较前卫的。除了放电影，原种场的大型会议、节日庆典，都会在电影院里举行。

影院立面的设计极具年代特征，设计手法以对比为主，以毛石砌筑的基础搭配红砖砌筑的墙身，粗糙的毛石与整齐的红砖形成了材质质感上的鲜明对比；竖向的长条窗由立面中央向两侧尺度逐渐变小，形成了渐变的韵律；西立面以水泥抹面，靠近屋顶正中央有 20 世纪五六十年代建筑的标志装饰物——五角星，室内的楼板出挑，形成悬挂于立面之上的室外阳台，配上红色的金属栏杆，与灰色的水泥抹面形成鲜明对比。

总体来说，原种场电影院是当时农村先进文化传播的代表作品，是宣传思想文化工作和周边职工群众业余文化生活的主要场所。当时在室内看上一场电影，就是一种时尚，曾经辉煌的场面，至今还让老辈人引以为豪。影院虽然已经停止使用，但它有一定的历史代表性，且至今保存完整，具有极高的社会价值和极大的保存意义。

<table>
<tr><td>建筑名称</td><td colspan="2">原种场电影院</td><td>历史名称</td><td colspan="3">原种场电影院</td></tr>
<tr><td>建筑简介</td><td colspan="6">原种场电影院位于通辽市科尔沁左翼后旗原种场二分场，是20世纪科尔沁左翼后旗最早兴建的电影院之一，是20世纪60年代农村影剧院建设的代表建筑，现在仍然坐落在原址上，一直保存至今，是科尔沁左翼后旗范围内仅存的一座20世纪60年代的电影院</td></tr>
<tr><td>建筑位置</td><td colspan="6">内蒙古自治区通辽市科尔沁左翼后旗原种场二分场</td></tr>
<tr><td rowspan="2">概述</td><td>建设时间</td><td>1963年</td><td>建筑朝向</td><td>南向</td><td>建筑层数</td><td>一层</td></tr>
<tr><td>历史公布时间</td><td>2017年12月</td><td>建筑类别</td><td colspan="3">文体娱乐</td></tr>
<tr><td rowspan="3">建筑主体</td><td>屋顶形式</td><td colspan="5">坡屋顶</td></tr>
<tr><td>外墙材料</td><td colspan="5">砖</td></tr>
<tr><td>主体结构</td><td colspan="5">桁架结构</td></tr>
<tr><td>建筑质量</td><td colspan="6">一般损坏</td></tr>
<tr><td>建筑面积</td><td colspan="2">375.35 m²</td><td>占地面积</td><td colspan="3">2500 m²</td></tr>
<tr><td>功能布局</td><td colspan="6">“一”字形布局</td></tr>
<tr><td>重建翻修</td><td colspan="6">—</td></tr>
<tr><td colspan="7">金宝屯原种场二分场道
A
0 10 20 30 40 50m
A. 原种场电影院</td></tr>
<tr><td>备注</td><td colspan="6">—</td></tr>
<tr><td>调查日期</td><td colspan="2">2019年8月5日</td><td>调查人员</td><td colspan="3">马德宇、吕保</td></tr>
</table>

原种场电影院

图片名称	西立面	图片名称	二层立面装饰	图片名称	观众厅入口
图片名称	屋顶结构	图片名称	室内透视 1	图片名称	影院观众厅
图片名称	储藏空间	图片名称	放映间	图片名称	室内透视 2
图片名称	窗户	图片名称	立面开窗	图片名称	拱形门洞
图片名称	储藏室入口	图片名称	屋顶挑檐	图片名称	细部装饰
备注	—				
摄影日期	2019 年 8 月 5 日				

主立面人视

南立面图

悬挑阳台（左）
室内楼梯（右）

10.8 赤峰市巴林右旗格斯尔庙

Gesell Temple, Bahrain Right Banner, Chifeng

内蒙古自治区赤峰市巴林右旗沙布台苏木

Shabutai Sumu, Bahrain Right Banner, Chifeng, Inner Mongolia Autonomous Region

历史公布时间：2018 年 2 月 28 日

| 鸟瞰图

建筑简介

格斯尔庙位于巴林右旗北 25km 处沙布台苏木境内。庙宇始建于清乾隆二十一年（1776 年），由巴林右旗第八世札萨克多罗郡王巴图创建。草原人民为感激格斯尔大汗降妖造福于草原，每年农历五月十三到格斯尔庙祭祀。届时，附近牧民们带上羊乌叉、黄油、奶豆腐等前去祭祀，以祈求大汗保佑草原兴旺、风调雨顺。

建筑占地面积约 300 ㎡，大殿面积约 80 ㎡。整个场地呈“工”字形布局，主要由格斯尔大殿、格斯尔神像、格斯尔文化中心、室外广场、入口牌坊、周边环境绿化六个部分组成，中轴对称，方正严谨。从牌坊进入庙宇后，首先映入眼帘的是一处窄而长的室外广场，广场的中心位置赫然伫立着骑着战马的格斯尔神像，神像坐落于约 2m 高的方形台座上，神像后是大台阶，顺着台阶走上去便看到了整个庙宇的核心部分——格斯尔大殿。大殿坐落在一个方形的广场之上，方形广场与庙宇的其他部分约有 2.5m 的高差，这样处理也是为了突出格斯尔主殿的主体地位。大殿由台基、殿身和屋顶三个部分组成。台基高出方形广场 1.1m 左右，再一次强调了大殿在整个建筑群中的主体地位；殿身面阔五间，进深三间，正立面外加四根檐柱形成前廊；屋顶形制为单檐歇山顶，正脊中央有宝顶作为装饰，形成了屋顶的视觉焦点，垂脊上有吻兽。整体来说，庙宇由牌坊、格斯尔神像、室外台阶以及格斯尔主殿构成了一个由次要向主要过渡的简单序列；室外的广场也利用了由小到大、由低到高、由狭窄到开阔的空间缩放，从而形成了空间节奏的多元变化。

格斯尔庙历经了 200 多年风雨的洗礼，也历经了多次修缮，虽然主体结构已经不再是最初的木结构，但仍然保持着最初的总体布局与建筑形制。中轴对称的群体组合与布局、变化丰富的装修与装饰，向人们展示着中国古建筑的独特魅力。

<table>
<tr><td>建筑名称</td><td colspan="2">格斯尔庙</td><td>历史名称</td><td colspan="3">格斯尔庙</td></tr>
<tr><td>建筑简介</td><td colspan="6">格尔寺庙，始建于清乾隆二十一年（1776 年），由巴林右翼旗第八世札萨克多罗郡王巴图创建。整体建筑由格斯尔大殿、格斯尔神像、格斯尔文化中心以及环境绿化等四个部分组成。草原人民为感激格斯尔大汗降妖造福于草原，每年农历五月十三到格斯尔庙祭祀</td></tr>
<tr><td>建筑位置</td><td colspan="6">内蒙古自治区赤峰市巴林右旗沙布台苏木街</td></tr>
<tr><td rowspan="2">概述</td><td>建设时间</td><td>1776 年</td><td>建筑朝向</td><td>南向</td><td>建筑层数</td><td>一层</td></tr>
<tr><td>历史公布时间</td><td>2018 年 2 月 18 日</td><td>建筑类别</td><td colspan="3">宗教建筑</td></tr>
<tr><td rowspan="3">建筑主体</td><td>屋顶形式</td><td colspan="5">歇山顶</td></tr>
<tr><td>外墙材料</td><td colspan="5">石与木</td></tr>
<tr><td>主体结构</td><td colspan="5">木结构</td></tr>
<tr><td>建筑质量</td><td colspan="6">基本完好</td></tr>
<tr><td>建筑面积</td><td colspan="2">约 80 ㎡</td><td>占地面积</td><td colspan="3">约 300 ㎡</td></tr>
<tr><td>功能布局</td><td colspan="6">“一”字形布局</td></tr>
<tr><td>重建翻修</td><td colspan="6">外立面材料更换（2015 年）</td></tr>
<tr><td colspan="7">
A. 格斯尔庙</td></tr>
<tr><td>备注</td><td colspan="6">—</td></tr>
<tr><td>调查日期</td><td colspan="2">2019 年 7 月 30 日</td><td>调查人员</td><td colspan="3">马德宇、吕保</td></tr>
</table>

<table>
<tr><th colspan="6">赤峰市巴林右旗格斯尔庙</th></tr>
<tr><td>图片名称</td><td>山门</td><td>图片名称</td><td>入口雕塑</td><td>图片名称</td><td>山门广场</td></tr>
<tr><td colspan="2"></td><td colspan="2"></td><td colspan="2"></td></tr>
<tr><td>图片名称</td><td>西立面</td><td>图片名称</td><td>北立面</td><td>图片名称</td><td>东立面</td></tr>
<tr><td colspan="2"></td><td colspan="2"></td><td colspan="2"></td></tr>
<tr><td>图片名称</td><td>屋顶构造</td><td>图片名称</td><td>屋顶法器</td><td>图片名称</td><td>台基</td></tr>
<tr><td colspan="2"></td><td colspan="2"></td><td colspan="2"></td></tr>
<tr><td>图片名称</td><td>屋脊细部</td><td>图片名称</td><td>屋檐细部</td><td>图片名称</td><td>屋顶细部</td></tr>
<tr><td colspan="2"></td><td colspan="2"></td><td colspan="2"></td></tr>
<tr><td>图片名称</td><td>建筑细部 1</td><td>图片名称</td><td>建筑细部 2</td><td>图片名称</td><td>建筑细部 3</td></tr>
<tr><td colspan="2"></td><td colspan="2"></td><td colspan="2"></td></tr>
<tr><td>备注</td><td colspan="5">—</td></tr>
<tr><td>摄影日期</td><td colspan="5">2019 年 7 月 30 日</td></tr>
</table>

主立面图

主立面人视

鸟瞰图（左）
供奉主神（右）

10.9 赤峰市巴林右旗固伦淑慧公主庙

Gulunshuhui Princess Temple, Bahrain Right Banner, Chifeng City.

内蒙古自治区赤峰市巴林右旗沙布台苏木

Shabutai Sumu, Bahrain Right Banner, Chifeng City, Inner Mongolia Autonomous Region

历史公布时间：2018 年 2 月 28 日

鸟瞰图

建筑简介

固伦淑慧公主陵位于查干沐沦苏木珠腊沁艾里南端（毛敦敦达嘎查西的额尔德尼山麓）。固伦淑慧公主（1632 ～ 1700 年），名阿图，清太宗皇太极之第五女，其母孝庄文皇后，清顺治五年（1648 年）下嫁巴林右旗第一代札萨克郡王色布腾，清康熙三十九年(1700 年)年病殁，时年 69 岁，安葬于巴彦罕山赛音宝力格，于 1703 年移址查干沐沦巴彦昆都伦山东麓，历史沧桑，几移其址，于 1989 年移至现在的陵址。

据《巴林右旗地名志》记载，清康熙四十二年，将公主陵的地址选在查干沐沦河西岸珠腊沁巴彦和硕山后。当时所建的公主陵由两个四方形的院落组成，右侧较大的院落为公主陵，四周围有石基青砖院墙，门殿坐落在正面墙的中央，门殿后 20m 处建有祭殿，祭殿两边用青砖矮墙将整个院落隔成前后两个小院，两侧矮墙各留一个角门通向后院。

公主陵于 1989 年移址重建，总体布局与重建前保持一致。主殿单檐歇山顶，两侧配殿均为硬山顶，院外有一矩形的广场，在广场中央伫立着御赐石碑（当地人叫作金龟），在石碑的一侧有康熙皇帝三次亲笔撰写的悼词。广场后有长长的神道正对着御赐的石碑，强化了整个布局的中轴线。在神道的尽头有牌坊作为整个序列的一个端点，“一”字形的牌坊、长长的神道以及院落中的“U”形布局形成了布局上的三个重要空间节点，从而使整体空间布局有收有放，节奏明显。

在中国的传统观念中，一直把陵园看作告别今生的终点。因此，对于此类建筑的氛围营造便成了设计的重点。固伦淑慧公主陵的整体布局充分体现了我国明清时期的陵园建筑的特征，同时为我国古代陵园建筑的研究提供了案例，具有较高的历史研究价值。

<table>
<tr><td>建筑名称</td><td colspan="2">固伦淑慧公主庙</td><td>历史名称</td><td colspan="3">固伦淑慧公主庙</td></tr>
<tr><td>建筑简介</td><td colspan="6">固伦淑慧公主（1632 ～ 1700 年），清顺治五年（1648 年）下嫁巴林右旗第一代札萨克郡王色布腾，康熙三十九年（1700 年）年病殁，安葬于巴彦罕山赛音宝力格，于 1703 年移址到查干沐沦巴彦昆都伦山东麓，历史沧桑，几移其址，在 1989 年移至现陵址</td></tr>
<tr><td>建筑位置</td><td colspan="6">内蒙古自治区赤峰市巴林右旗沙布台苏木街</td></tr>
<tr><td rowspan="2">概述</td><td>建设时间</td><td>1989 年</td><td>建筑朝向</td><td>南向</td><td>建筑层数</td><td>一层</td></tr>
<tr><td>历史公布时间</td><td>2018 年 2 月 18 日</td><td>建筑类别</td><td colspan="3">宗教建筑</td></tr>
<tr><td rowspan="3">建筑主体</td><td>屋顶形式</td><td colspan="5">歇山（祭殿）、硬山（配殿）</td></tr>
<tr><td>外墙材料</td><td colspan="5">砖与木</td></tr>
<tr><td>主体结构</td><td colspan="5">木结构</td></tr>
<tr><td>建筑质量</td><td colspan="6">基本完好</td></tr>
<tr><td>建筑面积</td><td colspan="2">约 100 m²</td><td>占地面积</td><td colspan="3">约 2000 m²</td></tr>
<tr><td>功能布局</td><td colspan="6">祭殿正对神道，两侧配殿对称分布</td></tr>
<tr><td>重建翻修</td><td colspan="6">—</td></tr>
<tr><td colspan="7">查干沐沦苏木道
A. 内蒙古巴林右旗固伦淑慧公主庙
0 20 40 60 80 100m</td></tr>
<tr><td>备注</td><td colspan="6">—</td></tr>
<tr><td>调查日期</td><td colspan="2">2019 年 7 月 30 日</td><td>调查人员</td><td colspan="3">马德宇、吕保</td></tr>
</table>

赤峰市巴林右旗固伦淑慧公主庙

图片名称	透视图 1	图片名称	透视图 2	图片名称	东厢房

图片名称	主立面	图片名称	西厢房	图片名称	台基

图片名称	室内雕像	图片名称	屋顶细部 1	图片名称	柱子细部

图片名称	屋脊细部 1	图片名称	屋脊细部 2	图片名称	屋脊细部 3

图片名称	建筑细部	图片名称	屋顶细部 2	图片名称	柱廊

备注	—				
摄影日期	2019 年 7 月 30 日				

透视图 2

南立面图

室内细部(左)
公主墓（右）

10.10 赤峰市巴林右旗珠拉沁庙

Zhulaqin Temple, Bahrain Right Banner, Chifeng

内蒙古自治区赤峰市巴林右旗沙布台苏木
Shabutai Sumu, Bahrain Right Banner, Chifeng, Inner Mongolia Autonomous Region
历史公布时间：2018 年 2 月 28 日

鸟瞰图

建筑简介

珠拉沁庙位于赤峰市查干沐沦苏木，始建于清咸丰四年（1854 年），有殿宇 20 余间，1913 年毁于匪乱，仅存一座主殿，1966 年被拆毁。2011 年在原址上新建了一座殿堂，现作为珠拉沁文化历史展览厅，殿内主佛像“三世佛”，现存有藏文“甘珠尔”经 1 部，法器较多。

整个庙宇由入口处的牌坊、两个辅助用房以及一座主殿组成，不同于我国古代的多数庙宇，珠拉沁庙的整体布局不对称，采用了比较自由的布局方式。从场地的入口到殿堂需要经过一条长约 500m 的道路，道路的一侧布满了经轮与经幡。殿堂呈“一”字形布局，面阔三开间，进深两开间，建筑面积约 20 ㎡。建筑屋顶为硬山顶，正脊中央用宝顶装饰，两侧的垂脊上各有一排吻兽，吻兽由上到下的尺度依次增大，相似的外形显得和谐，但尺度的变化又体现出了韵律感。这样的处理方式提取了清代传统宫殿中的元素，具有鲜明的民族风格和民俗特色。建筑不单是物质产品，同时也是一种精神产品，它作为蕴含了一系列文化信息的载体，展现出了独特的建筑美学以及丰富的文化内涵，而装饰作为建筑物华丽的外衣，代表了建筑物的等级与规格。建筑的外墙材料有砖和木，红色的木窗，灰色的墙身，体现了中国古建筑在外立面上“屋不呈材，墙不露形”的设计原则。建筑主入口前有大台阶，台阶下是正对主入口的香炉，两侧沿香炉对称布置，在整体自由布局的情况下采用了局部中轴对称的手法，在变化中体现出了寺院的秩序。建筑内部空间单一，室内布局简单，木结构保存完整。

珠拉沁庙在建筑格局上既体现了中国传统寺院的阴阳宇宙观和崇尚对称、秩序、稳定的审美心理，又融合了中国传统村落中自由布局的形式，这样的布局在我国古代寺院建筑中是比较特殊的。另外，建筑在结构形式、屋顶装饰以及立面色彩上都直接体现了清代寺庙建筑的特点，具有很高的研究与保护价值。

建筑名称	珠拉沁庙		历史名称	珠拉沁庙		
建筑简介	珠拉沁庙位于查干沐沦苏木，清咸丰四年（1854 年）建，1913 年毁于匪乱，后重建，殿宇 20 余间，主佛像“三世佛”，存有藏文“甘珠尔”经 1 部，法器较多。喇嘛最多时 300 人。1966 年被拆毁。2011 年在原址新建一座殿堂，面阔三间，进深两间					
建筑位置	内蒙古自治区赤峰市巴林右旗沙布台苏木街					
概述	建设时间	1853 年	建筑朝向	南向	建筑层数	一层
	历史公布时间	2018 年 2 月 18 日	建筑类别	宗教建筑		
建筑主体	屋顶形式	硬山				
	外墙材料	石与木				
	主体结构	木结构				
建筑质量	基本完好					
建筑面积	约 20 ㎡		占地面积	约 400 ㎡		
功能布局	“一”字形布局					
重建翻修	2011 年原址重建					

A. 内蒙古巴林右旗珠拉沁庙

备注	—		
调查日期	2019 年 7 月 30 日	调查人员	马德宇、吕保

赤峰市巴林右旗珠拉沁庙

图片名称 	透视图 1	图片名称 	透视图 2	图片名称 	山门
图片名称 	匾额	图片名称 	佛像	图片名称 	室内
图片名称 	台基	图片名称 	屋顶细部	图片名称 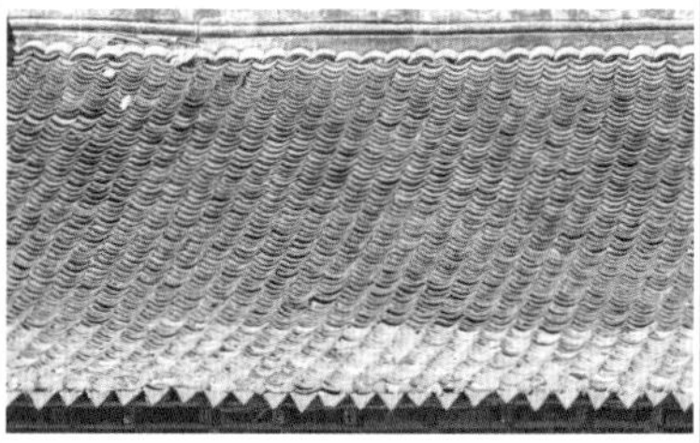	屋顶瓦片
图片名称 	屋脊细部 1	图片名称 	屋脊细部 2	图片名称 	屋脊细部 3
图片名称 	建筑细部 1	图片名称 	屋顶细部	图片名称 	柱廊
备注	—				
摄影日期	2019 年 7 月 30 日				

透视图 3

主立面

钟楼（左）
建筑细部 2
（右）

10.11 赤峰市巴林右旗阿贵庙

Agui Temple, Bahrain Right Banner, Chifeng

内蒙古自治区赤峰市巴林右旗沙布台苏木
Shabutai Sumu, Bahrain Right Banner, Chifeng
历史公布时间：2018 年 2 月 28 日

| 鸟瞰图

建筑简介

阿贵庙坐落于内蒙古赤峰市巴林右旗查干诺尔镇吉尔喀朗图乌兰哈达山前的图拉嘎（又译图力嘎）嘎查境内，是巴林右旗四大庙之一，建于清乾隆二十一年（1756 年），寺后有石洞，故称“阿贵庙”，藏名为“拉西任布·嘎定林阿贵”，后改为“宗乘寺”。阿贵庙依山临水而建，山上青峦迭翠，清溪泻玉。寺前清流缘漪，碧波荡漾；周围山花缤纷，芳香醉人，绿树成荫，百鸟和鸣，一派天然宝地。它以其宏伟壮丽的建筑、美好的传说和仙境般的自然地理环境，吸引了无数宗教僧侣、游人和考古学者前来。

该建筑呈“一”字形布局，位于整个建筑群的最高点，突出了其主体地位。面阔五间，进深两间，主体结构为木结构，柱之间的间距较小，雀替与斗栱的作用以装饰为主，不再作为木构建筑的主要承重构件，明显体现出了我国清代木构建筑的主要特征。屋顶为硬山顶，屋顶的边际线构成了建筑的轮廓剪影，也成了装饰的重点，这样的方式也使得建筑的“上分”和“下分”表现得非常明显。正脊的正中央有宝顶作为装饰，垂脊上有吻兽作为装饰，这些脊兽装饰在古代有着一定的象征意义，也代表着我国封建社会的一种精神寄托。由于屋顶处于建筑的最上部，体量和尺度又比较大，因此屋顶所构成的天际线具有突出整个建筑的作用，正是考虑到了这一点，建筑对于屋顶轮廓的处理也比较用心，屋顶上的宝顶以及吻兽都从美观的角度经过了细心的推敲，处理得恰到好处。

为了抢救保护和利用好阿贵庙的历史人文旅游资源，巴林右旗人民政府组织了各方面力量，利用多种融资方式对阿贵庙文史遗址进行了重建，于 2011 年开始复建，并在原来的基础上新建了展览室、神殿、游客接待中心等建筑单体，不仅为阿贵庙提供了良好的保护条件，也为当地的经济建设做出了一定的贡献。

<table>
<tr><td>建筑名称</td><td colspan="2">阿贵庙</td><td>历史名称</td><td colspan="3">宗乘寺</td></tr>
<tr><td>建筑简介</td><td colspan="6">阿贵庙，藏名为“拉西任布·嘎定林阿贵”，清朝改为“宗乘寺”，阿贵庙依山临隔水而建，面阔五间，进深两间，以装饰为主要职能的斗栱很好地体现了清代建筑的特点。以其宏伟壮丽的建筑、美好的传说和仙境般的自然地理环境，吸引了无数宗教僧侣、游人和考古学者</td></tr>
<tr><td>建筑位置</td><td colspan="6">内蒙古自治区赤峰市巴林右旗沙布台苏木街</td></tr>
<tr><td rowspan="2">概述</td><td>建设时间</td><td>清乾隆三十四年修建</td><td>建筑朝向</td><td>南向</td><td>建筑层数</td><td>一层</td></tr>
<tr><td>历史公布时间</td><td>2018 年 2 月 18 日</td><td>建筑类别</td><td colspan="3">宗教建筑</td></tr>
<tr><td rowspan="3">建筑主体</td><td>屋顶形式</td><td colspan="5">硬山屋顶</td></tr>
<tr><td>外墙材料</td><td colspan="5">砖与木</td></tr>
<tr><td>主体结构</td><td colspan="5">木结构</td></tr>
<tr><td>建筑质量</td><td colspan="6">基本完好</td></tr>
<tr><td>建筑面积</td><td colspan="2">100 m²</td><td>占地面积</td><td colspan="3">约 100（m²）</td></tr>
<tr><td>功能布局</td><td colspan="6">“一”字形布局</td></tr>
<tr><td>重建翻修</td><td colspan="6">2011 年原址重建</td></tr>
<tr><td colspan="7">
A. 内蒙古巴林右旗阿贵庙
B. 旅游区</td></tr>
<tr><td>备注</td><td colspan="6">—</td></tr>
<tr><td>调查日期</td><td colspan="2">2019 年 7 月 30 日</td><td>调查人员</td><td colspan="3">马德宇、吕保</td></tr>
</table>

<table>
<tr><td colspan="6">赤峰市巴林右旗阿贵庙</td></tr>
<tr><td>图片名称</td><td>透视图 1</td><td>图片名称</td><td>连廊</td><td>图片名称</td><td>窗户细部</td></tr>
<tr><td colspan="2"></td><td colspan="2"></td><td colspan="2"></td></tr>
<tr><td>图片名称</td><td>建筑室内 1</td><td>图片名称</td><td>建筑室内 2</td><td>图片名称</td><td>神龛</td></tr>
<tr><td colspan="2"></td><td colspan="2"></td><td colspan="2"></td></tr>
<tr><td>图片名称</td><td>屋脊细部 1</td><td>图片名称</td><td>屋脊细部 2</td><td>图片名称</td><td>屋脊细部 3</td></tr>
<tr><td colspan="2"></td><td colspan="2"></td><td colspan="2"></td></tr>
<tr><td>图片名称</td><td>建筑细部 1</td><td>图片名称</td><td>建筑细部 2</td><td>图片名称</td><td>建筑细部 3</td></tr>
<tr><td colspan="2"></td><td colspan="2"></td><td colspan="2"></td></tr>
<tr><td>图片名称</td><td>屋顶细部 4</td><td>图片名称</td><td>屋顶细部 5</td><td>图片名称</td><td>柱廊</td></tr>
<tr><td colspan="2"></td><td colspan="2"></td><td colspan="2"></td></tr>
<tr><td>备注</td><td colspan="5">—</td></tr>
<tr><td>摄影日期</td><td colspan="5">2019 年 7 月 30 日</td></tr>
</table>

主立面

透视图 2

入口（左）
东立面图(右)

10.12 万佛寺

Wanfo Temple

内蒙古自治区赤峰市松山区大夫营子乡娘娘庙村
Niangniangmiao Village in Dafuyingzi Town, Songshan District, Chifeng, Inner Mongolia Autonomous Region
历史公布时间：2018 年 2 月 28 日

鸟瞰图

建筑简介

万佛寺，也称娘娘庙，位于大夫营子乡政府所在地娘娘庙村，寺庙始建于清康熙十八年，即公元 1680 年，至今已有三百三十余年的历史。相传 1679 年康熙来到此地狩猎，由于过度疲劳而病倒，身边暂无御医，随行者向民间求助方才得医痊愈，康熙有感民医效验，钦赐地名“大夫营子”，并在山脚下建造了一座寺院，亲笔提名“万佛寺”。

寺院由山脚向上依次布局，建筑面积约 2000 ㎡，建筑群依山而建，气势恢宏，所有单体建筑都是典型的清代建筑风格。寺院由大雄宝殿、万佛殿、大佛殿、阎王殿、老母殿、龙王殿、老爷殿、财神殿、腾龙阁、娘娘殿等建筑组成，另有露天观音、塞北灵验佛等露天佛像，其中大雄宝殿、万佛殿、腾龙阁以及娘娘殿都是后来加建的，其余部分保留了初建时的总体格局以及建筑风貌。所有建筑可分为两个组团，一部分建于山脚之下，沿寺院大门对称布局；一部分顺山势而建，沿山体自由布局。两个部分之间的布局形式截然不同，但建筑风格协调统一，二者之间通过蜿蜒的室外台阶连接起来，沿台阶可以看到整个小镇。这样的处理方式很巧妙地利用了自然景观，将建筑群与山体融合在一起。

寺院于 1990 年进行过一次修缮，对建筑的主体结构进行了加固，并新建了露天观音以及塞北灵验佛两座室外雕像，二者都处在建筑群高差变化的节点位置，增加了寺院建筑群整体布局的层次感，也为寺院提供了良好的景观。

万佛寺自建成以来，寺院的佛事活动与市集贸易及其鼎盛，即使是现在，每逢集贸开市与庙会的时候都是人流如潮，车水马龙，此等景象堪称当地最大的人文景观。万佛寺的发展和建设，对维护当地稳定、繁荣地区经济、促进当地旅游业发展、弘扬汉传佛教文化都起到了积极的促进作用，也完整地体现了清代汉传佛教寺院的布局方式以及建筑特点，具有极高的研究与保护价值。

<table>
<tr><td>建筑名称</td><td colspan="2">万佛寺</td><td>历史名称</td><td colspan="3">娘娘庙</td></tr>
<tr><td>建筑简介</td><td colspan="6">万佛寺，也称娘娘庙，位于大夫营子乡政府所在地娘娘庙村，距赤峰市区 85km。寺庙始建于清康熙十八年，即公元 1680 年，至今已有三百三十余年的历史，主殿群依山而建，整体建筑具有典型的清代佛教建筑风格。万佛寺的发展和建设，对维护当地稳定，繁荣地区经济，促进当地旅游业发展，弘扬传统佛教文化都起到了积极的促进作用</td></tr>
<tr><td>建筑位置</td><td colspan="6">内蒙古自治区赤峰市松山区大夫营子乡娘娘庙村</td></tr>
<tr><td rowspan="2">概述</td><td>建设时间</td><td>1680 年</td><td>建筑朝向</td><td>南向</td><td>建筑层数</td><td>一层</td></tr>
<tr><td>历史公布时间</td><td>2017 年 11 月 14 日</td><td>建筑类别</td><td colspan="3">宗教建筑</td></tr>
<tr><td rowspan="3">建筑主体</td><td>屋顶形式</td><td colspan="5">坡屋顶</td></tr>
<tr><td>外墙材料</td><td colspan="5">木</td></tr>
<tr><td>主体结构</td><td colspan="5">木结构</td></tr>
<tr><td>建筑质量</td><td colspan="6">基本完好</td></tr>
<tr><td>建筑面积</td><td colspan="2">2000 m²</td><td>占地面积</td><td colspan="3">—</td></tr>
<tr><td>功能布局</td><td colspan="6">—</td></tr>
<tr><td>重建翻修</td><td colspan="6">主体结构加固（1992 年）</td></tr>
<tr><td colspan="7">上山路
大街
0 20 40 60 80 100m
A. 娘娘殿
B. 塞北灵验佛
C. 腾龙阁
D. 露天观音
E. 万佛殿
F. 在建六和楼
G. 圣贤祠
H. 观音老母殿</td></tr>
<tr><td>备注</td><td colspan="6">—</td></tr>
<tr><td>调查日期</td><td colspan="2">2019 年 7 月 30 日</td><td>调查人员</td><td colspan="3">马德宇、吕保</td></tr>
</table>

万佛寺

图片名称	万佛殿人视图	图片名称	万佛殿正立面	图片名称	万佛寺牌楼入口
图片名称	大佛殿正立面	图片名称	旧万佛寺主殿人视图	图片名称	老爷殿人视图
图片名称	龙王殿	图片名称	娘娘殿主立面	图片名称	请香处
图片名称	塞北灵验佛人视图 2	图片名称	万佛殿鸟瞰图	图片名称	屋脊细部
图片名称	屋顶细部 1	图片名称	屋顶细部 2	图片名称	柱廊
备注	—				
摄影日期	2019 年 7 月 30 日				

鸟瞰图 1

鸟瞰图 2

旧万佛寺西殿人视图（左）
财神殿人视图（右）

10.13 原铁路中学教学楼

Former Railway Middle School Teaching Building

内蒙古自治区扎兰屯市布特哈路伪兴安东省陈列馆北侧
North to Exhibition Hall of Xingandong, Buteha Street, Zhalantun, Inner Mongolia Autonomous Region
历史公布时间：2017 年 12 月 12 日

| 鸟瞰图

建筑简介

原铁路中学教学楼位于扎兰屯市布特哈路，伪兴安东省陈列馆北侧，该建筑始建于 1964 年，由俄罗斯建筑师设计建成，建筑占地面积约为 986 ㎡，建筑面积约为 1972 ㎡，建筑层数为二层，屋顶形式为四坡顶，现保存完好。

教学楼整体布局为“U”字形，中轴对称，体块之间不存在高度的变化，很好地体现了建筑的整体性，不同体块之间坡屋顶的方向转换与交接比较自然。建筑内部功能空间由教室、教师休息室以及其他辅助空间组成，并通过常用的单内廊组织在走道的两侧，空间使用率较高。门厅内有模仿古罗马券柱式的装饰，方形的开间与圆券形成对比，构图协调，体现了欧洲的室内设计风格。教学楼的主体结构类型为混合结构，门厅空间为框架结构，其余部分为砖混结构。

建筑外立面的主要材质为砖和石，以黄色为主色调，窗间墙以竖向的白色装饰构件进行划分，间距不尽相同，从而形成了立面上明显的节奏变化。这样的处理既在色彩上与主色调形成了对比，又强化了整个立面向上的运动感，很好地呼应了建筑作为教学场所的使用性质。建筑的开窗形式以竖向的长条窗为主，进一步强化了建筑立面的竖向元素，也很好地体现出了严寒地区的建筑特点。主入口处的两个体块向前凸出，沿中轴线对称分布在两侧，这两个空间既作为教学楼的值班室，也在一定程度上起到了支撑雨篷的作用。凸出的体块前端有半圆柱体的花池作为装饰，流畅的曲线与立面的矩形构图以及规则的装饰构件形成了强烈的对比。主入口的屋顶部分有凸起的三角形造型，丰富了屋顶的变化，与立面上矩形的门窗形成了几何对比，体现出建筑造型上强烈的视觉冲击，进一步强调了主入口。

原铁路中学作为俄罗斯建筑师在中国设计建造的少数教育建筑之一，也是中国文化与欧洲文化相结合的载体，已经历经了六十余年的风雨，至今保存完好，具有较高的研究价值。

建筑名称	原铁路中学教学楼		历史名称	铁路中学教学楼		
建筑简介	原铁路中学教学楼位于扎兰屯市布特哈路伪兴安东省陈列馆北侧，该建筑始建于1964年，由俄罗斯建筑师设计建成，建筑占地面积约为986㎡，建筑面积约为1972㎡，建筑层数为二层，屋顶形式为坡屋顶，现保存完好					
建筑位置	内蒙古自治区扎兰屯市布特哈路伪兴安东省陈列馆北侧					
概述	建设时间	1964年	建筑朝向	东向	建筑层数	两层
	历史公布时间	2017年12月14日	建筑类别	文化教育		
建筑主体	屋顶形式	四坡顶				
	外墙材料	砖与石				
	主体结构	混合结构				
建筑质量	基本完好					
建筑面积	1972㎡		占地面积	986㎡		
功能布局	“U”字形布局					
重建翻修	屋顶材质更换（2012年）					

A. 原铁路中学教学楼
B. 扎兰屯兴华小区

备注	—		
调查日期	2019年8月17日	调查人员	马德宇、吕保

原铁路中学教学楼

图片名称 	鸟瞰图	图片名称 	人视图	图片名称 	主入口细部
图片名称 	主入口雨棚	图片名称 	主入口	图片名称 	主入口大楼梯
图片名称 	入口处拱廊	图片名称 	楼梯	图片名称 	屋顶
图片名称 	教室空间 1	图片名称 	教室空间 2	图片名称 	走廊
图片名称 	室外楼梯	图片名称 	窗户细节	图片名称 	走廊
备注	—				
摄影日期	2019 年 8 月 17 日				

人视图

主立面

局部透视（左）
立面细部（右）

10.14 上护林百年老木屋

Century-old Wooden House in Shanghulin Village

内蒙古自治区额尔古纳市三河回族乡上护林村

Shanghulin Village, Sanhe Huizu Town, Ergun City, Inner Mongolia Autonomous Region

历史公布时间：2017 年 12 月 12 日

鸟瞰图

建筑简介

上护林百年老木屋位于额尔古纳市三河回族乡上护林村，木屋始建于 20 世纪初，俄国内战期间彼得罗托夫越境到中国并在此地定居，并建造了这座木屋。20 世纪五六十年代，彼得罗托夫跟随大批苏（俄）侨回国，该木屋归政府所有，先后作为场部、知青宿舍使用，现权属归个人所有，作为餐厅使用。

木屋呈“一”字形布局，建筑层数为 1 层，屋顶形式为双坡顶，建筑面积约 90 ㎡，主体结构为木结构，现保存完好。木屋是由俄罗斯人纯手工建造的，俄罗斯人在当时用四块石头放到四个角落，位置找平后便开始用木材砌筑，因此现在木屋出现了明显的不均匀沉降。墙身构造的处理利用了树木的自然属性，由于木屋的墙身由一根根直径相似的圆木垂直砌筑而成，即使再细腻的手工技艺也难以做到木材之间的无缝衔接，因此木屋难以满足在北方寒冷地区居住的御寒要求，而湿木本身会不停地生长苔藓，时间久了，木材之间的缝隙自然会被填满。严寒地区冬季的降雪量较大，木屋屋顶的坡度也较大，有利于冬季屋顶的积雪及时被排下，避免屋顶长期处于积雪的荷载之下，从而有效地保护了建筑结构。

木屋内部空间原是俄式传统的“老三间”，后来权属所有者将内部改造为一个大空间，现作为餐厅的包间使用，空间正中心放着取暖用的火炉，排烟的烟囱笔直的通向屋顶，形成了室内空间的视觉中心，所有的室内设施围绕火炉进行布置。由于屋顶的坡度较大，室内吊顶与屋脊之间就有了较大的空间，使用者将其作为储物间，提高了建筑空间的使用效率。

人类对树木、木材天生就有一种自然的亲近感，原木建筑的感觉与水泥、砖块、石材、金属等材料所构筑的房屋有本质上的不同，木材的质感与触感不像钢筋混凝土那样冰冷，往往会给人温暖舒适的感觉。历经了百年风雪的老木屋一直保留至今，有极高的保护价值和历史意义。

建筑名称	上护林百年老木屋		历史名称	—		
建筑简介	上护林百年老木屋位于额尔古纳市三河回族乡上护林村，木屋始建于 20 世纪初，俄国内战期间彼得罗托夫越境到中国并在此地定居，并建造了这座木屋。20 世纪五六十年代，彼得罗托夫跟随大批苏（俄）侨回国，该木屋归政府所有，先后作为场部、知青宿舍使用，现权属归个人所有，作为餐厅使用					
建筑位置	内蒙古自治区额尔古纳市三河回族乡上护林村					
概述	建设时间	20 世纪初	建筑朝向	东向	建筑层数	一层
	历史公布时间	2017 年 12 月 12 日	建筑类别	宅第民居		
建筑主体	屋顶形式	双坡顶				
	外墙材料	木				
	主体结构	木结构				
建筑质量	基本完好					
建筑面积	90 m²		占地面积	90 m²		
功能布局	“一”字形布局					
重建翻修	室内装修（2010 年）					

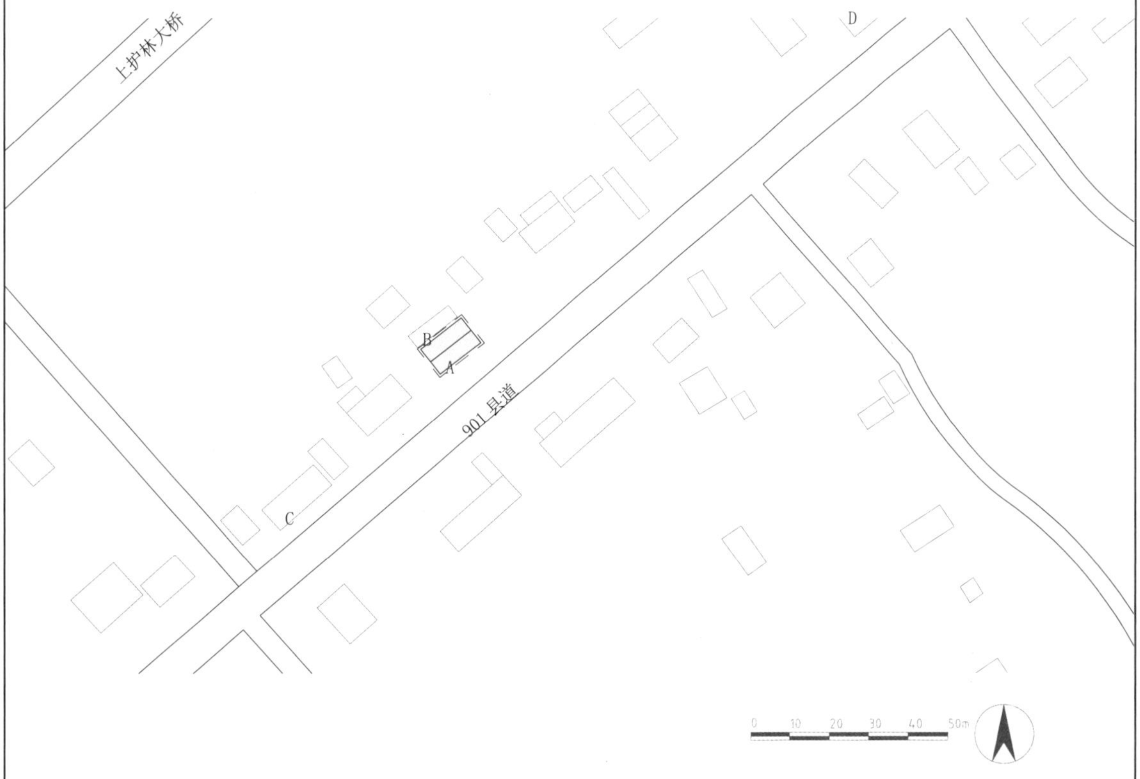

A. 上护林百年老木屋

B. 百年老木屋餐厅

C. 新腾飞商店

D. 建军商店

备注	—		
调查日期	2019 年 8 月 17 日	调查人员	马德宇、吕保

上护林百年老木屋

图片名称	人视图 1	图片名称	人视图 2	图片名称	东立面

图片名称	屋顶转角处结构	图片名称	檐口细部	图片名称	室外墙体细部

图片名称	室内空间	图片名称	室内空间	图片名称	演员入口
				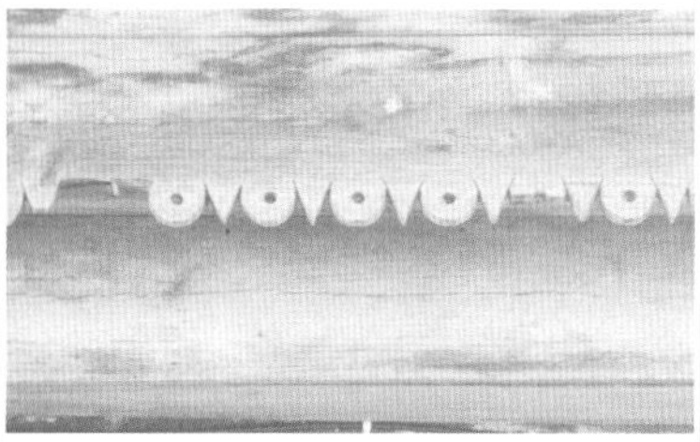	
图片名称	结构木梁	图片名称	室内地板	图片名称	室内空间

图片名称	雕花外窗	图片名称	立面细节	图片名称	转角处结构

备注	—				
摄影日期	2019 年 8 月 17 日				

鸟瞰图

南立面

建筑室外（左）
窗细部（右）

10.15 蒙兀室韦苏木老木屋

Mengwu Shiwei Sumu Old Wooden House

内蒙古自治区额尔古纳市蒙兀室韦苏木室韦村

Shiwei Village, Shiwei Sumu, Ergun City, Inner Mongolia Autonomous Region

历史公布时间：2017 年 12 月 12 日

| 鸟瞰图

建筑简介

蒙兀室韦苏木老木屋位于额尔古纳市蒙兀室韦苏木，始建于 1940 年，原来作为当地的粮库使用，现权属为个人所有。

老木屋是典型的俄式木刻楞，呈“一”字形布局，建筑面积约为 180 ㎡，建筑层数为 1 层，屋顶形式为四坡顶，主体结构为木结构，现保存完整。木屋屋顶坡度较大，屋顶上铺满了纯手工制作的雨淋板。雨淋板的制作难度较大，对于原材料的要求也比较高，所用木材必须为有垂直纹路的圆木，首先将圆木切成 60cm 的木段，再将木段沿外边缘劈成厚度为 5cm 左右的木板，最后再将木板中心的木材剔除，形成类似“U”字形的横截面。在大雨或大雪的天气条件下，屋顶上的雨水或积雪会顺着雨淋板的凹槽有序地排出屋顶，从而避免了积水渗入室内，也在一定程度上减少了屋顶的荷载，延长了建筑结构的使用寿命。木屋的主入口处有一道外廊，廊顶是斜向下的，角度与木屋的屋顶一致，既能保护墙身不受雨雪的侵害，又形成了层层错落的屋顶形式。

木屋的墙身同其他木刻楞一样，是由圆木一层一层垂直堆砌而成的，所不同的是该木屋的墙身所用的木材形状较好，再经过精细的加工，相邻的木材之间几乎没有缝隙。墙体砌筑时不打铁钉，先在圆木上钻孔，再用木楔加固，从而保留了外立面上纯粹的木质形态。墙体交接处的木材采用榫接的方式，既起到抗震的作用，又将精美的传统建造工艺毫无保留地展示了出来。地基的处理也是用四块石头进行找平，石头之间灌上水泥，然后用圆木堆砌墙体。考虑到木屋的使用性质，铺地板前先放两圈圆木，形成地下的夹层，有利于建筑的通风，为粮食的储存提供了良好的条件。

老木屋充分体现了当时劳动人民的智慧，也为研究百年以前中俄边境独特的建筑风格提供了历史佐证，代表并传承着额尔古纳市俄罗斯族的民俗文化，具有重要的历史价值。

<table>
<tr><td>建筑名称</td><td colspan="2">蒙兀室韦老木屋</td><td>历史名称</td><td colspan="3">室韦粮仓</td></tr>
<tr><td>建筑简介</td><td colspan="6">蒙兀室韦苏木老木屋位于额尔古纳市蒙兀室韦苏木，始建于 1940 年，原来作为当地的粮库使用，现权属为个人所有。木屋充分体现了当时劳动人民的智慧，也为研究百年以前中俄边境独特的建筑风格提供了历史佐证，代表并传承着额尔古纳市俄罗斯族的民俗文化</td></tr>
<tr><td>建筑位置</td><td colspan="6">内蒙古自治区额尔古纳市蒙兀室韦苏木</td></tr>
<tr><td rowspan="2">概述</td><td>建设时间</td><td>1940 年</td><td>建筑朝向</td><td>南向</td><td>建筑层数</td><td>一层</td></tr>
<tr><td>历史公布时间</td><td>2017 年 12 月 12 日</td><td>建筑类别</td><td colspan="3">仓库</td></tr>
<tr><td rowspan="3">建筑主体</td><td>屋顶形式</td><td colspan="5">四坡顶</td></tr>
<tr><td>外墙材料</td><td colspan="5">木</td></tr>
<tr><td>主体结构</td><td colspan="5">木结构</td></tr>
<tr><td>建筑质量</td><td colspan="6">基本完好</td></tr>
<tr><td>建筑面积</td><td colspan="2">180 m²</td><td>占地面积</td><td colspan="3">750 m²</td></tr>
<tr><td>功能布局</td><td colspan="6">“一”字形布局</td></tr>
<tr><td>重建翻修</td><td colspan="6">—</td></tr>
<tr><td colspan="7">A. 蒙兀室韦老木屋
B. 蒙古之源蒙兀室韦文化旅游景区
C. 喀秋莎世纪酒馆
D. 莲娜俄罗斯大酒店</td></tr>
<tr><td>备注</td><td colspan="6">—</td></tr>
<tr><td>调查日期</td><td colspan="2">2019 年 8 月 17 日</td><td>调查人员</td><td colspan="3">马德宇、吕保</td></tr>
</table>

蒙兀室韦苏木老木屋

图片名称 	人视图	图片名称 	门结构连接处	图片名称 	屋脊连接处通风口
图片名称 	屋顶结构细部 1	图片名称 	屋架结构细部	图片名称 	主次梁结构细部
图片名称 	室内分隔空间	图片名称 	室内空间 1	图片名称 	室内空间 2
图片名称 	室内墙体结构细部	图片名称 	屋顶处结构细部 2	图片名称 	屋顶结构处细部 3
图片名称 	外墙结构	图片名称 	木门细部	图片名称 	室外墙体细部
备注	—				
摄影日期	2019 年 8 月 17 日				

鸟瞰图

南立面

木构走廊(左)
屋架结构(右)

10.16 原林业职工俱乐部

Former Forestry Staff Club

内蒙古自治区阿尔山市东沟里
Donggou Li, Arxan, Inner Mongolia Autonomous Region
历史公布时间：2017 年 6 月 8 日

| 鸟瞰图

建筑简介

原职工俱乐部位于兴安盟阿尔山市东沟里雪具大厅西北处，建筑始建于 20 世纪 50 年代，50 年代至 80 年代末为当地林业职工的文艺场所，内部包含电影院和会议室等功能，90 年代后一直停用，2017 年进行修缮与改造，现作为乌兰牧骑的排练与演出场所。

该建筑呈“一”字形布局，坐北朝南，建筑面积约为 556 ㎡，建筑层数为 2 层，屋顶形式为双坡顶，主体结构为砖木结构，建筑外墙材料主要为红砖。建筑形体比较简单，但立面设计的比较丰富，主立面保留了初建时的风貌，主入口上端有二层楼板挑出的室外阳台，既作为建筑的半室外活动空间，又作为建筑主入口处的雨篷，增大了建筑的使用效率。阳台上端有三个券洞形式的窗户，位于双坡顶正下方的位置，在立面构图上对称分布，发券的趋势与建筑屋顶轮廓线的走势一致，很好的呼应了建筑的外部造型；由于建筑的使用功能发生了变化，为了满足现有功能的使用，侧立面窗户的位置以及尺度均发生了一些变化，但整体风格未变，立面的结构柱凸出墙面且延伸出屋顶，进而增强了建筑的挺拔感。建筑立面的色彩完整地保留了初建时的砖红色，局部的黄色构件与主色调形成了鲜明的对比。

建筑内部空间布局变化丰富，大小空间的合理排布形成了较好的节奏变化。主入口门厅与走道错位布置，中间以发券的门洞隔开，走道采用单外廊的形式，尽端的通高空间原为俱乐部电影院的观众厅，经过重新装修改造后作为乌兰牧骑的排练厅，器械室、休息间等辅助用房沿走道一侧布置；建筑的二层主要作为办公空间使用。

原职工俱乐部承载了林业时期的大部分文化娱乐活动，其建筑风格也是当地林业时代的典型代表。在 2017 年的改造过程中，虽然室内空间的材质均被更换，但建筑的主体结构以及立面形式都被很好地保留了下来，因此具有较大的历史意义。

<table>
<tr><td>建筑名称</td><td colspan="2">原林业职工俱乐部</td><td>历史名称</td><td colspan="3">林业职工俱乐部</td></tr>
<tr><td>建筑简介</td><td colspan="6">原职工俱乐部位于兴安盟阿尔山市东沟里雪具大厅西北处，建筑始建于 20 世纪 50 年代，50 年代至 80 年代末为当地林业职工的文艺场所，内部包含电影院和会议室等功能，90 年代后一直停用，2017 年进行修缮与改造，现作为乌兰牧骑的排练与演出场所</td></tr>
<tr><td>建筑位置</td><td colspan="6">内蒙古自治区兴安盟阿尔山市东沟里雪具大厅西北处</td></tr>
<tr><td rowspan="2">概述</td><td>建设时间</td><td>20 世纪 50 年代</td><td>建筑朝向</td><td>南向</td><td>建筑层数</td><td>两层</td></tr>
<tr><td>历史公布时间</td><td>2017 年 6 月 8 日</td><td>建筑类别</td><td colspan="3">文体娱乐</td></tr>
<tr><td rowspan="3">建筑主体</td><td>屋顶形式</td><td colspan="5">双坡顶</td></tr>
<tr><td>外墙材料</td><td colspan="5">砖</td></tr>
<tr><td>主体结构</td><td colspan="5">框架结构</td></tr>
<tr><td>建筑质量</td><td colspan="6">基本完好</td></tr>
<tr><td>建筑面积</td><td colspan="2">556 m²</td><td>占地面积</td><td colspan="3">400 m²</td></tr>
<tr><td>功能布局</td><td colspan="6">“一”字形布局</td></tr>
<tr><td>重建翻修</td><td colspan="6">—</td></tr>
<tr><td colspan="7">规划道路
A
规划道路
0 20 40 60 80 100m
A. 原林业职工俱乐部</td></tr>
<tr><td>备注</td><td colspan="6">—</td></tr>
<tr><td>调查日期</td><td colspan="2">2019 年 8 月 23 日</td><td>调查人员</td><td colspan="3">马德宇、吕保</td></tr>
</table>

原林业职工俱乐部

图片名称 	鸟瞰图 1	图片名称 	鸟瞰图 2	图片名称 	西立面
图片名称 	东立面	图片名称 	主入口立面	图片名称 	屋顶细部
图片名称 	主入口	图片名称 	雨棚	图片名称 	演员入口
图片名称 	排练厅 1	图片名称 	棚顶	图片名称 	入口门厅
图片名称 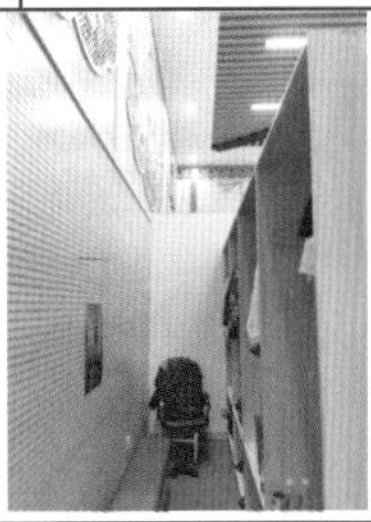	排练休息室	图片名称 	走廊门厅	图片名称 	立面细部
备注	—				
摄影日期	2019 年 8 月 23 日				

人视图

南立面

排练厅 2（左）
楼梯（右）

10.17 海神疗养院

Poseidon Sanatorium

内蒙古自治区阿尔山市东沟里
Donggou, Arxan, Inner Mongolia Autonomous Region
历史公布时间：2017 年 6 月 8 日

| 鸟瞰图

建筑简介

海神疗养院位于阿尔山市东沟里温泉群北侧，该建筑始建于 1956 年，结构为砖混结构。该建筑现阶段保存完好且仍在使用，于 2017 年 6 月 8 日被当地政府公布为历史建筑。2018 年进行了室内的重新装修，但主体结构与功能布局都未改变，现作为温泉疗养院的职工宿舍。

该建筑布局方式简单，呈“一”字形布局，中轴对称，屋顶形式为双坡顶，建筑层数为二层，建筑面积约为 2310 ㎡。该建筑体现了 20 世纪五六十年代的俄式建筑风格，主入口的顶部有三角形的片墙，墙中央刻有建筑的建设年份，建设年份的上部有凸出墙体的红十字标志，充分体现了医疗类建筑的特点。建筑四周绿地率较高，主入口前有笔直的林荫道，两侧的绿地内种植松树，在树丛中设计了蜿蜒曲折的人行道，每隔一定的距离设置石制的休息座椅，为疗养人员提供了良好的室外活动场所。建筑内部功能布局比较简单，所有的功能空间通过单内廊的形式串联起来，并沿走道两侧对称分布。主入口门厅前设有门斗，体现了北方严寒地区室内布局的特点。

建筑外立面的色彩淡雅，以淡黄色为主色调，再以粉色的构件进行划分，门窗边框上刷有蓝色油漆，窗间墙上有精心雕刻的图案，整体风格轻快明朗，突出了医疗类建筑的性格特征。主入口处在建筑中轴线的位置，建筑体块略微向后退，从而强调了建筑的主入口；二层挑出室外平台，既作为建筑的半室外活动空间，又作为建筑的雨篷，设计巧妙，提高了建筑的使用效率。

海神疗养院作为 20 世纪五六十年代典型的医疗建筑，从外部空间到立面色彩都能直接体现出疗养建筑轻松安逸的建筑性格。原国家副主席乌兰夫、中央军委秘书长罗瑞卿、著名科普作家高士其、歌唱家郭兰英都曾在这里疗养过，海神疗养院与京都将军浴都在阿尔山海神院内，作为温泉疗养休闲之地，部分 领导人均在这里疗养过，因此该建筑具有一定的纪念意义。

<table>
<tr><td>建筑名称</td><td colspan="2">海神疗养院</td><td>历史名称</td><td colspan="3">海神疗养院</td></tr>
<tr><td>建筑简介</td><td colspan="6">疗养院位于阿尔山市东沟里温泉群北侧，该建筑始建于 1956 年，结构为砖混结构。保存完好且仍在使用，于 2017 年 6 月 8 日被当地政府公布为历史建筑。2018 年进行了室内的重新装修，但主体结构与功能布局都未改变，现作为温泉疗养院的职工宿舍</td></tr>
<tr><td>建筑位置</td><td colspan="6">内蒙古自治区阿尔山市东沟里温泉群北侧</td></tr>
<tr><td rowspan="2">概述</td><td>建设时间</td><td>1956 年</td><td>建筑朝向</td><td>北向</td><td>建筑层数</td><td>两层</td></tr>
<tr><td>历史公布时间</td><td>2017 年 6 月 8 日</td><td>建筑类别</td><td colspan="3">医疗卫生</td></tr>
<tr><td rowspan="3">建筑主体</td><td>屋顶形式</td><td colspan="5">双坡顶</td></tr>
<tr><td>外墙材料</td><td colspan="5">砖与石</td></tr>
<tr><td>主体结构</td><td colspan="5">框架结构</td></tr>
<tr><td>建筑质量</td><td colspan="6">基本完好</td></tr>
<tr><td>建筑面积</td><td colspan="2">2310 m²</td><td>占地面积</td><td colspan="3">2310 m²</td></tr>
<tr><td>功能布局</td><td colspan="6">“一”字形布局</td></tr>
<tr><td>重建翻修</td><td colspan="6">室内装修（2018 年）</td></tr>
<tr><td colspan="7">A. 海神疗养院
B. 中国温泉博物馆
C. 海神温泉大酒店
D. 海神餐厅
E. 蒙古大营</td></tr>
<tr><td>备注</td><td colspan="6">—</td></tr>
<tr><td>调查日期</td><td colspan="2">2019 年 8 月 23 日</td><td>调查人员</td><td colspan="3">马德宇、吕保</td></tr>
</table>

海神疗养院

图片名称 	鸟瞰图 1	图片名称 	鸟瞰图 2	图片名称 	透视图 1
图片名称 	西立面	图片名称 	主入口道路	图片名称 	主入口广场
图片名称 	雨棚	图片名称 	屋顶阁楼	图片名称 	屋顶
图片名称 	主入口门厅	图片名称 	次入口门厅	图片名称 	屋檐细部
图片名称 	透视图 2	图片名称 	楼梯	图片名称 	走廊
备注	—				
摄影日期	2019 年 8 月 23 日				

人视图

南立面

主入口（左）
透视图 3
（右）

10.18 阿尔山市新城街贮木场

Xincheng Street Log Depot in Arxan

内蒙古自治区阿尔山市新城街贮木场

Xincheng Street Log Depot in Arxan, Inner Mongolia Autonomous Region

历史公布时间：2017 年 6 月 8 日

| 人视图

建筑简介

新城街贮木厂位于兴安盟阿尔山市，工厂始建于 20 世纪 50 年代，现有木材加工厂车库、木材加工厂办公室、木材加工厂工具修理车间、木材加工车间、木材烘干厂房、木材生产车间、加工烘干车间、木材加工厂细木板车间、带锯车间、圆棒车间、木材干燥车间、栲胶厂等 23 座建筑。现阶段贮木厂已经搬迁，遗留的厂房已停止使用，保存完整度较高的建筑仅有木材加工车间与火车站站房。办公室、会议室等建筑现作为居民住所。

木材加工车间位于木材加工厂院内，建筑面积为 1906 ㎡，建筑结构为桁架结构，局部三层。现权属归个人所有，曾作为鑫地塑钢门窗厂，目前厂房处于空置状态。车间的布局形式为少见的“F”形布局，各建筑体块高度不同，组合丰富，立面上外露的结构柱、灰色的水泥砂浆抹面、蓝色的入口门扇以及红色的金属窗框都体现出 20 世纪 50 年代工业建筑的特点。

车站站房初建于 20 世纪 60 年代，“T”字形布局，屋顶形式为双坡顶，建筑结构为砖混结构，建筑层数为一层，目前仍处于使用状态。建筑外墙的材质为红砖，与周边的厂房色调统一，风格协调。该建筑见证了 20 世纪 70 ～ 80 年代林业由手工作业到机械化的快速发展历程，也见证了 20 世纪 90 年代以后由于林木采伐量的大量减少对林业发展带来的影响。

新城街贮木厂的建设，将原始的原木为主产品、生产方式为原始手工作业转变为采集、装运全部机械化流水作业，将单一的原木生产，改为原木、原条生产相结合的方式，在当时是林业发展史上的一个历史性的转折点，对于林业的发展史、阿尔山市的发展和建设都具有重要意义。虽然原贮木厂中的部分建筑均有不同程度的损坏，但工业遗址的整体布局仍然保留完整，对于 20 世纪我国工业园区的布局形态研究有较大的参考价值。

建筑名称	阿尔山市新城街贮木场		历史名称	阿尔山市新城街贮木场		
建筑简介	新城街贮木厂位于兴安盟阿尔山市，工厂始建于 20 世纪 50 年代，现有木材加工厂车库、木材加工厂办公室、木材加工厂工具修理车间、木材生产车间、加工烘干车间、木材加工厂细木板车间、带锯车间、圆棒车间、木材干燥车间、栲胶厂等 23 座建筑。现阶段贮木厂已经搬迁，遗留的厂房已停止使用，保存完整度较高的建筑仅有木材加工车间与火车站站房					
建筑位置	内蒙古自治区阿尔山市新城街贮木场					
概述	建设时间	20 世纪五六十年代	建筑朝向	—	建筑层数	—
	历史公布时间	2017 年 6 月 8 日	建筑类别	工业建筑		
建筑主体	屋顶形式	—				
	外墙材料	砖与石				
	主体结构	—				
建筑质量	基本完好					
建筑面积	—		占地面积	—		
功能布局	所有建筑按照功能类型进行分类，分为木材生产区、工厂办公区以及工人生活区三个部分					
重建翻修	—					

A. 木材加工厂车库
B. 木材加工厂车库
C. 木材加工厂办公室
D. 木材加工厂工具修理车间
E. 木材加工车间
F. 木材加工厂办公室
G. 木材烘干厂房
H. 木材生产车间
I. 加工烘干车间
K. 木材加工车间
L. 木材加工厂办公室
M. 木材烘干厂房
N. 木材生产车间
O. 加工烘干车间
P. 木材加工车间
R. 会议室
S. 贮木场办公室

备注	—		
调查日期	2019 年 8 月 23 日	调查人员	马德宇、吕保

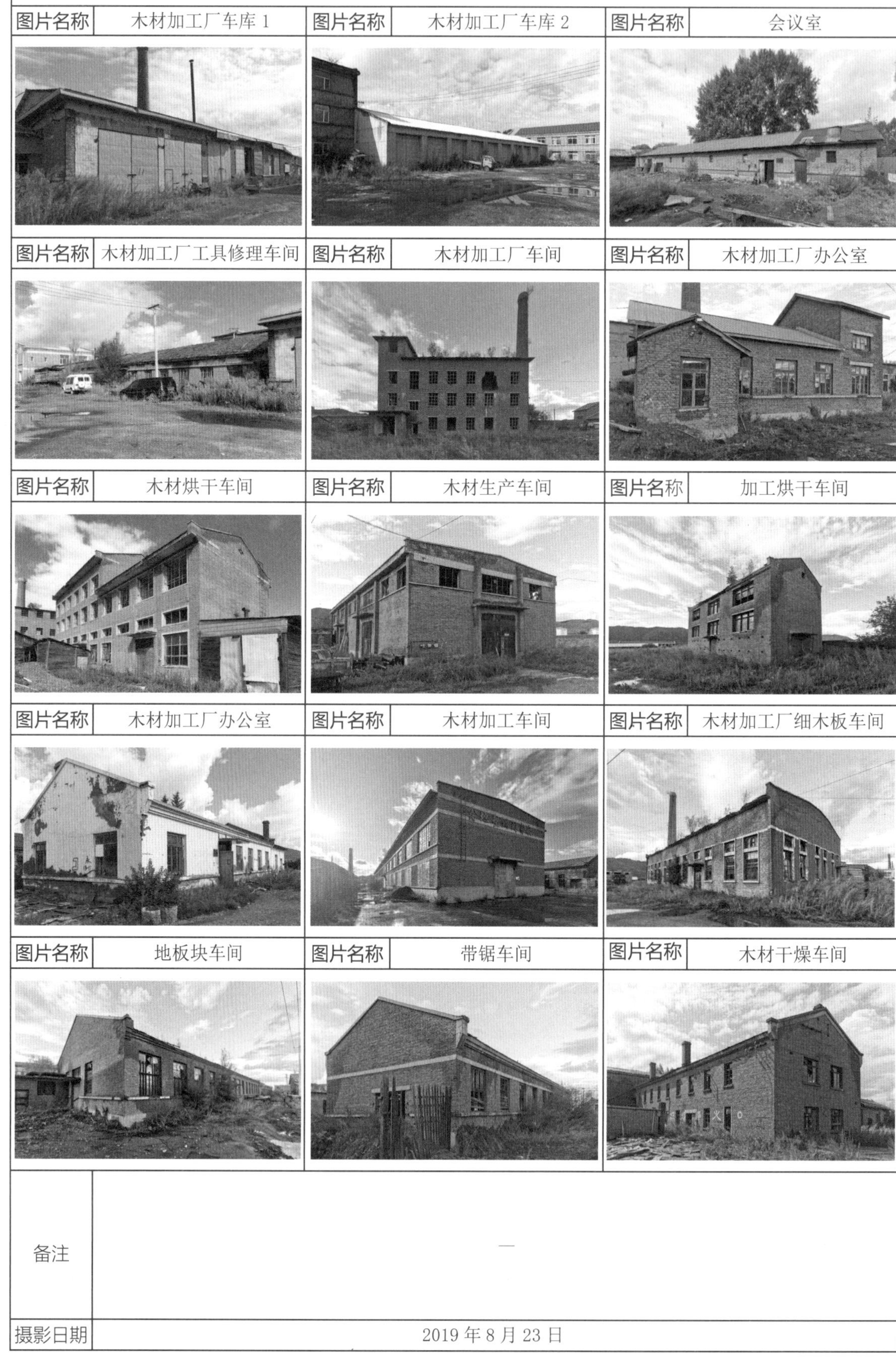

阿尔山市新城街贮木场

图片名称	木材加工厂车库 1	图片名称	木材加工厂车库 2	图片名称	会议室
图片名称	木材加工厂工具修理车间	图片名称	木材加工厂车间	图片名称	木材加工厂办公室
图片名称	木材烘干车间	图片名称	木材生产车间	图片名称	加工烘干车间
图片名称	木材加工厂办公室	图片名称	木材加工车间	图片名称	木材加工厂细木板车间
图片名称	地板块车间	图片名称	带锯车间	图片名称	木材干燥车间
备注	—				
摄影日期	2019 年 8 月 23 日				

贮木场办公室

工具修理车间

圆棒车间（左）
办公室(右)

10.19 老铁中教学楼

Teaching Building in the Old Railway Middle School

内蒙古自治区满洲里市北区街道办事处富华社区南

South to Fuhua Community, North District Sub-district Ofﬁce, Manchuria, Inner Mongolia Autonomous Region

历史公布时间：2017 年 10 月 30 日

| 鸟瞰图

建筑简介

老铁中教学楼位于满洲里市北区一道街北侧，是 20 世纪 50 年代典型的俄式风格建筑。建筑始建于 1952 年，当时作为铁路换装所单身职工宿舍，1953 ~ 2004 年为铁路中学学生宿舍，2004 年划归地方政府教育局管理，为满洲里市第六中学，2015 年铁路中学迁走，现在处于空置状态。

该建筑呈“一”字形布局，主入口朝东，中轴对称，主体结构为砖木结构，屋顶为双坡顶，建筑占地面积约为 2700 ㎡，建筑面积约为 2200 ㎡，建筑层数为 3 层，建筑高度为 12.1m，建筑内部空间与结构保存完好。建筑功能布局比较简单，所有的功能空间通过单内廊的形式串联起来，并沿走道两侧对称分布，室内的楼梯还保留着原始的风貌，水泥砂浆抹面，红色的古典木质扶手成为建筑内部抹不去的历史痕迹。

建筑立面的形制是 20 世纪 50 年代的典型代表，外立面的主要材质为砖和石，以黄色为主色调，凸出于立面的结构柱用白色涂料进行粉刷，窗间墙再以竖向的白色装饰构件进行划分，划分的间距不尽相同，从而形成了立面上明显的节奏变化，这样的处理既在色彩上与主色调形成了对比，又强化了整个立面向上的运动感，很好地呼应了建筑的整体风格。主入口处的墙体高出屋顶一部分，顶部有砖砌的装饰柱，高度不尽相同，这样的装饰方式体现出了严寒地区建筑的厚重感，并在一定程度上丰富了建筑的外轮廓。建筑的南立面有外挂的铁制平行双跑楼梯，楼梯踢面镂空，在细节上体现出了建筑设计的深度。

该建筑于 2014 年前后进行了主体结构的加固，但建筑的外立面、内部空间以及结构形式都是初建时的风貌，具有很高的历史、文化、艺术、建筑、民俗价值。该建筑作为中俄文化交流的载体，对于满洲里城市发展历史研究、中东铁路历史研究、中俄早期贸易史研究、早期中国革命史研究以及对外文化交流研究都具有较高的价值。

<table>
<tr><td>建筑名称</td><td colspan="2">老铁中教学楼</td><td>历史名称</td><td colspan="3">铁中教学楼</td></tr>
<tr><td>建筑简介</td><td colspan="6">老铁中教学楼位于满洲里市，是20世纪50年代典型的俄式风格建筑。建筑始建于1952年，当时作为铁路换装所单身职工宿舍，1953～2004年为铁路中学学生宿舍，2004年划归地方政府教育局管理，为满洲里市第六中学，2015年铁路中学迁走，现在处于空置状态</td></tr>
<tr><td>建筑位置</td><td colspan="6">内蒙古自治区呼和浩特市满洲里市北区一道街北侧</td></tr>
<tr><td rowspan="2">概述</td><td>建设时间</td><td>1952年</td><td>建筑朝向</td><td>东向</td><td>建筑层数</td><td>三层</td></tr>
<tr><td>历史公布时间</td><td>2017年10月30日</td><td>建筑类别</td><td colspan="3">教育文化</td></tr>
<tr><td rowspan="3">建筑主体</td><td>屋顶形式</td><td colspan="5">双坡顶</td></tr>
<tr><td>外墙材料</td><td colspan="5">砖与石</td></tr>
<tr><td>主体结构</td><td colspan="5">砖混结构</td></tr>
<tr><td>建筑质量</td><td colspan="6">基本完好</td></tr>
<tr><td>建筑面积</td><td colspan="2">2200 m²</td><td>占地面积</td><td colspan="3">2700 m²</td></tr>
<tr><td>功能布局</td><td colspan="6">“一”字形布局</td></tr>
<tr><td>重建翻修</td><td colspan="6">主体结构加固（2014年）</td></tr>
<tr><td colspan="7">树林路
0 20 40 60 80 100m
A. 老铁中教学楼
B. 满洲里第六学校
C. 新世纪一道街21号木刻楞</td></tr>
<tr><td>备注</td><td colspan="6">—</td></tr>
<tr><td>调查日期</td><td colspan="2">2019年8月19日</td><td>调查人员</td><td colspan="3">马德宇、吕保</td></tr>
</table>

老铁中教学楼

图片名称 	鸟瞰图	图片名称 	透视图 1	图片名称 	透视图 2
图片名称 	透视图 3	图片名称 	透视图 4	图片名称 	透视图 5
图片名称 	主入口雨棚	图片名称 	建筑细部 1	图片名称 	窗户
图片名称 	建筑细部 2	图片名称 	建筑细部 3	图片名称 	建筑细部 4
图片名称 	主入口	图片名称 	室外楼梯	图片名称 	立面窗
备注	—				
摄影日期	2019 年 8 月 19 日				

人视图

主立面图

楼顶（左）

主入口窗户（右）

第 11 章 东部地区其他历史建筑信息档案

Other Historic Buildings' Files in the East Region

11.1 通辽市地区档案

东归力村村部

历史建筑介绍:

该建筑位于通辽市大林镇政府驻地东北3km处。清代咸丰年间，几户朝鲜族到此种水稻，后又从法库、康平县迁来几户人家居住此地，成屯后取名归力。"归力是蒙语的译音，有两种解释，一是此地当时是朝鲜人居住的地方，是对朝鲜人的称呼高丽一词的失音，二是对黄铜的叫法，建屯时有人从地里挖出了铜器，因此得名，为区别同名西屯，故名东归力。由于当时物资十分匮乏，经济很困难，经当时领导多方协调，才兴建了这座建筑。

历史建筑基本情况:

建筑层数	1层
结构类型	砖砌结构
建筑位置	巨日合镇东3.5公里处
建筑面积	300m²
建设时间	1972年
历史建筑公布时间	2017年12月1日

总平面图

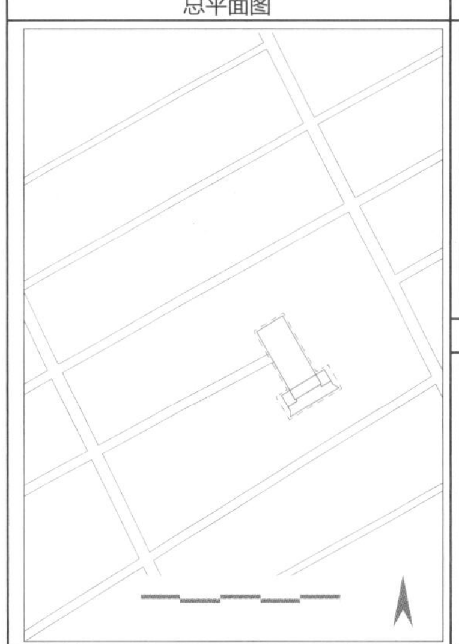

实景照片1

实景照片2

水泉乡益利哈嘎查防空洞

历史建筑介绍:

水泉乡益利哈嘎查防空洞位于水泉乡益利哈嘎查村部西侧，始建于1965年，在当时特殊年代背景下，用于防空袭。现在仍保持原样，可正常使用，防空洞采用砖石结构，洞内长600m，宽2.8m，设6个洞口。

历史建筑基本情况:

建筑层数	—
结构类型	—
建筑位置	水泉乡益利哈嘎查
建筑面积	洞内长600米，宽2.8米
建设时间	1965年
历史建筑公布时间	2017年12月1日

总平面图

实景照片1

实景照片2

巨日合供销社兴隆地分销店

历史建筑介绍:

巨日合供销社兴隆地分销店，始建于1979年，位于扎鲁特旗巨日合镇兴隆地村，建筑面积193.55m²，占地面积1640m²，建筑层数1层，建筑高度3m。目前仍为供销社，经营形式保留原有特色。商品随时代变迁有所改变，极大方便了居民生活。

历史建筑基本情况:

建筑层数	1层
结构类型	—
建筑位置	巨日合镇兴隆地村
建筑面积	500m²
建设时间	1979年
历史建筑公布时间	2017年12月1日

总平面图

实景照片1

实景照片2

巨日合镇保安村村史馆

历史建筑介绍:

保安村村史馆位于巨日合镇，始建于1972年，2016年由巨日合镇政府出资进行保护性修缮，该馆占地面积1900m²，房舍3栋，主房舍房屋五间，东侧木质棚舍2栋，“水是家乡甜，月是故乡明”，故乡的一草一木，乡里乡音都令人魂牵梦绕。为了能留住乡愁，记住乡音，保安村村史馆内收集陈列历史农用工具16件，历史家用物件150余件，这些物品承载着历史，一幅幅图片记录了进程，一处处实景浓缩着记忆，深刻的反映出保安村的历史特征和进程。

历史建筑基本情况:

建筑层数	1层
结构类型	砖砌结构
建筑位置	巨日合镇东3.5公里处
建筑面积	300m²
建设时间	1972年
历史建筑公布时间	2017年12月1日

总平面图

住宅
342乡道
巨日合镇道
住宅

实景照片1

实景照片2

嘎亥图镇塔拉宝力皋嘎查草屋

历史建筑介绍:

1936年，韩毛好尔等7户从科尔沁右翼中旗搬来在塔拉宝力皋建村。该建筑墙高度4.6m，上面三角形高度为1.6m，墙厚度1m，两面坡度，长度11m，宽度6m。建筑内部一共9根柱子，柱子上面用柞木条编耙，耙长3m，高1.6m，共12个。

历史建筑基本情况:

建筑层数	1层
结构类型	木土结构
建筑位置	嘎亥图镇塔拉宝力皋嘎查
建筑面积	90m²
建设时间	1936年
历史建筑公布时间	2017年12月1日

总平面图

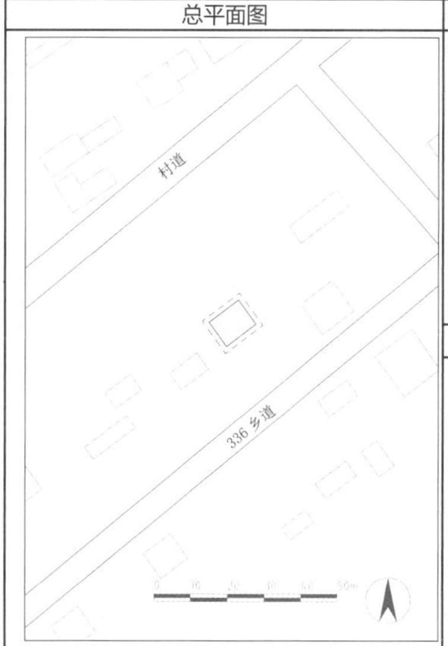

实景照片1

实景照片2

五家子大桥

历史建筑介绍:

五家子大桥始建于1968年，竣工与1971年，建设期限为3年。该桥梁结构为双曲拱桥，桥身长85m、跨径总长50m、桥宽7m、净宽6m、桥高15m、灌注桩一侧9个桩、直径0.6m、灌注桩平台6m、灌注桩基础深12m。

历史建筑基本情况:

建筑层数	—
结构类型	双曲拱桥
建筑位置	库伦镇五家子村
建筑面积	350m²
建设时间	1971年
历史建筑公布时间	2017年12月1日

总平面图

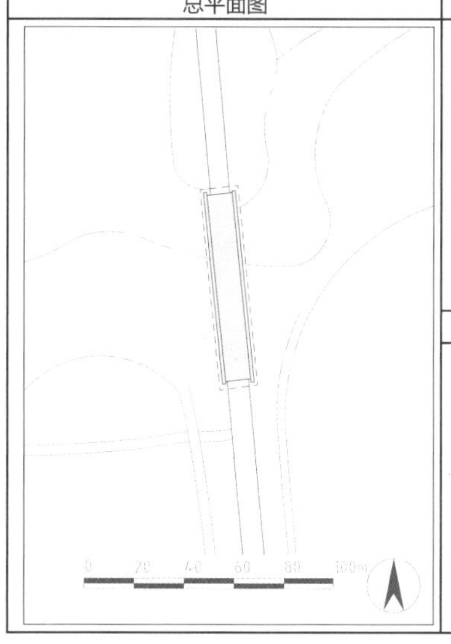

实景照片1

实景照片2

下庙大桥

历史建筑介绍：

下庙大桥始建于 1974 年，于 1977 年竣工，建设期限为 3 年。跨径总长 50m、桥宽 7m、净宽 6m、桥高 27m、灌注桩一侧 9 个桩、直径 1.9m、灌注桩平台 6m、灌注桩基础深 29m。

历史建筑基本情况：

建筑层数	—
结构类型	双曲拱桥
建筑位置	六家子镇九家子村
建筑面积	350m^2
建设时间	1974 年
历史建筑公布时间	2017 年 12 月 1 日

总平面图

465 县道

465 县道

实景照片 1

实景照片 2

白庙子大桥

历史建筑介绍：

白庙子大桥始建于 1965 年，纯石头砌筑桥梁，是库伦旗的第一座桥梁。该桥梁为石拱桥，桥身长 85.5m、跨径总长 75m（5 个拱、每个拱 15m 长）、桥宽 7m、净宽 6m、桥高 15m。

历史建筑基本情况：

建筑层数	—
结构类型	单曲拱桥
建筑位置	库伦镇白庙子村
建筑面积	375m^2
建设时间	1965 年
历史建筑公布时间	2017 年 12 月 1 日

总平面图

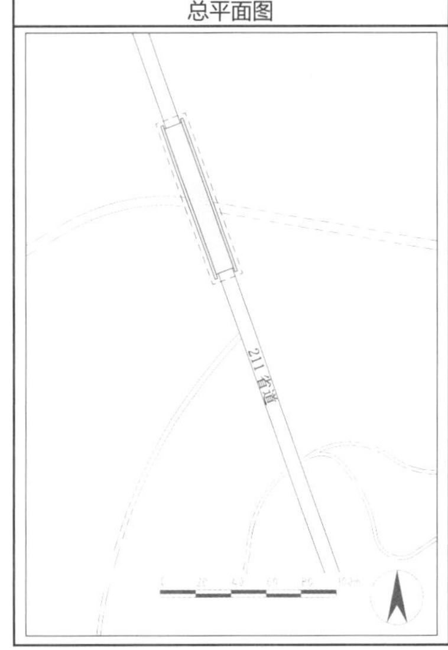

实景照片 1

实景照片 2

白庙子堰堤

历史建筑介绍：

五星灌区堤坝称为白庙子堰堤，始建于康德十年十月，坝长 60m、坝高 7m，于 1980 年 1 月进行过一次加固。

历史建筑基本情况：

建筑层数	—
结构类型	—
建筑位置	库伦镇五星灌区
建筑面积	坝长 60m、坝高 7m，
建设时间	康德十年
历史建筑公布时间	2017 年 12 月 1 日

总平面图

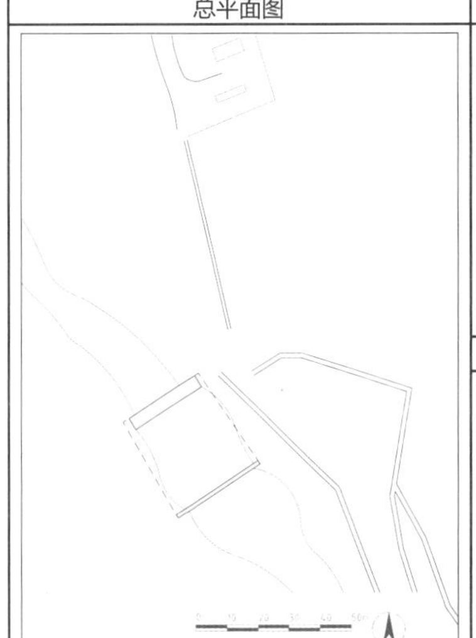

实景照片 1

实景照片 2

温都尔王府管家用房

历史建筑介绍:

温都尔王府管家用房，2017年12月由科左中旗人民政府公布为科左中旗历史建筑。该建筑位于科左中旗巴彦塔拉镇南巴村，始建于清康熙年间，建筑面积为79.2m²，占地面积为2080m²。建筑层数为1层。该建筑为典型清代建筑，作为贵族王公管理人员用房。该建筑后期作为东蒙军政干部学校教师住宿用房，土改后分给村民居住。现此房年久失修，因房主搬外地，暂由亲属时管理，具有特殊的历史意义。

历史建筑基本情况:

建筑层数	1层
结构类型	木结构
建筑位置	科左中旗巴彦塔拉镇
建筑面积	2080m²
建设时间	清康熙年间
历史建筑公布时间	2017年12月1日

总平面图

461县道

南巴村道

实景照片1

实景照片2

珠日河牧场原机关办公用房

历史建筑介绍:

珠日河牧场原机关办公用房位于科左中旗珠日河牧场直属分场。建筑初建于1979年，建筑面积2626.92m²，占地面积42804.64m²，建筑层数为1层。该建筑是原机关办公用房，为了改善办公条件而建设的。

历史建筑基本情况:

建筑层数	1层
结构类型	木结构
建筑位置	科左中旗巴彦塔拉镇
建筑面积	2080m²
建设时间	清康熙年间
历史建筑公布时间	2017年12月1日

总平面图

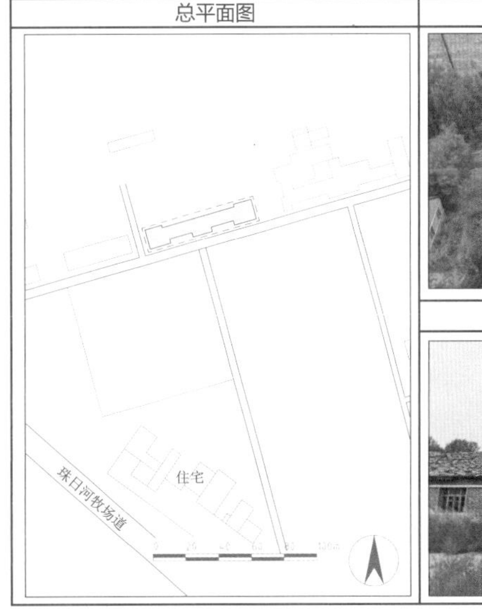

实景照片1

实景照片2

珠日河牧场礼堂

历史建筑介绍:

珠日河牧场礼堂位于科左中旗珠日河牧场直属分场。建筑始建于1983年，建筑面积314.89m²，占地面积5000m²，建筑层数为1层。该建筑用于当时原中学开展大型活动的综合利用礼堂。

历史建筑基本情况:

建筑层数	1层
结构类型	木结构
建筑位置	科左后旗朝鲁吐镇南恰克吐嘎查
建筑面积	56.06m²
建设时间	约100年前
历史建筑公布时间	2017年12月1日

总平面图

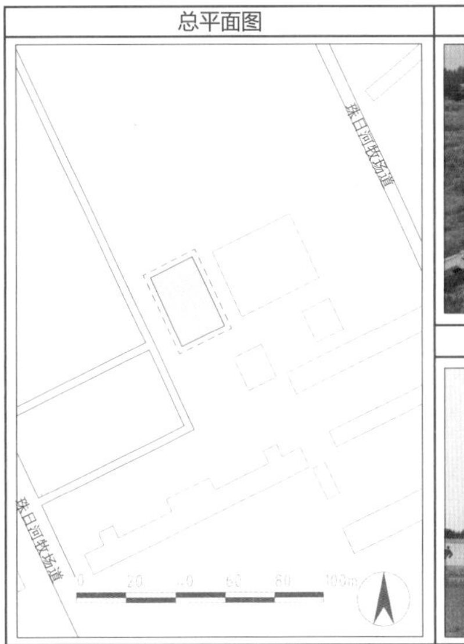

实景照片1

实景照片2

清代遗留药师佛像

历史建筑介绍:

清代遗留药师佛像位于科左后旗茂道吐苏木六爷浩绕嘎查塔林小组。清代遗留药师佛像就是清代达尔罕王后代扎木苏统治的六彦阿贵的一尊药师佛像，建设时间为 1788 年。药师佛像历经 230 年风雨依然保存完好，起到了促进民族团结、和谐共存，正确指引宗教信仰的作用。

历史建筑基本情况:

建筑层数	1层
结构类型	—
建筑位置	科左后旗茂道吐苏木六爷浩绕嘎查塔林小组
建筑面积	69.28m²
建设时间	清代
历史建筑公布时间	2017 年 12 月 1 日

总平面图

实景照片 1

实景照片 2

胜利农场语录塔

历史建筑介绍:

当时全国处于"文化大革命"时期，当地的农场革委会决定在所辖五个工作站各建语录塔一座。全场五座语录塔仅用一年零三个月就完工了。现阶段只有四分场这一座保存完整。语录塔是一个时代的政治产物，也是一代人的精神寄托。

历史建筑基本情况:

建筑层数	—
结构类型	—
建筑位置	科左后旗胜利农场四分场
建筑面积	14.3m²
建设时间	1970 年
历史建筑公布时间	2017 年 12 月 1 日

总平面图

实景照片 1

实景照片 2

查金台牧场语录塔

历史建筑介绍:

该建筑建于 20 世纪 60 年代的"文化大革命"初期，是一座典型的纪念性构筑物。语录塔主体为正方形，其中底座为梯形，砖石结构，水泥抹灰罩面，塔内空心，有蹬梯可攀爬至塔顶。语录塔塔身四面的顶端为铁质的五角星红旗对称造型，下面为水泥的立体五角星造型，五角星下面分别书写了毛主席语录，故称语录塔。语录塔具有典型的时代特征。1998 年当地政府对语录塔进行了修缮，现阶段语整体结构保存完好，未遭受较大破坏，外部已进行了涂料粉刷。

历史建筑基本情况:

建筑层数	—
结构类型	—
建筑位置	科左后旗查金台牧场
建筑面积	7.4m²
建设时间	1969 年
历史建筑公布时间	2017 年 12 月 1 日

总平面图

实景照片 1

实景照片 2

哈日巴拉烈士纪念碑

历史建筑介绍：

哈日巴拉烈士纪念碑位于科左后旗查日苏镇沃德村。建筑年代 1973 年，建筑高度为 6m。建筑产权属于国有。哈日巴拉，左中人，骑兵十二团机枪手，1947 年 4 月 18 日在沃德淖尔战斗中牺牲，为纪念哈日巴拉烈士，1973 年 9 月 17 日修建了该纪念碑。纪念碑基础 1m，三层梯形，高度 6m。碑前安放着烈士的尸骨，外围东西长 15m，南北宽 10m，砖墙围栏，是爱国主义教育的基地。

历史建筑基本情况：

建筑层数	—
结构类型	—
建筑位置	科左后旗查日苏镇沃德村
建筑面积	23.3m²
建设时间	1973 年
历史建筑公布时间	2017 年 12 月 1 日

总平面图

实景照片 1

实景照片 2

吉尔嘎朗镇大礼堂

历史建筑介绍：

大礼堂是用青砖砌筑的建筑，整座建筑的风貌及装修都有着 20 世纪 60 年代的特征，礼堂大门是朝北开的，大门上面的造型和中间的大五角星彰显着那个时代激情燃烧的岁月痕迹。在当时，吉尔嘎朗镇党政各种重要会议都在那里举办也是当地老百姓休闲娱乐的主要场所。大礼堂也是吉尔嘎朗镇发展壮大的见证，经过历史变迁，虽然遭受很多创伤，也从历史舞台光荣退役，但依然以完好的风格屹立在快速发展的现代小镇中央，继续完成着它的历史使命。

历史建筑基本情况：

建筑层数	1 层
结构类型	砖木结构
建筑位置	科左后旗吉尔嘎朗镇区
建筑面积	352m²
建设时间	1962 年
历史建筑公布时间	2017 年 12 月 1 日

总平面图

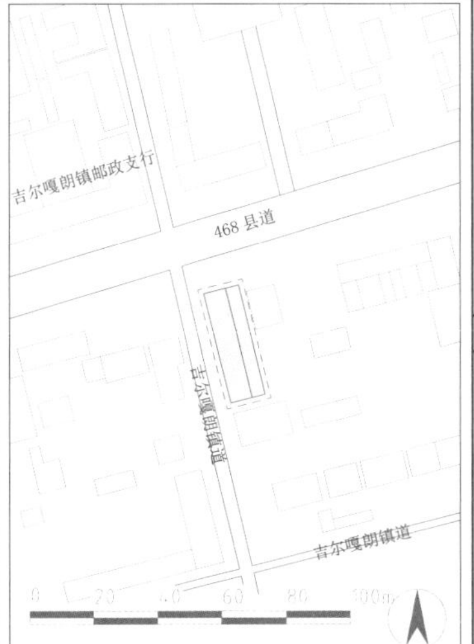

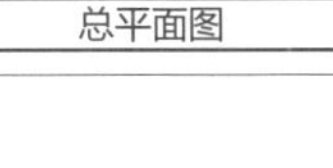

实景照片 1

实景照片 2

南恰克吐嘎查喇嘛用房 1

历史建筑介绍：

该建筑约 100 多年前建造，建筑形制古朴，只经过当地居民的些许改造，基本保留了原有建筑的风格，别具特色的青砖、木作，无不诉说着百年前建筑的语言，别致的砖雕花纹也十分难得，这两座建筑曾是百年前南恰克吐嘎查喇嘛寺庙中喇嘛们的居所，承载了那个久远年代的佛教信仰，所以，在当地具有深远的意义。

历史建筑基本情况：

建筑层数	1 层
结构类型	砖木结构
建筑位置	科左后旗朝鲁吐镇南恰克吐嘎查
建筑面积	56.06m²
建设时间	约 100 年前
历史建筑公布时间	2017 年 12 月 1 日

总平面图

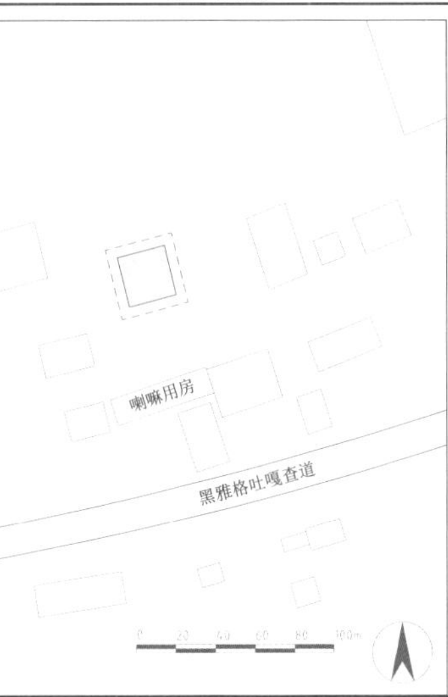

实景照片 1

实景照片 2

南恰克吐嘎查喇嘛用房 2

历史建筑介绍：

该建筑约 100 多年前建造，建筑形制古朴，只经过当地居民的些许改造，基本保留了原有建筑的风格，别具特色的青砖、木作，无不诉说着百年前建筑的语言，别致的砖雕花纹也十分难得，这两座建筑曾是百年前南恰克吐嘎查喇嘛寺庙中喇嘛们的居所，承载了那个久远年代的佛教信仰，所以，在当地具有深远的意义。

历史建筑基本情况：

建筑层数	1层
结构类型	木结构
建筑位置	科左后旗朝鲁吐镇南恰克吐嘎查
建筑面积	56.06m²
建设时间	约 100 年前
历史建筑公布时间	2017 年 12 月 1 日

总平面图

实景照片 1

实景照片 2

甘旗卡镇烈士纪念碑

历史建筑介绍：

甘旗卡烈士纪念碑是为了纪念在抗日战争、解放战争、抗美援朝和社会主义建设时期为党和人民利益以及民族的解放事业而英勇牺牲的革命烈士建立的。烈士纪念碑建于 1969 年，高 17m，最底层的塔基长 10m，塔顶有红五角星。两面分别用蒙汉文字凸塑"革命烈士永垂不朽"的大字。碑底地下室安放着 30 具革命烈士骨灰盒以及 159 名烈士名录。

历史建筑基本情况：

建筑层数	—
结构类型	—
建筑位置	科左后旗甘旗卡镇区
建筑面积	90.1m²
建设时间	1969 年
历史建筑公布时间	2017 年 12 月 1 日

总平面图

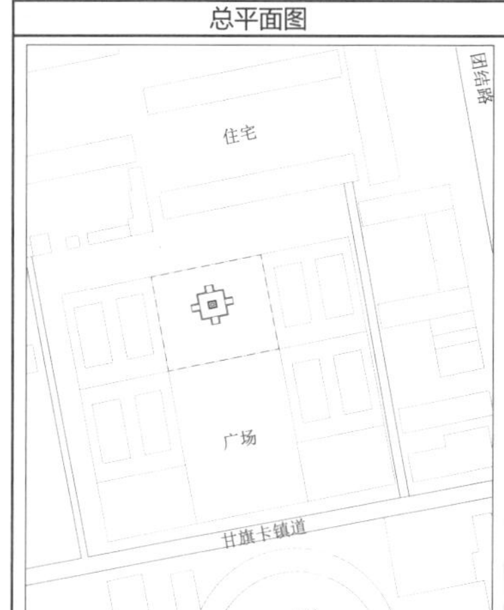

实景照片 1

实景照片 2

11.2 赤峰市地区档案

翁牛特右旗王府

历史建筑介绍:

松山区王府镇王府村的王爷府：原名翁牛特右旗王府，建于康熙末年，迁于此地后称为诺颜格日汗泽王爷府，简称王府，现已是历史建筑旧址，处于空置状态。

历史建筑基本情况:

建筑层数	1层
结构类型	木结构
建筑位置	赤峰市松山区王府镇王府村
建筑面积	$4000m^2$
建设时间	1671 年
历史建筑公布时间	2017 年 11 月 14 日

总平面图

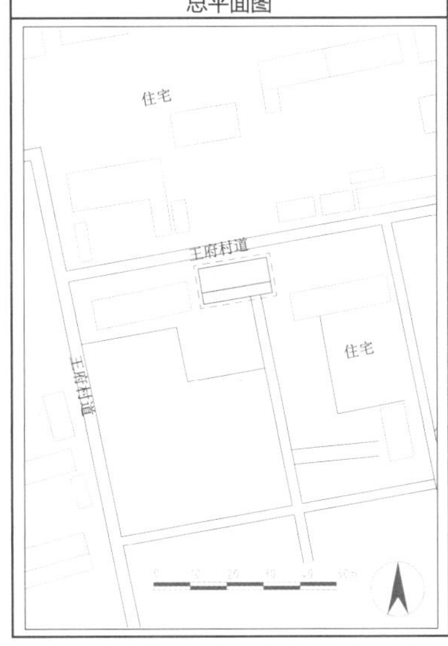

实景照片 1

实景照片 2

东山天主教堂

历史建筑介绍:

东山天主教堂位于松山区大夫营子境内，始建于 1882 年，距今 120 余年，教堂是欧式建筑风格，总共占地近 $10000m^2$。其中教堂建筑面积 $337m^2$，是赤峰市最大的天主教活动圣地，该教堂每月举行四次盛大的瞻礼仪式，常有当地及翁旗乃至河北省的数千教众参加。这里还是朝鲜天主教第一任大主教病逝的地方，清光绪十五年，朝鲜第一任大主教首铎来到中国，不幸病逝，葬于当地，现在其墓碑已经找到，并移于教堂内。

历史建筑基本情况:

建筑层数	1层
结构类型	砖混结构
建筑位置	赤峰市松山区大夫营子乡东山村
建筑面积	$337m^2$
建设时间	1882 年
历史建筑公布时间	2017 年 11 月 14 日

总平面图

实景照片 1

实景照片 2

协理府

历史建筑介绍:

松山区当铺地满族乡碾子沟村的协理府：始建于康熙末年，当时是纯木结构，四梁八柱，现已是历史建筑旧址，评估价值为 60 万元。

历史建筑基本情况:

建筑层数	1层
结构类型	木结构
建筑位置	赤峰市松山区当铺地满族乡碾子沟村
建筑面积	$120m^2$
建设时间	1652 年
历史建筑公布时间	2017 年 11 月 14 日

总平面图

实景照片 1

实景照片 2

幸福之路 33 路团团部

历史建筑介绍：

幸福之路 33 团团部位于内蒙古赤峰市巴林右旗幸福之路苏木政府所在地，隶属中国人民解放军 81579 部队。团部办公楼于 1983 年开工建设，1984 年完工，建筑面积约 4580m²。当时驻军有 1000 多人，设有 120 卫生队、通讯连、特务连、修理所等多个部门。

历史建筑基本情况：

建筑层数	4 层
结构类型	框架结构
建筑位置	科左后旗甘旗卡镇区
建筑面积	90.1m²
建设时间	1969 年
历史建筑公布时间	2017 年 12 月 1 日

总平面图

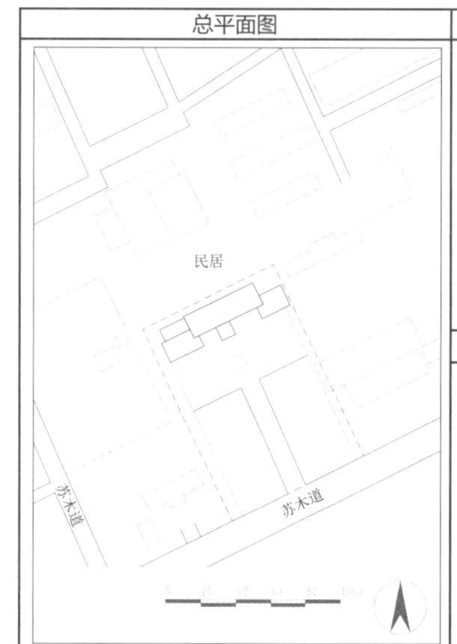

实景照片 1

实景照片 2

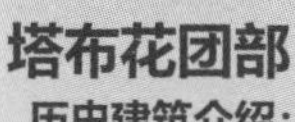

塔布花团部

历史建筑介绍：

塔布花团部位于查干沐沦苏木塔布花嘎查东布沙巴尔台河北岸和日曾山南侧，距离查干沐沦政府所在地 6 公里。团部建设于 1973 年，当时驻军一个团，为保卫中国北部边疆，防止苏联修正主义起到了重要的作用。该团部当时占地有 130 亩，团部主楼建设于 1974 年，共 4 层。20 世纪 90 年代初苏联解体后国际政治关系发生了巨大变化，在国家百万裁军的基础上，军队撤出，团部一直闲置至今。

历史建筑基本情况：

建筑层数	4 层
结构类型	框架结构
建筑位置	赤峰市松山区大夫营子乡东山村
建筑面积	337m²
建设时间	1882 年
历史建筑公布时间	2017 年 11 月 14 日

总平面图

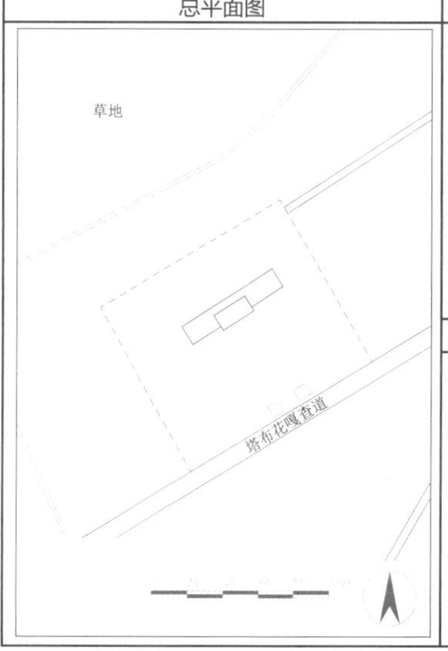

实景照片 1

实景照片 2

赤峰市翁牛特旗民居建筑

历史建筑介绍：

建筑建于 1903 年，曾是中东铁路员工宿舍。1950 年成为换装所东吊车间办公室，1973 年为铁路换装所劳动服务公司，1996 年至今为满洲里铁路换装所职工之家。建筑外墙为深红色，蓝色铁皮屋顶。建筑选用粗松为基础，地基以上除了直接使用外墙的松木，为了在转角的地方不留瑕疵，包裹了一些漆木。在建筑的窗户、门上粘有装饰的木板，并用具有丰富优美线条的木雕进行装饰，彰显了俄式建筑的艺术成就。

历史建筑基本情况：

建筑层数	1 层
结构类型	木结构
建筑位置	新世纪社区西南 870 米一道街 21 号
建筑面积	200m²
建设时间	1903 年
历史建筑公布时间	2017 年 10 月 30 日

总平面图

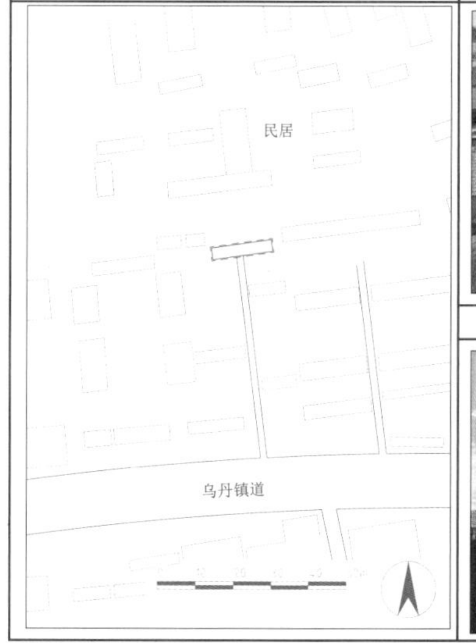

实景照片 1

实景照片 2

巴彦锡那军工粮站

历史建筑介绍:

巴彦锡那军工粮站位于查干沐沦苏木沙巴尔台嘎查境内，距离政府所在地 3km，总占地面积 35 亩。粮站建设于 20 世纪 70 年代中叶，当时建设了 6 个粮仓。20 世纪 90 年代初苏联解体后国际政治关系发生了巨大变化，在国家百万裁军的基础上，军队撤出，该粮站闲置。该粮站主要为塔布花驻军提供粮食储备和供应等，在国防建设的历史上起到了重要作用。

历史建筑基本情况:

建筑层数	1 层
结构类型	砖砌结构
建筑位置	赤峰市巴林右旗查干沐沦苏木
建筑面积	520m²
建设时间	1975 年
历史建筑公布时间	2018 年 2 月 28 日

总平面图　　鸟瞰实景

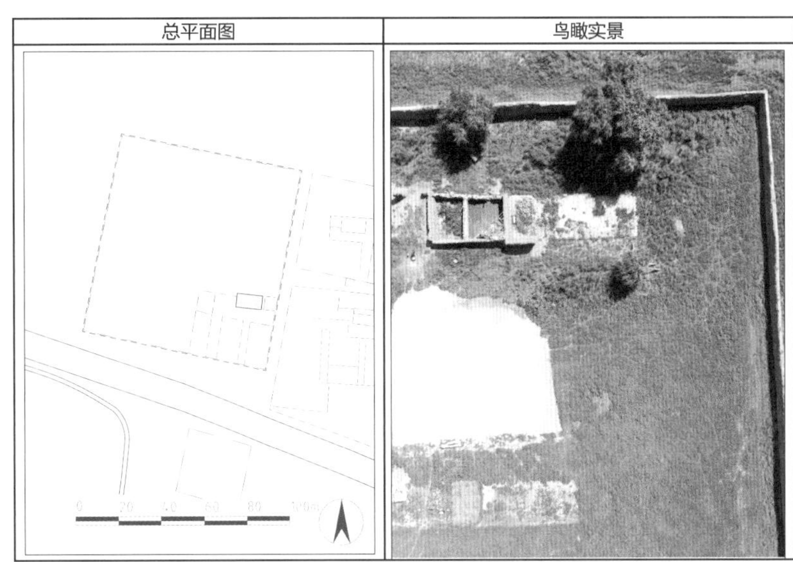

沙巴尔台供销社

历史建筑介绍:

1955 年，沙巴尔台供销社建立，为沙巴尔台努图格（现查干沐沦苏木）经济流通起到了重要作用，满足农牧民生产生活需要，成为连接城乡、联系工农、沟通政府与农牧民的桥梁和纽带，对恢复国民经济、稳定物价、保障供给、促进农牧业经济发展发挥了重要作用。1984 年因改革需要，沙巴尔台供销社撤销。

历史建筑基本情况:

建筑层数	1 层
结构类型	木结构
建筑位置	赤峰市巴林右旗查干沐沦苏木
建筑面积	970m²
建设时间	1955 年
历史建筑公布时间	2018 年 2 月 28 日

总平面图

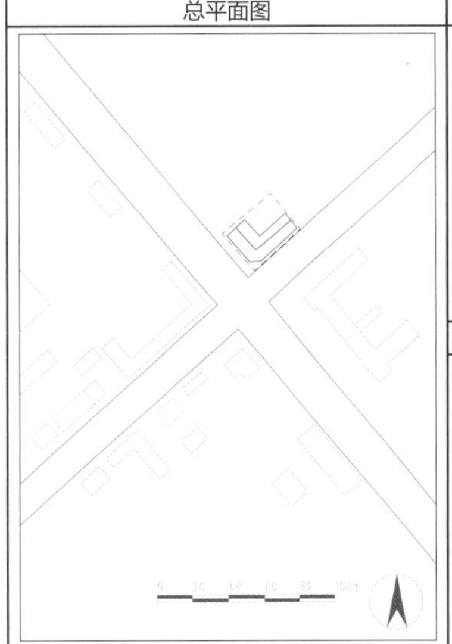

实景照片 1

实景照片 2

床金庙

历史建筑介绍:

据说西藏有个叫床吉浩尔吉的地方，西藏佛教人士为了弘扬佛法，派达来朝尔吉等三名精通佛学经文的喇嘛到东部蒙古地区传法。达来朝尔吉来到昭盟，先到达盟所属地床金嘎查，再到尚扎兰家。尚扎兰深知这位喇嘛很有学识，修为很高，所以下决心为他建一座庙。尚扎兰跟达来朝尔吉商量，在赛罕汗乌拉阳坡选一处地方建庙。这座庙盖好后，根据所处位置的特点取名叫“床金”庙。

历史建筑基本情况:

建筑层数	1 层
结构类型	砖木结构
建筑位置	赤峰市巴林右旗幸福之路苏木
建筑面积	100m²
建设时间	1962 年
历史建筑公布时间	2017 年 2 月 28 日

总平面图

实景照片 1

实景照片 2

赤峰市翁牛特旗民居建筑

历史建筑介绍:

翁牛特旗乌丹镇仅存的两处清末民初民居建筑之一，是研究北方少数民族地区城市居民建筑风格、工程技术、结构形式、建筑材料、施工工艺的实物。

历史建筑基本情况:

建筑层数	1层
结构类型	砖混结构
建筑位置	赤峰市翁牛特旗乌丹镇永兴社区
建筑面积	208m²
建设时间	1917年
历史建筑公布时间	2017年12月1日

总平面图

实景照片 1

实景照片 2

石佛寺

历史建筑介绍:

该建筑位于宁城县天义镇铁匠营子村，是宁城县天义镇仅存的清代佛教寺庙建筑之一，是研究北方少数民族地区寺庙建筑风格、工程技术、结构形式、建筑材料、施工工艺的实物。占地面积1243.96m²，建筑面积74m²，建筑高度4.5m。

历史建筑基本情况:

建筑层数	1层
结构类型	木结构
建筑位置	赤峰市宁城县天义镇铁匠营子村
建筑面积	74m²
建设时间	清代
历史建筑公布时间	2017年12月22日

总平面图

实景照片 1

实景照片 2

举人故居

历史建筑介绍:

五化镇土门村东山举人故居建于清道光三年(1823年)，距今193年，当年的刘家族大丁繁，人口众多。现在的东山、下坡子、西台子三个自然营子都为刘家大院。刘氏举人故居在现在的东山营子，现存较完整的一处位于东山西北角，院内有正房一处、西厢房一处，门口有影壁墙一处，保留着清道光年间的建筑风格。

历史建筑基本情况:

建筑层数	1层
结构类型	砖混结构
建筑位置	赤峰市宁城县五化镇土门村
建筑面积	240m²
建设时间	公元1823年
历史建筑公布时间	2017年12月22日

总平面图

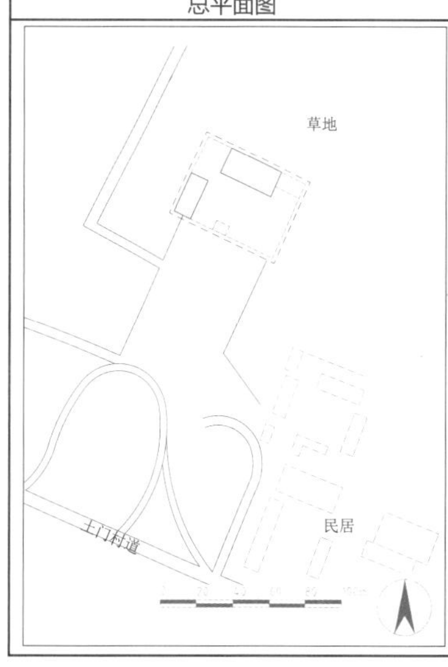

实景照片 1

实景照片 2

11 师师部

历史建筑介绍：

11 师师部位于巴彦琥硕镇巴彦琥硕村。师部建设于 1974 年，为保卫中国北部边疆起到了重要的作用。该师部占地有 4000m²，以石木为主体材料进行建设，保存完好，具有很高的历史保护价值。

历史建筑基本情况：

建筑层数	1层
结构类型	砖混结构
建筑位置	赤峰市巴林右旗巴彦琥硕镇巴彦琥硕村
建筑面积	600m²
建设时间	1974 年
历史建筑公布时间	2018 年 2 月 28 日

总平面图

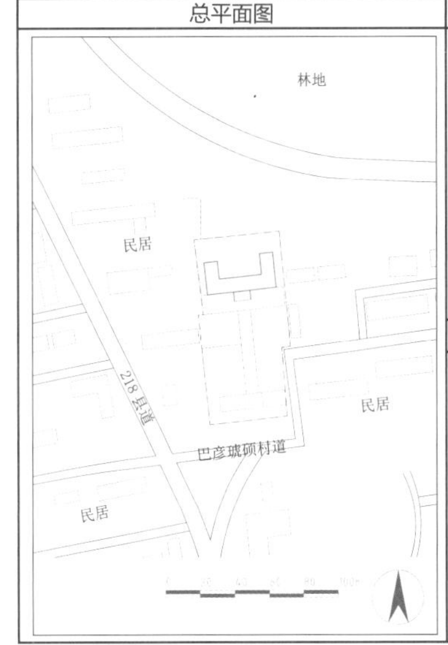

实景照片 1

实景照片 2

11.3 呼伦贝尔市地区档案

81672 部队炮团团部旧址

历史建筑介绍:

该建筑位于呼伦贝尔市博克图镇，是原81672部队炮团的指挥中心，1992年部队撤销番号，该建筑处于闲置状态。随着当地木材产业的不断发展，该建筑现作为当地的筷子厂。建筑呈"一"字形布局，周边配有仓库、警卫室等附属建筑。建筑层数为三层，建筑面积约为2016m²，屋顶形式为四坡顶，主体结构为框架结构，现阶段保存较好。

历史建筑基本情况:

建筑层数	3层
结构类型	砖木结构
建筑位置	博克图镇东沟路，现为筷子厂
建筑面积	2016m²
建设时间	20世纪40年代
历史建筑公布时间	2014年6月29日

总平面图

实景照片 1

实景照片 2

81672 部队炮团俱乐部旧址

历史建筑介绍:

该建筑位于呼伦贝尔市博克图镇，是原81672部队士兵的娱乐中心，现在处于空置状态。建筑呈"一"字形布局，屋顶形式为坡屋顶，建筑面积约为2667m²。建筑外立面的色彩以淡黄色为主，很好的呼应了建筑作为文体活动场所轻松活泼的性格特征；主入口的上侧有红色的五角星作为装饰，突出了其作为军事建筑的主题。

历史建筑基本情况:

建筑层数	2层
结构类型	砖木结构
建筑位置	博克图镇东沟路
建筑面积	2667m²
建设时间	20世纪40年代
历史建筑公布时间	2014年6月29日

总平面图

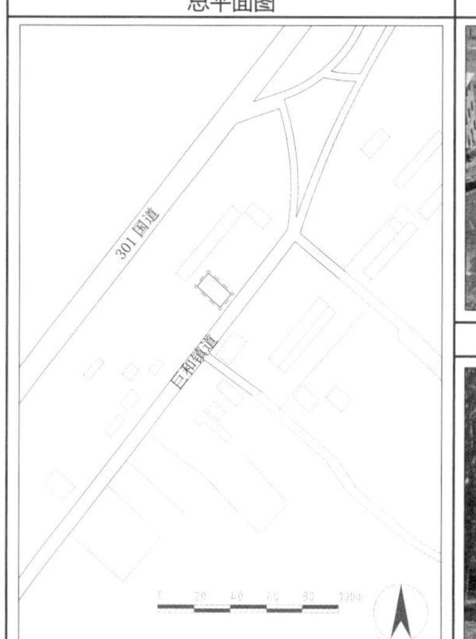

实景照片 1

实景照片 2

81672 部队汽车连旧址

历史建筑介绍:

该建筑位于呼伦贝尔市博克图镇，是原81672部队的汽车连所在地，现处于空置状态。建筑呈"L"形布局，屋顶形式为四坡顶，建筑面积约为984m²，主体结构为框架结构。建筑外墙的主要材料为砖，外立面是典型的线框式构图，红色的砖材搭配白色装饰线条，装饰线条贯穿建筑的四个立面，极大地加强了建筑的整体感。

历史建筑基本情况:

建筑层数	2层
结构类型	砖木结构
建筑位置	博克图镇东沟路
建筑面积	984m²
建设时间	20世纪40年代
历史建筑公布时间	2014年6月29日

总平面图

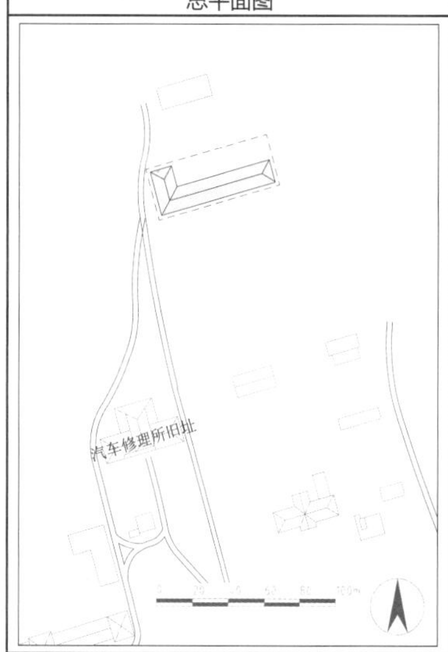

实景照片 1

实景照片 2

81672 部队汽车修理所旧址

历史建筑介绍:

该建筑位于呼伦贝尔市博克图镇，整体呈"T"字形布局，屋顶形式为坡屋顶，建筑面积约为2667m²，主体结构为框架结构。现阶段该建筑的局部空间有居民居住，其他功能空间处于闲置状态，由于屋顶破损严重，当地政府在保留主体结构与空间的情况下更换了屋顶的材料，其他部分均保留着初建时的风貌。

历史建筑基本情况:

建筑层数	2 层
结构类型	砖木结构
建筑位置	博克图镇东沟路
建筑面积	2667m²
建设时间	20 世纪 40 年代
历史建筑公布时间	2014 年 6 月 29 日

总平面图

实景照片 1

实景照片 2

81672 部队师部旧址

历史建筑介绍:

该建筑位于呼伦贝尔市博克图镇，整体呈"一"字形布局，中轴对称，屋顶形式为平屋顶，建筑层数为四层，建筑面积约为3123m²，主体结构为砖木结构。入口前有高差约为2m的大台阶，台阶正对建筑的主入口，强化了建筑的中轴线，体现了师部庄严肃穆的建筑性格。该建筑于2015年更换了屋顶材料，其他部分保存完好。

历史建筑基本情况:

建筑层数	4 层
结构类型	砖木结构
建筑位置	博克图镇东沟路
建筑面积	3123m²
建设时间	20 世纪 40 年代
历史建筑公布时间	2014 年 6 月 29 日

总平面图

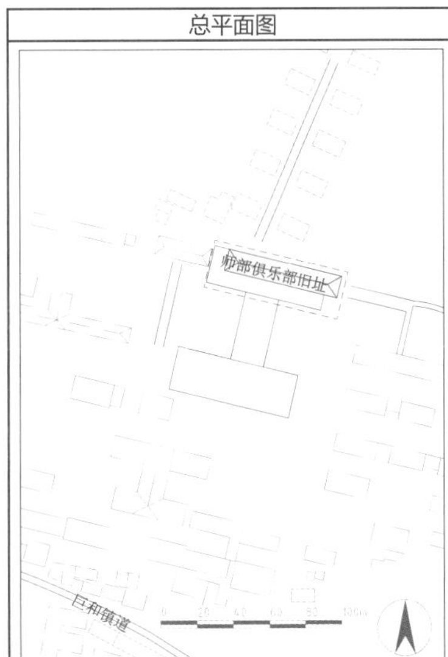

实景照片 1

实景照片 2

81672 部队师部俱乐部

历史建筑介绍:

该建筑位于呼伦贝尔市博克图镇，与原81672部队师部相邻，主要服务于师部办公人员的日常娱乐活动。建筑呈"一"字形布局，屋顶形式为平屋顶，建筑层数为四层，建筑面积约为2938m²，主体结构为砖木结构，现阶段保存完好。该建筑在体量上小于旁边的师部，立面的设计也没有师部精细，很好地体现了俱乐部与师部之间"服务"与"被服务"的主从关系。

历史建筑基本情况:

建筑层数	4 层
结构类型	砖木结构
建筑位置	博克图镇东沟路
建筑面积	2938m²
建设时间	20 世纪 40 年代
历史建筑公布时间	2014 年 6 月 29 日

总平面图

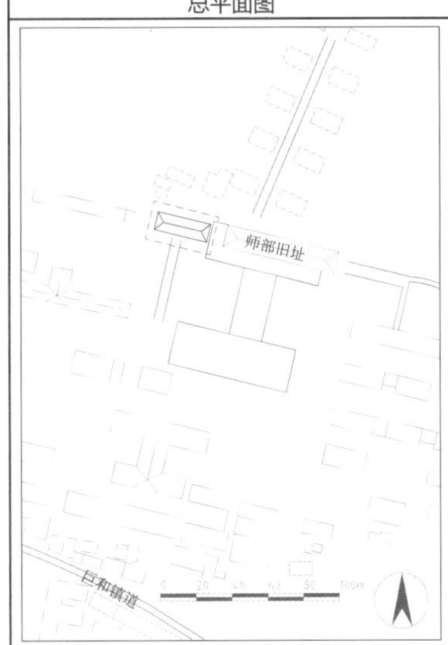

实景照片 1

实景照片 2

81672 部队卫生科旧址

历史建筑介绍：

该建筑位于呼伦贝尔市博克图镇，与原 81672 部队汽车连相邻。建筑呈"一"字形布局，沿主入口中轴对称，屋顶形式为四坡顶，建筑面积约为 $1755m^2$。建筑外立面的色调以灰色为主，再以凸出于墙体的白色构件进行划分，既在色彩上形成鲜明对比，又丰富了立面。该建筑现阶段保存完好，在 1992 年部队番号撤销后，一直处于空置状态。

历史建筑基本情况：

建筑层数	3 层
结构类型	砖木结构
建筑位置	博克图镇东沟路
建筑面积	$1755m^2$
建设时间	20 世纪 40 年代
历史建筑公布时间	2014 年 6 月 29 日

总平面图

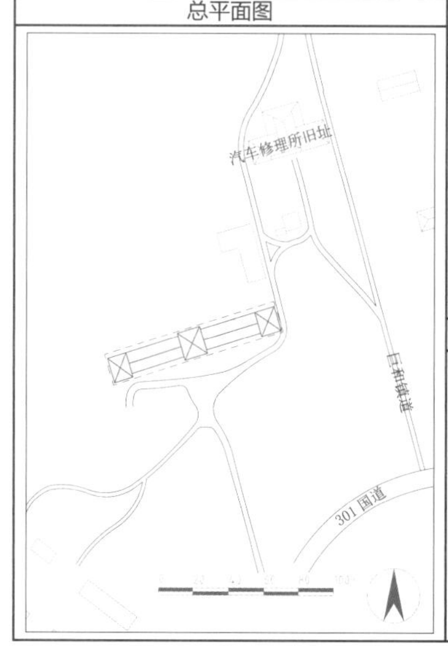

实景照片 1

实景照片 2

博克图日本铁路护队旧址

历史建筑介绍：

该建筑位于呼伦贝尔市博克图镇，是由 1932 年侵入呼伦贝尔市的日军所建。建筑呈"一"字形布局，屋顶形式为双坡顶。建筑内部功能布局采用最基本的内廊式进行组织，简单明了，空间利用率高。建筑的外墙用砖砌成，再在表面涂上黄色涂料，屋顶现更换为蓝色彩钢，二者色彩对比强烈，在一定程度上加强了建筑的视觉冲击。

历史建筑基本情况：

建筑层数	2 层
结构类型	砖木结构
建筑位置	博克图镇海燕宾馆对过
建筑面积	$134m^2$
建设时间	20 世纪初期
历史建筑公布时间	2014 年 6 月 29 日

总平面图

实景照片 1

实景照片 2

博克图铁路电务段旧址

历史建筑介绍：

该建筑位于呼伦贝尔市博克图镇，呈"一"字形布局，屋顶形式为四坡顶，建筑层数为二层，建筑面积约 $670m^2$，主体结构为砖木结构。初建时建筑的外立面粉刷黄色涂料，但随着时间的推移，建筑的外立面以及屋顶均有不同程度的破损，当地政府于 2015 年前后对建筑的外立面进行了重新改造，并更换了屋顶的材料，但内部功能空间保存完整，现阶段该建筑仍然处于使用状态。

历史建筑基本情况：

建筑层数	2 层
结构类型	砖混结构
建筑位置	博克图镇东沟路电务段院内
建筑面积	$670m^2$
建设时间	20 世纪初期
历史建筑公布时间	2014 年 6 月 29 日

总平面图

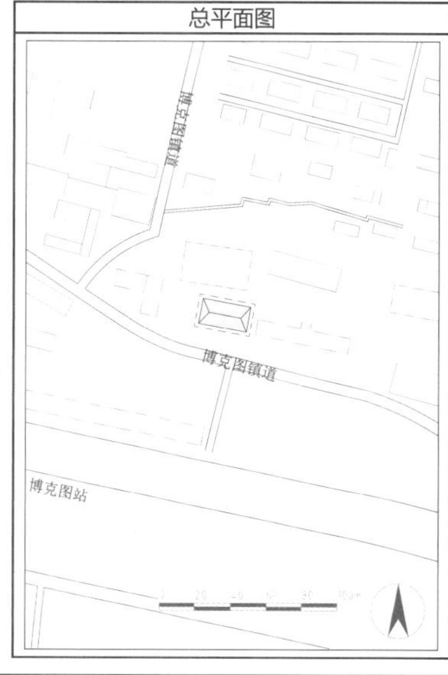

实景照片 1

实景照片 2

博克图日本浴室旧址（一）

备注：该地或已拆除，调研时未找到。

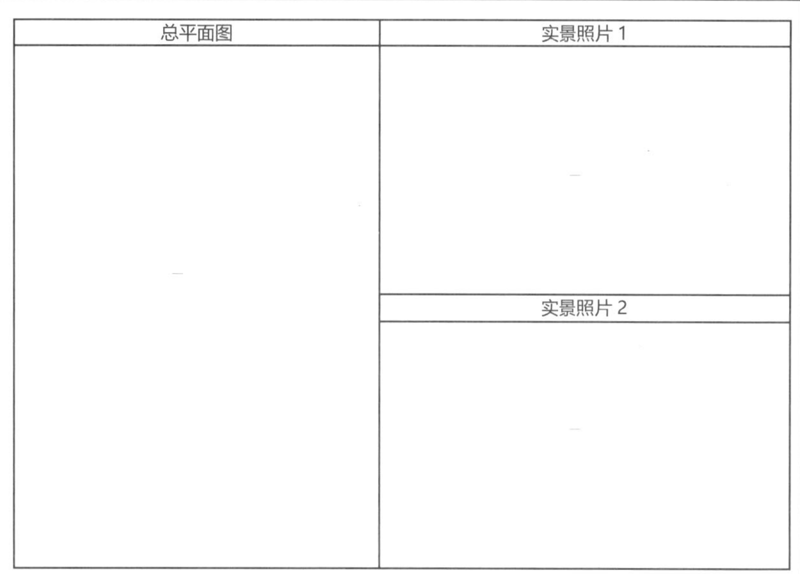

博克图日本浴室旧址（二）

历史建筑介绍:

该建筑位于呼伦贝尔市博克图镇，建筑呈"一"字形布局，屋顶形式为双坡顶，外墙由砖材砌成，立面上刷有黄色涂料，从建成到现在除了进行过门窗的更换外没有经历过任何改造，主体结构、功能布局以及立面形制均保留着初建时的风貌。该建筑现阶段作为当地居民的居所，仍然处于使用状态。

历史建筑基本情况:

建筑层数	1 层
结构类型	砖木结构
建筑位置	博克图镇西一道街北 1 号
建筑面积	145m^2
建设时间	20 世纪初期
历史建筑公布时间	2014 年 6 月 29 日

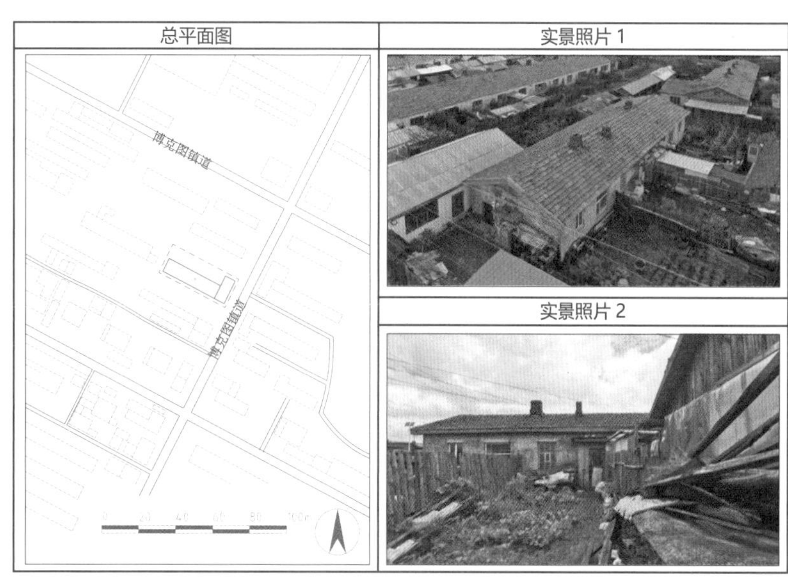

博克图日本小学食堂旧址

历史建筑介绍:

该建筑位于呼伦贝尔市博克图镇，是当年日军侵华时所建。建筑呈"一"字形布局，屋顶为双坡顶。该建筑的建造方式模仿了当地的俄式木刻楞，但不同于木刻楞，不是用木板或者圆木一层层叠加形成墙壁，而是采用竖向的木板围合外墙。这样的处理使得建筑与周边的木刻楞民居风格协调，色彩统一，但又保持了自身的特色。该建筑由于老化严重，现阶段经过当地居民的修缮与改造后作为民居使用。

历史建筑基本情况:

建筑层数	1 层
结构类型	木结构
建筑位置	博克图镇西二道街北 81 号
建筑面积	136m^2
建设时间	20 世纪初期
历史建筑公布时间	2014 年 6 月 29 日

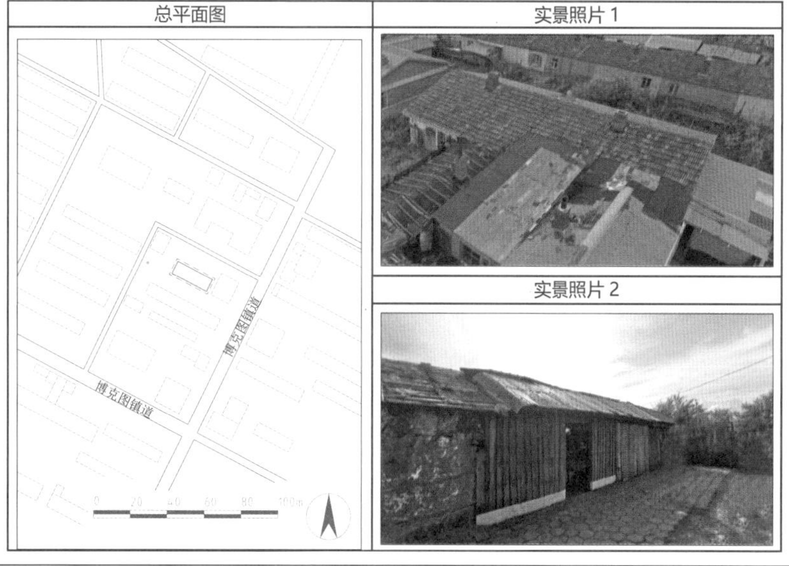

万春煤炭经销部

历史建筑介绍：

该建筑位于呼伦贝尔市博克图镇，始建于20世纪初期（具体年份不详）。建筑呈"一"字形布局，屋顶形式为双坡顶，建筑层数为一层，建筑面积约168m²。该建筑原为当地的民居，由于破损比较严重，外立面的涂料与屋顶的材料全部都被更换，现阶段作为当地的煤炭经销部，仍然处于使用状态。

历史建筑基本情况：

建筑层数	1层
结构类型	木结构
建筑位置	博克图镇西二道街北万春煤炭经销部
建筑面积	168m²
建设时间	20世纪初期
历史建筑公布时间	2014年6月29日

总平面图　实景照片1　实景照片2

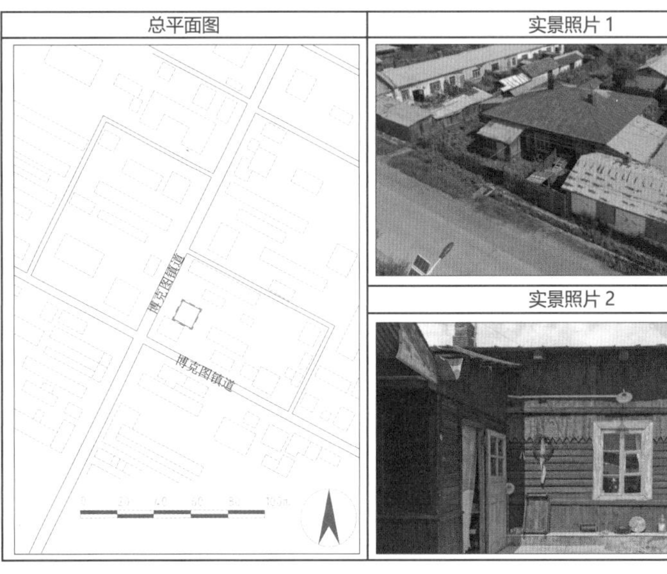

原日伪时期铁路管理人员住宅2号

历史建筑介绍：

该建筑位于内蒙古自治区呼伦贝尔市扎兰屯市兴华街道办事处铁北居委会，始建于1939年，建筑面积约130m²。该建筑外墙由砖石砌成，内部屋架为木材所制，是典型的砖木结构。建筑立面上开窗小，体现出寒冷地区的建筑性格，室内木结构地板，给人以温暖感。

历史建筑基本情况：

建筑层数	1层
结构类型	砖木结构
建筑位置	扎兰路
建筑面积	130m²
建设时间	1939年
历史建筑公布时间	2017年12月14日

总平面图

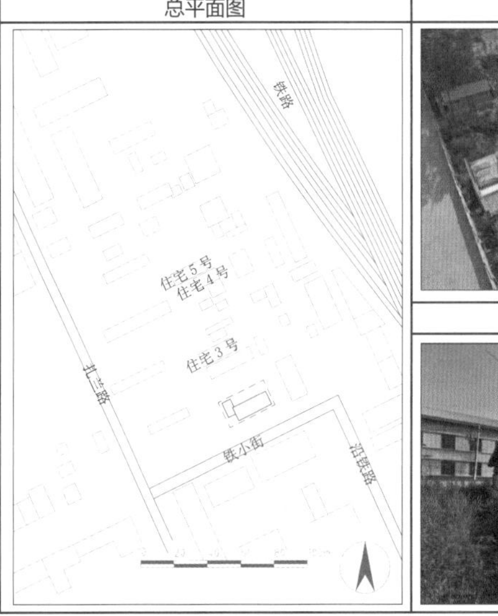

实景照片1

实景照片2

原日伪时期铁路管理人员住宅3号

历史建筑介绍：

该建筑位于呼伦贝尔市扎兰屯市，曾作为日伪时期铁路管理人员的住宅，现阶段由于破损严重，一直处于闲置状态。建筑呈"一"字形布局，屋顶形式为双坡顶，建筑入口的门垛向外凸出，体现出建筑的厚重感。外立面刷上大面积的黄色涂料，局部位置刷白色涂料，色彩对比强烈，突出了建筑的立面特征。

历史建筑基本情况：

建筑层数	1层
结构类型	砖木结构
建筑位置	扎兰路
建筑面积	130m²
建设时间	1939年
历史建筑公布时间	2017年12月14日

总平面图

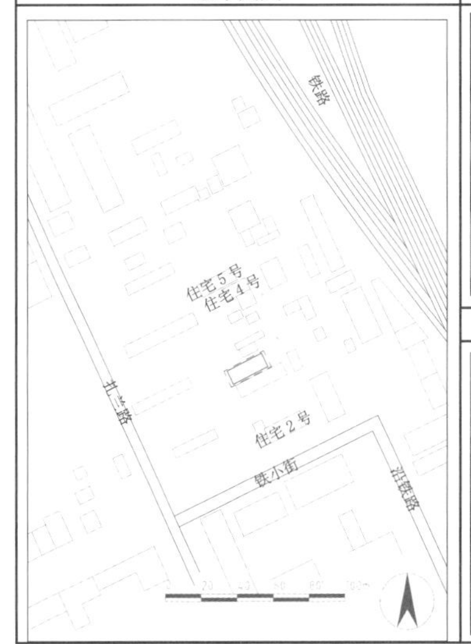

实景照片1

实景照片2

原日伪时期铁路管理人员住宅 4 号

历史建筑介绍：

该建筑位于呼伦贝尔市扎兰屯市兴华街道办事处铁北居委会，是日伪时期铁路管理人员住宅。建筑呈“一”字形布局，屋顶形式为双坡顶，为了避免冬季屋面积雪对建筑结构的损坏，屋面的坡度较大，体现出我国严寒地区的建筑特征。

历史建筑基本情况：

建筑层数	1 层
结构类型	砖木结构
建筑位置	扎兰路
建筑面积	130m²
建设时间	1939 年
历史建筑公布时间	2017 年 12 月 14 日

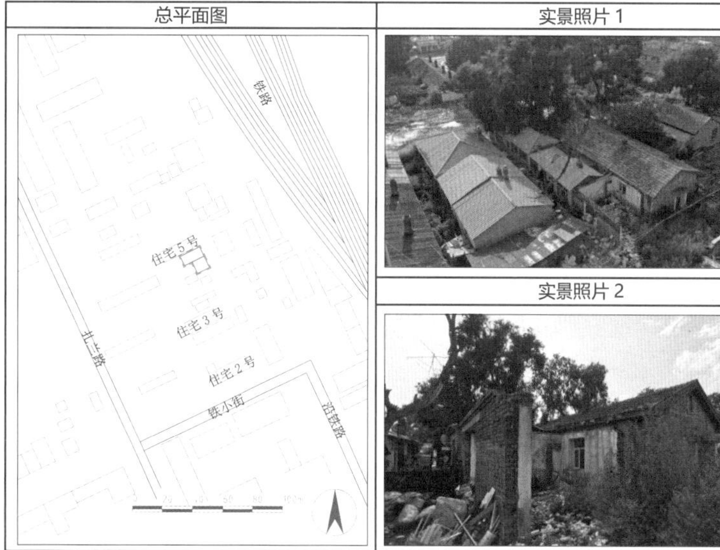

原日伪时期铁路管理人员住宅 5 号

历史建筑介绍：

该建筑位于呼伦贝尔市扎兰屯市兴华街道办事处铁北居委会，是日伪时期铁路管理人员住宅。建筑呈“一”字形布局，屋顶形式为双坡顶，建筑面积约 130m²，建筑高度约 3m。由于呼伦贝尔地区有大量的俄式民居，为了使建筑与周边的建筑风格相协调，该建筑的立面色彩也以黄色为主，局部构件刷上白色涂料，从而很好的呼应了周边建筑，做到了与周边环境之间的协调统一。

历史建筑基本情况：

建筑层数	1 层
结构类型	砖木结构
建筑位置	扎兰路
建筑面积	130m²
建设时间	1939 年
历史建筑公布时间	2017 年 12 月 14 日

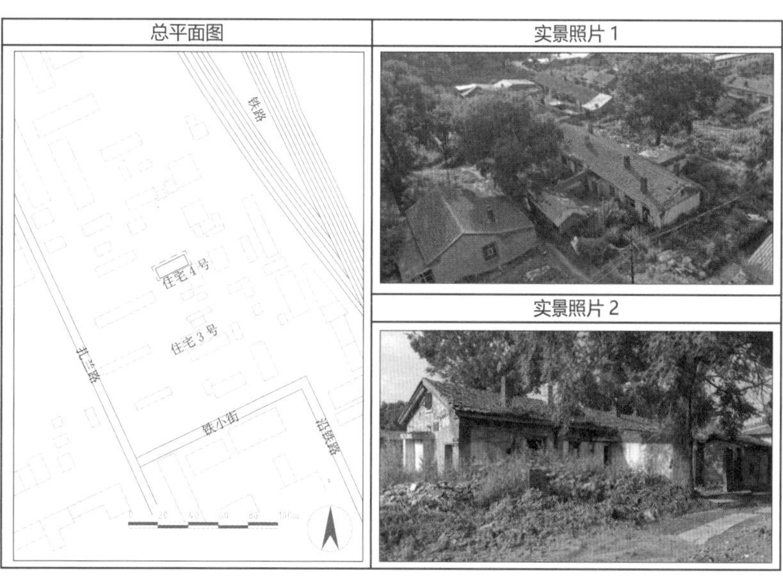

铁路货物处锅炉房

历史建筑介绍：

该建筑建于新中国成立初期，具体年代不祥。砖木结构，人字屋架，双坡顶铁皮屋面，平面及外形比较简单。现为铁路货物处装卸组仓库。

历史建筑基本情况：

建筑层数	1 层
结构类型	砖砌结构
建筑位置	扎兰路
建筑面积	33m²
建设时间	1960 年
历史建筑公布时间	2017 年 12 月 14 日

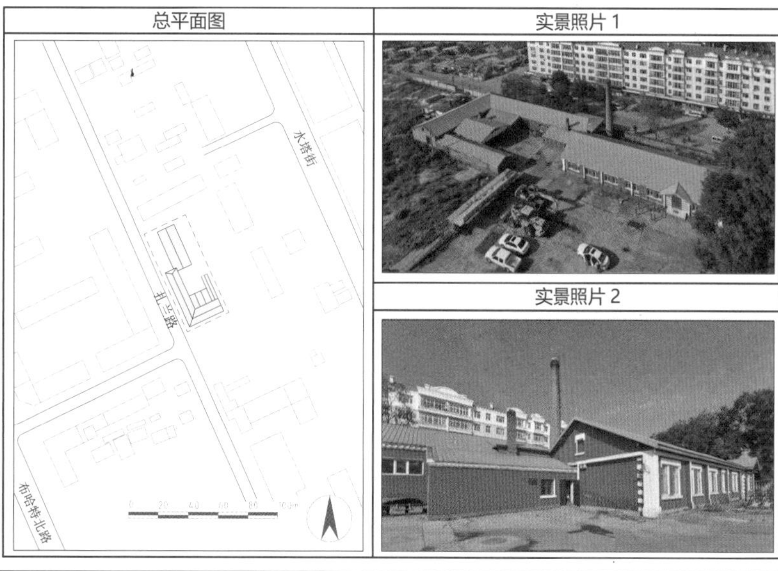

扎兰屯制药厂库房

历史建筑介绍：

占地面积 3610m²（五处），建筑结构为钢筋混凝土框架，外墙用红砖砌筑。该建筑原为扎兰屯市纺织站使用，2004 年被扎兰屯市制药厂收购，2006 改名为松鹿制药厂，现阶段作为库房使用。

历史建筑基本情况：

建筑层数	2 层
结构类型	砖砌结构
建筑位置	向民街
建筑面积	3610m²
建设时间	1953 年
历史建筑公布时间	2017 年 12 月 14 日

总平面图　实景照片 1　实景照片 2

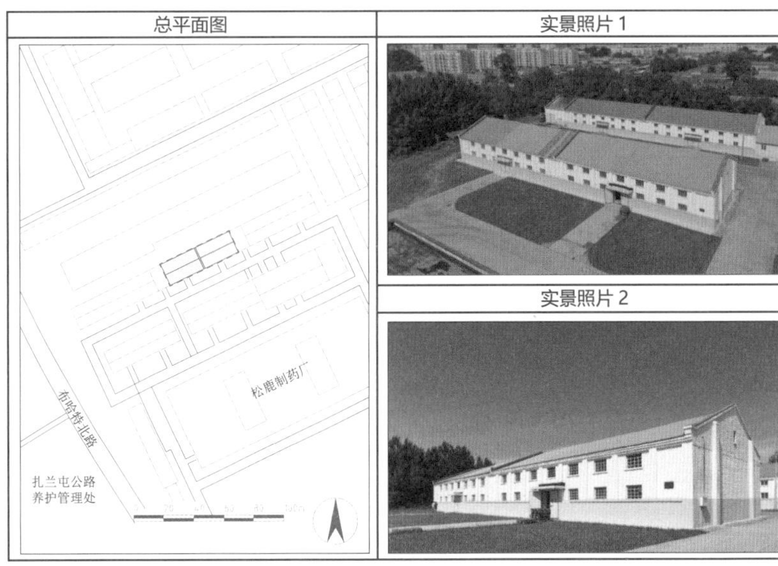

拐勒哈德斡包

历史建筑介绍：

斡包位于莫力达瓦达斡尔族自治旗腾克镇拐勒村拐勒哈德民俗风情园北侧嫩江南岸，由石块堆积成圆锥形，高 1.5m。周围四角各有一木桩，高 1.8m。斡包顶部有木框支架，中心立一高 4m 的木桩，木桩周围捆绑一周柳条，上有彩旗。面积为 50.96m²。

历史建筑基本情况：

建筑层数	—
结构类型	—
建筑位置	莫力达瓦达斡尔族自治旗腾克镇怪勒村
建筑面积	50.96m²
建设时间	—
历史建筑公布时间	2017 年 11 月 27 日

总平面图

实景照片 1

实景照片 2

新发水库坝址

历史建筑介绍：

新发水库位于莫旗西瓦尔图镇新发村境内的西瓦尔图河上，由大坝、溢洪道和输水洞组成，建于 1958 年，1959 年底停工。1974 年由大兴安岭地区水利局组织对该水库土坝加高，溢洪道扩宽。该水库大坝为三类坝，以防洪、灌溉为主，兼顾养鱼的山谷型水库。水库坝长 261m，坝高 9.7m，坝顶宽度 5.5m，土质坝，总库容 3434 万 m³，设计灌溉面积 1 万亩。

历史建筑基本情况：

建筑层数	—
结构类型	—
建筑位置	莫力达瓦达斡尔族自治旗西瓦尔图镇后新发村
建筑面积	12400m²
建设时间	—
历史建筑公布时间	2017 年 11 月 27 日

总平面图

实景照片 1

实景照片 2

中东铁路 1 号住宅

历史建筑介绍:

该建筑位于呼伦贝尔市陈巴尔虎旗赫尔洪德站，在中东铁路时期作为铁路职工的住宅。建筑呈"一"字形布局，布局方式简单，屋顶形式为双坡顶，建筑面积约为 60m²，建筑层数为 1 层，建筑高度约 4.1m。建筑内部功能空间布局简单，空间利用率较高。该建筑的外立面与屋顶均进行过改造，现阶段处于空置状态。

历史建筑基本情况:

建筑层数	1 层
结构类型	砖混结构
建筑位置	陈巴尔虎旗赫尔洪德站
建筑面积	60.2m²
建设时间	近现代
历史建筑公布时间	2018 年 2 月 1 日

总平面图

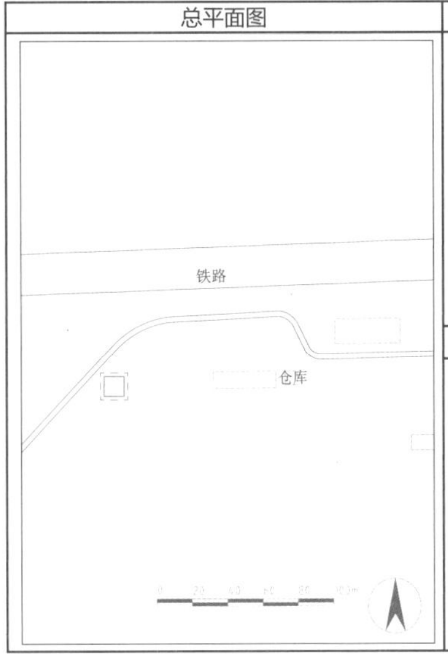

实景照片 1

实景照片 2

中东铁路仓库

历史建筑介绍:

该建筑位于呼伦贝尔市陈巴尔虎旗赫尔洪德站，在中东铁路时期作为车站的仓库。建筑呈"一"字形布局，屋顶形式为双坡顶，建筑面积约 75.6m²。建筑外立面刷有黄色涂料，有竖向的构件划分立面，虽然建筑规模较小，但在立面上体现出了一定的节奏变化。该建筑于 2016 年对屋顶材料进行了更换，现阶段继续作为车站的仓库使用。

历史建筑基本情况:

建筑层数	1 层
结构类型	砖混结构
建筑位置	陈巴尔虎旗赫尔洪德站
建筑面积	75.6m²
建设时间	近现代
历史建筑公布时间	2018 年 2 月 1 日

总平面图

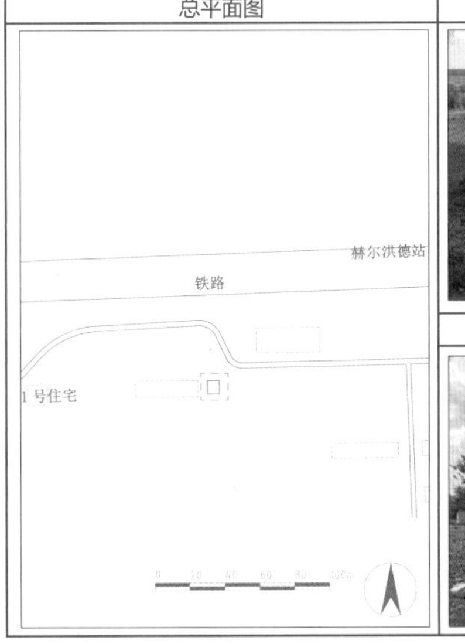

实景照片 1

实景照片 2

中东铁路 2 号住宅

历史建筑介绍:

2 号住宅建筑面积约为 266m²，建筑层数为一层，建筑高度约 5m，屋顶为双坡顶。该建筑的整体风格接近俄式砖房，但外立面构图简单，装饰较少，外墙材料为红砖，表面涂有黄色涂料。该建筑布局形式与我国传统的农村住宅相似，建筑前有约为 300m² 的院落，周边有红墙砌筑的院墙，院落大门正对建筑入口，中轴对称，整齐统一，现阶段仍然作为住宅使用。

历史建筑基本情况:

建筑层数	1 层
结构类型	砖混结构
建筑位置	陈巴尔虎旗赫尔洪德站
建筑面积	266.5m²
建设时间	近现代
历史建筑公布时间	2018 年 2 月 1 日

总平面图　实景照片 1　实景照片 2

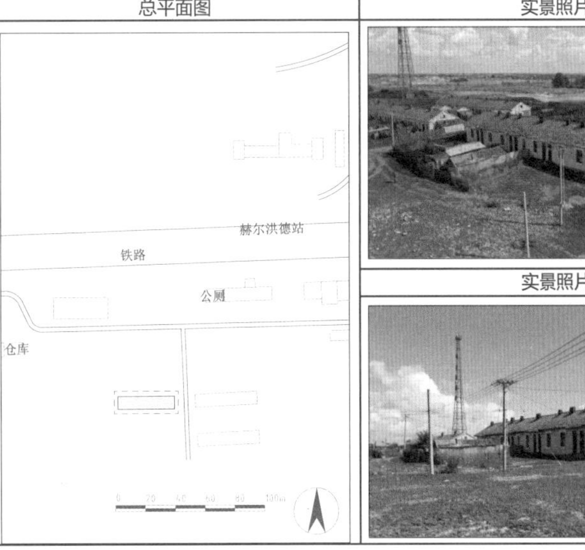

中东铁路车站公厕

历史建筑介绍:

该建筑位于呼伦贝尔市陈巴尔虎旗赫尔洪德站，整体布局简单，建筑规模较小。建筑呈"一"字形布局，屋顶形式为双坡顶，建筑面积约 32.2m²。建筑外立面刷有黄色涂料，2016 年更换了屋顶材料，其他部分保存完好，现阶段仍然处于使用状态。

历史建筑基本情况:

建筑层数	1层
结构类型	砖混结构
建筑位置	陈巴尔虎旗赫尔洪德站
建筑面积	32.2m²
建设时间	近现代
历史建筑公布时间	2018 年 2 月 1 日

总平面图

赫尔洪德站
铁路
石头房
2 号住宅
3 号住宅

实景照片 1

实景照片 2

中东铁路 3 号住宅

历史建筑介绍:

该建筑位于呼伦贝尔市陈巴尔虎旗赫尔洪德站，屋顶形式为四坡顶，建筑面积约 186m²，建筑形体呈"一"字形布局，周边配有一座面积约 20m² 的附属建筑，作为家庭仓库使用。外立面刷有黄色涂料，窗户周边有砖砌的装饰图案，建筑规模较小，但建筑的整体感较强。

历史建筑基本情况:

建筑层数	1层
结构类型	砖混结构
建筑位置	陈巴尔虎旗赫尔洪德站
建筑面积	185.6m²
建设时间	近现代
历史建筑公布时间	2018 年 2 月 1 日

总平面图

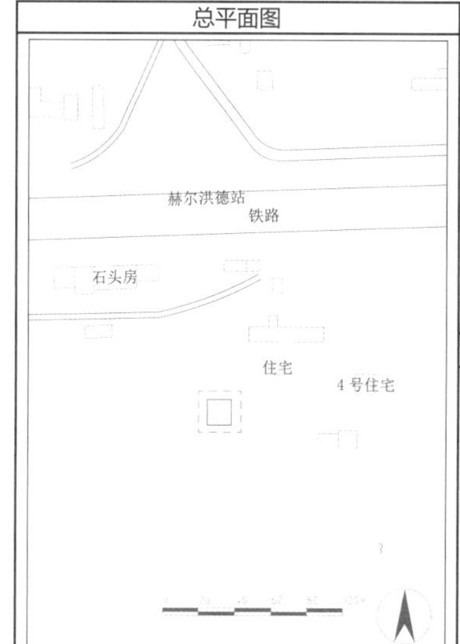

实景照片 1

实景照片 2

中东铁路 4 号住宅

历史建筑介绍:

该建筑位于呼伦贝尔市陈巴尔虎旗赫尔洪德站，建筑呈"一"字形布局，建筑面积约 135m²，屋顶形式为坡屋顶，建筑外墙刷有黄色涂料，主体结构为砖木结构。从初建到现在没有经历过维修与改造，主体结构、内部功能布局以及立面形制均保存完好。

历史建筑基本情况:

建筑层数	1层
结构类型	砖混结构
建筑位置	陈巴尔虎旗完工站
建筑面积	135.6m²
建设时间	近现代
历史建筑公布时间	2018 年 2 月 1 日

总平面图

实景照片 1

实景照片 2

中东铁路仓库旧址

历史建筑介绍:

该建筑位于呼伦贝尔市陈巴尔虎旗赫尔洪德站，特征鲜明。不同于其他的建筑，铁路仓库的外墙采用石材砌筑，色调偏暗，与周边建筑的风格形成了鲜明的对比。作为中东铁路时期遗留下来的实物资料，见证了中路铁路发展的历史，为我国东北地区的货物流通做出了不可磨灭的贡献，具有较高的保存价值。

历史建筑基本情况:

建筑层数	—
结构类型	石砌结构
建筑位置	陈巴尔虎旗赫尔洪德站
建筑面积	62.5m^2
建设时间	近现代
历史建筑公布时间	2018 年 2 月 1 日

总平面图

实景照片 1

实景照片 2

中东铁路水塔

历史建筑介绍:

中东铁路水塔位于呼伦贝尔市陈巴尔虎旗完工站。水塔形状为圆柱体，占地面积约为25.6m^2，高度约为15.3m。水塔底部有入口，作为水塔的日常使用以及检修口。水塔外围刷有黄色涂料，底座以及塔身的中央部位有灰色的水泥抹面，层次分明，色彩丰富。现阶段该水塔保存完好，仍然处于使用状态。

历史建筑基本情况:

建筑层数	—
结构类型	—
建筑位置	陈巴尔虎旗完工站
建筑面积	25.6m^2
建设时间	近现代
历史建筑公布时间	2018 年 2 月 1 日

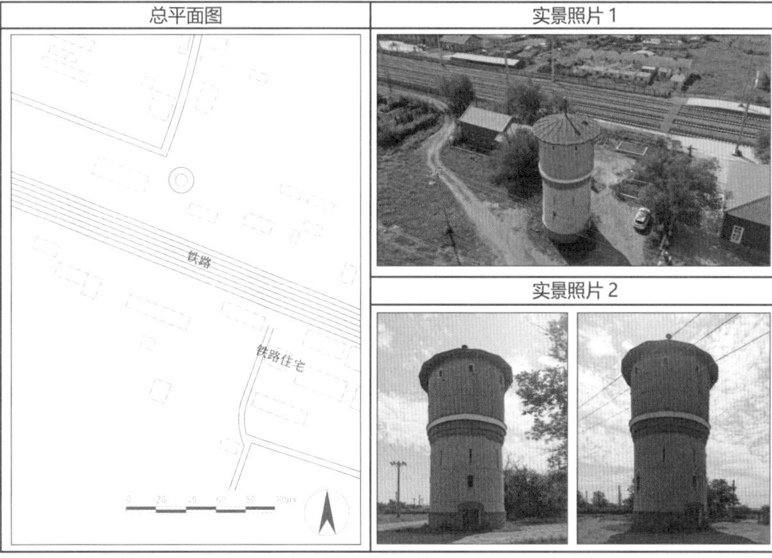

车站通讯机械室

历史建筑介绍:

车站通讯机械室位于呼伦贝尔市陈巴尔虎旗完工站，服务于车站的相关机械操作。建筑呈“一”字形布局，屋顶形式为双坡顶，建筑面积约72.2m^2。建筑外立面色彩丰富，外墙刷有红色的涂料，窗户周边有白色的装饰，屋顶颜色为灰色。该建筑从建成到现在共经历过两次外立面的粉刷，但主体结构保持着初建时的风貌，现阶段仍然处于使用状态。

历史建筑基本情况:

建筑层数	1 层
结构类型	砖混结构
建筑位置	陈巴尔虎旗完工站
建筑面积	72.2m^2
建设时间	近现代
历史建筑公布时间	2018 年 2 月 1 日

总平面图

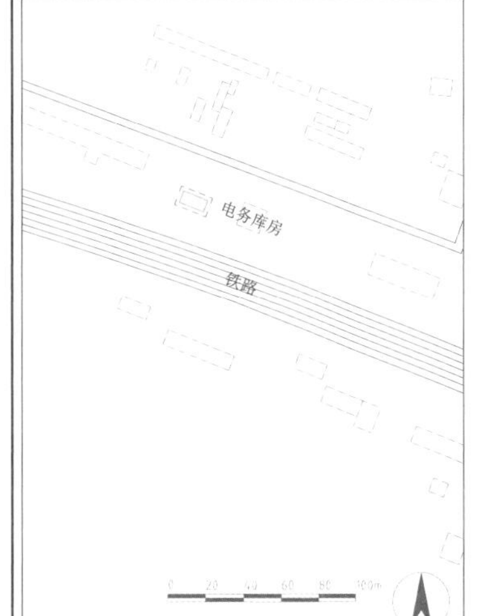

实景照片 1

实景照片 2

车站电务库房

历史建筑介绍：

该建筑位于呼伦贝尔市陈巴尔虎旗完工站，是中东铁路时期遗留下来的重要实物资料。建筑呈"一"字形布局，屋顶形式为双坡顶。外立面刷有红色的涂料，色彩鲜明。该建筑见证了中东铁路的多年来的发展，现阶段保存完好，仍然作为完工站的库房。

历史建筑基本情况：

建筑层数	1层
结构类型	砖混结构
建筑位置	陈巴尔虎旗完工站
建筑面积	110.6m²
建设时间	近现代
历史建筑公布时间	2018年2月1日

总平面图　实景照片1　实景照片2

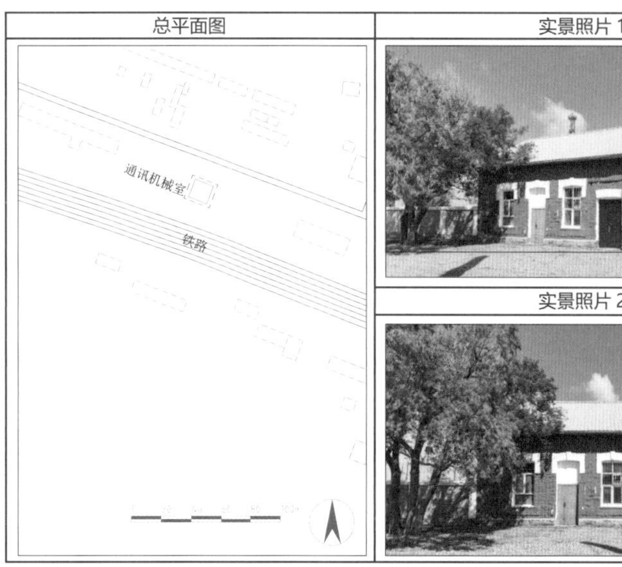

中东铁路住宅

历史建筑介绍：

该建筑位于呼伦贝尔市陈巴尔虎旗完工站，是中东铁路发展初期的职工住宅。建筑布局简单，呈"一"字形布局，屋顶形式为双坡顶，不同于周边砖木结构的建筑，外墙由石材砌成，且没有添加任何涂料，保留着石材原本的颜色。建筑立面上色彩丰富，石材的颜色与绿色的门扇以及白色的过梁形成了鲜明的对比，从而塑造了建筑丰富的立面造型。

历史建筑基本情况：

建筑层数	1层
结构类型	石砌结构
建筑位置	陈巴尔虎旗完工站
建筑面积	152.6m²
建设时间	近现代
历史建筑公布时间	2018年2月1日

总平面图

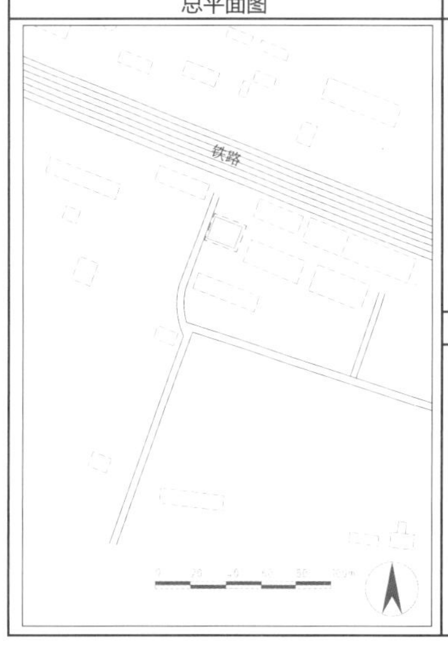

实景照片1

实景照片2

东宫中东铁路住宅

历史建筑介绍：

该建筑位于呼伦贝尔市陈巴尔虎旗东宫站，是中东铁路发展初期的职工住宅。建筑呈"一"字形布局，屋顶形式为双坡顶，建筑层数为一层，建筑面积约169.5m²。该建筑与完工站中东铁路住宅属于同一时期的建筑，因此外立面同完工站住宅比较相似，外墙外露的石材使得建筑立面上的主色调偏暗，再在局部的构件上刷上偏亮的颜色，从而形成了强烈的色彩对比。

历史建筑基本情况：

建筑层数	1层
结构类型	石砌结构
建筑位置	陈巴尔虎旗东宫站
建筑面积	169.5m²
建设时间	近现代
历史建筑公布时间	2018年2月1日

总平面图

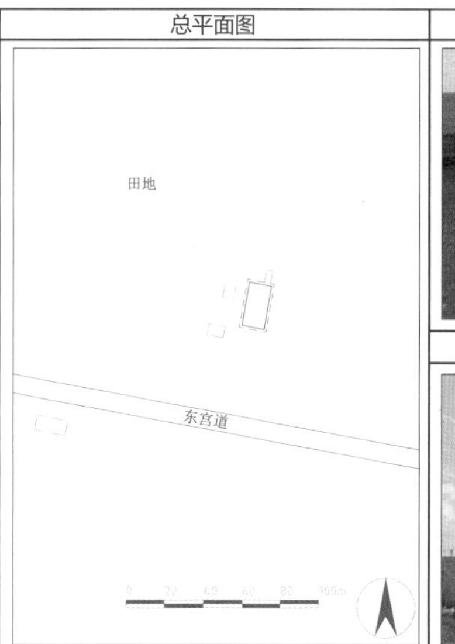

实景照片1

实景照片2

石头房

历史建筑介绍:

该建筑位于呼伦贝尔市陈巴尔虎旗赫尔洪德站，是中东铁路发展初期的职工住宅。建筑呈"一"字形布局，屋顶形式为双坡顶，建筑层数为一层，建筑面积约 55.2m²。建筑外墙由石材砌成，立面色调偏暗。该建筑由于破损比较严重，现阶段已经停止使用，仅有保留的一堵外墙以及建筑基础还有建筑初建时的风貌，其他部分均已毁坏。

历史建筑基本情况:

建筑层数	1 层
结构类型	石砌结构
建筑位置	陈巴尔虎旗赫尔洪德站
建筑面积	55.2m²
建设时间	近现代
历史建筑公布时间	2018 年 2 月 1 日

总平面图　实景照片 1　实景照片 2

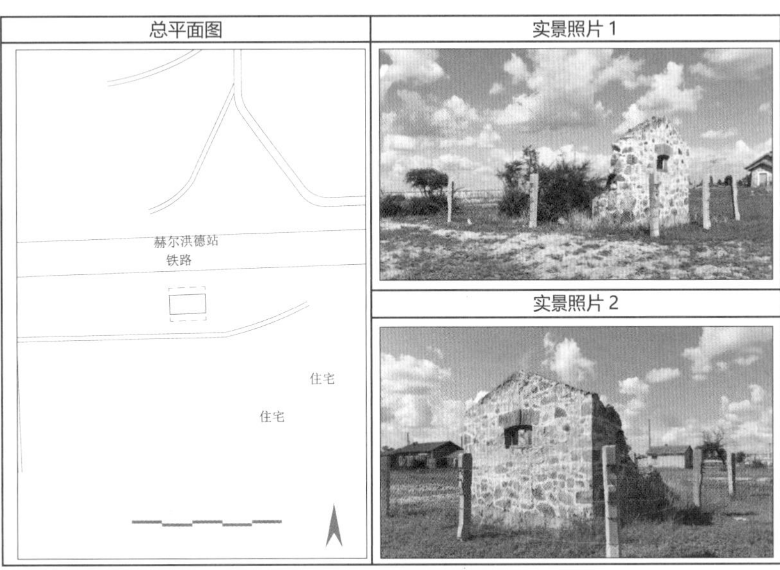

住宅

历史建筑介绍:

该建筑位于呼伦贝尔市赫尔洪德站，是中东铁路发展初期的职工住宅。建筑呈"一"字形布局，屋顶形式为双坡顶，主体结构为砖木结构，建筑面积约为 210.6m²。由于外立面以及屋顶破损严重，当地政府于 2016 年对建筑的立面进行了重新粉刷，并更换了屋顶的材料，但主体结构以及功能关系保存完好，现阶段作为车站的办公室使用。

历史建筑基本情况:

建筑层数	1 层
结构类型	砖混结构
建筑位置	陈巴尔虎旗赫尔洪德站
建筑面积	210.6m²
建设时间	近现代
历史建筑公布时间	2018 年 2 月 1 日

总平面图

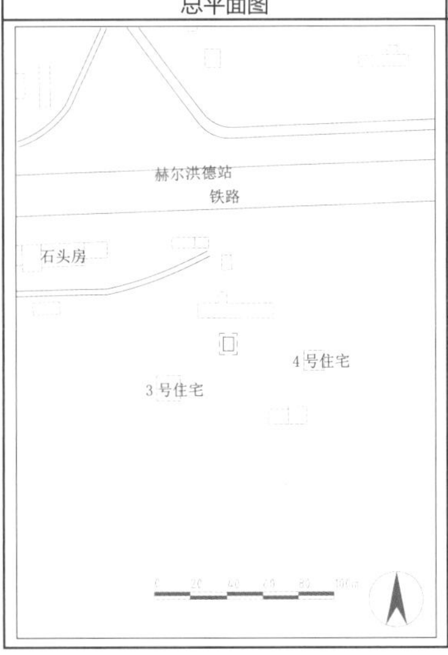

实景照片 1

实景照片 2

新世纪一道街 21 号木刻楞

历史建筑介绍:

建筑建于 1903 年，曾是中东铁路员工宿舍。1950 年成为换装所东吊车间办公室，1973 年为铁路换装所劳动服务公司，1996 年至今为满洲里铁路换装所职工之家。建筑外墙为深红色，蓝色铁皮屋顶。建筑选用粗松为基础，为了在墙体转角的地方不留瑕疵，包裹了一些漆木。在建筑的窗户、门上粘有装饰的木板，采用具有丰富优美线条的木雕作为装饰，彰显了俄式建筑的艺术成就。

历史建筑基本情况:

建筑层数	1 层
结构类型	木结构
建筑位置	新世纪社区西南 870m 一道街 21 号
建筑面积	200m²
建设时间	1903 年
历史建筑公布时间	2017 年 10 月 30 日

总平面图

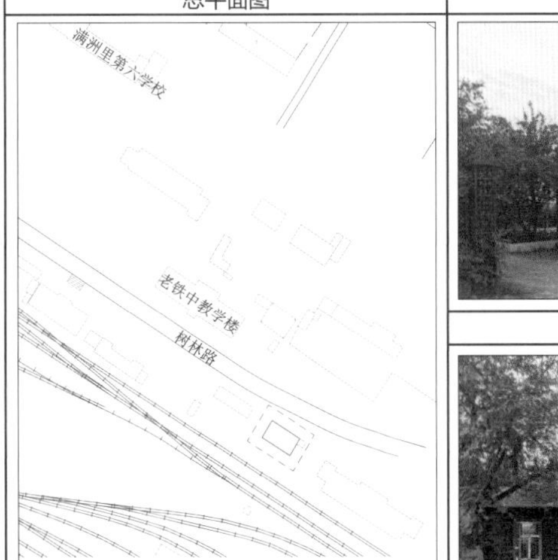

实景照片 1

实景照片 2

中东路机车修配车间旧址（东）

历史建筑介绍：

该建筑为典型俄式建筑，砖木结构，铁皮屋顶，建于 1907 年，为机车零部件的修理车间，建筑属铁路工业遗存，是满洲里城市发展历史研究，中东铁路历史研究，中俄早期贸易史研究、早期中国革命史研究、对外文化交流研究的重要实物资料。加之满洲里地处中、俄、蒙三国交界，外来文化的内涵十分丰富，地域风情独具特色；上述因素共同形成了满洲里独有的地域文化，而该建筑便作为文化的载体，现阶段依然保存完好。

历史建筑基本情况：

建筑层数	1 层
结构类型	砖木结构
建筑位置	文明社区南 545 米铁路西货场仓库
建筑面积	1081m²
建设时间	1907 年
历史建筑公布时间	2017 年 10 月 30 日

总平面图

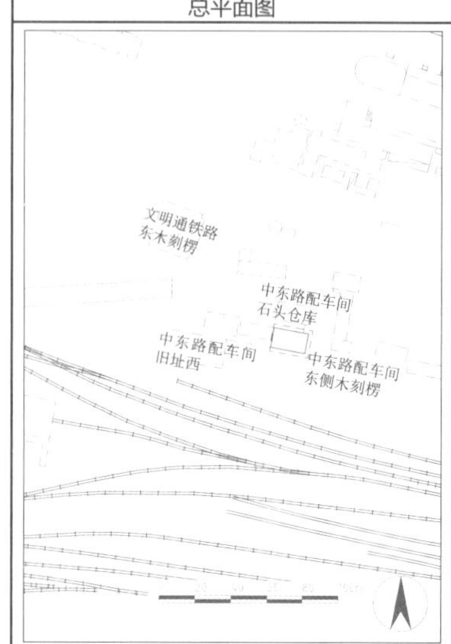

实景照片 1

实景照片 2

中东路机车修配车间旧址（西）

历史建筑介绍：

该建筑为典型俄式建筑，砖木结构，铁皮屋顶，建于 1907 年，为机车零部件的修理车间，建筑属铁路工业遗存，是满洲里城市发展历史研究，中东铁路历史研究，中俄早期贸易史研究、早期中国革命史研究、对外文化交流研究的重要实物资料。

历史建筑基本情况：

建筑层数	1 层
结构类型	砖木结构
建筑位置	文明社区南 545 米铁路西货场仓库
建筑面积	1081m²
建设时间	1907 年
历史建筑公布时间	2017 年 10 月 30 日

总平面图

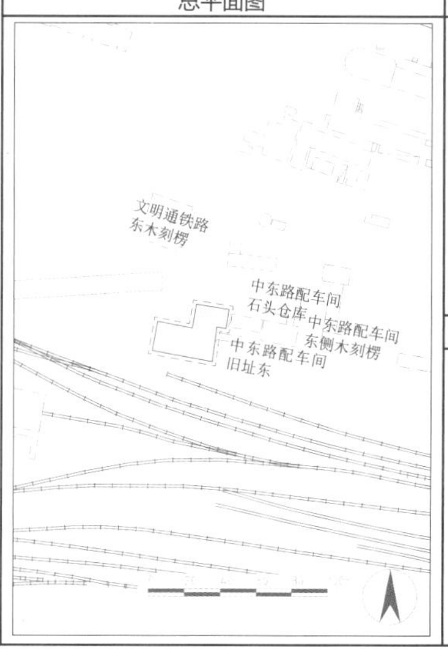

实景照片 1

实景照片 2

云杉二道街北 390 号木刻楞

历史建筑介绍：

该建筑为典型俄式木刻楞建筑，砖瓦屋顶。建筑建于 1903 年，曾为中东铁路高级职员寓所，新中国成立后一直为铁路职工住宅。建筑以其特殊的美学价值得名，表现了沙俄时期的历史变化，具有连续性、整体性，表现出建筑应有的场所感，沉淀着深厚的历史文化内涵。该建筑现阶段作为居民的居住地。

历史建筑基本情况：

建筑层数	1 层
结构类型	木结构
建筑位置	南区二道街路北 390 号
建筑面积	174m²
建设时间	1903 年
历史建筑公布时间	2017 年 10 月 30 日

总平面图

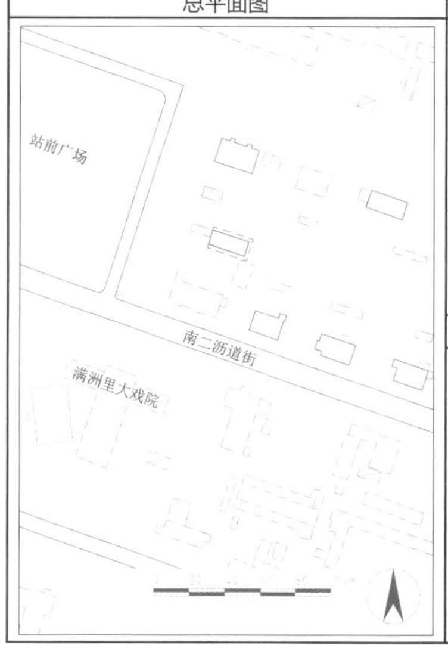

实景照片 1

实景照片 2

铁路西货场材料仓库旧址

历史建筑介绍：

该建筑为典型的俄式石头房建筑。1901 年作为中东铁路材料仓库，1953 年为满洲里西粮库，20 世纪 70 年代为新巴尔虎右旗储备粮库，20 世纪 80 年代为满洲里市建材公司仓库，20 世纪 90 年代为铁路西货场仓库，现已废弃。建筑记载着沙俄、军阀等历史时期，见证了中国近代百年的发展历程，是满洲里城市发展历史研究，中东铁路历史研究，中俄早期贸易史研究、早期中国革命史研究、对外文化交流研究的重要实物资料。

历史建筑基本情况：

建筑层数	1 层
结构类型	石砌结构
建筑位置	北区文明社区南 500m 文明路南铁路西货场院内
建筑面积	380m²
建设时间	1901 年
历史建筑公布时间	2017 年 10 月 30 日

总平面图

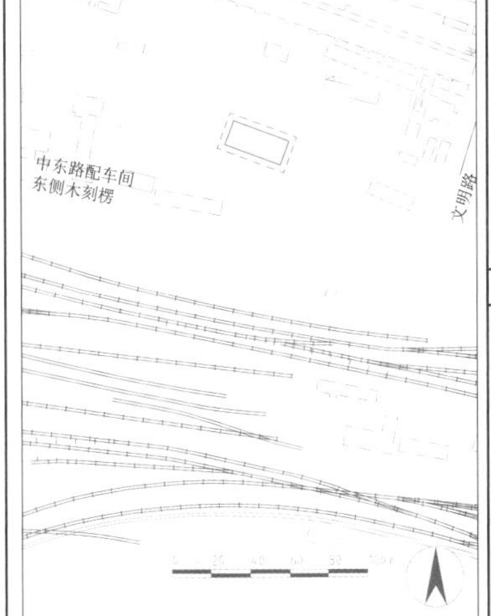

实景照片 1

实景照片 2

中东路修配车间石头仓库

历史建筑介绍：

该建筑为典型俄式石头建筑，外墙不用色，保持石头原色，用水泥勾缝。建筑以其特殊的美学价值得名，表现了沙俄时期的历史变化，具有连续性、整体性。厚厚的石头墙体，木制的门窗，以最为朴实的原生态形式向人们展示着俄罗斯建筑坚实耐用的悠远古味，成为满洲里别样的风景。充分体现了当时俄国极高的建筑艺术造诣，具有很大的历史文化价值。

历史建筑基本情况：

建筑层数	1 层
结构类型	石砌结构
建筑位置	北区街道办事处文明社区文明路南铁路西货场院外南部
建筑面积	188m²
建设时间	1907 年
历史建筑公布时间	2017 年 10 月 30 日

总平面图

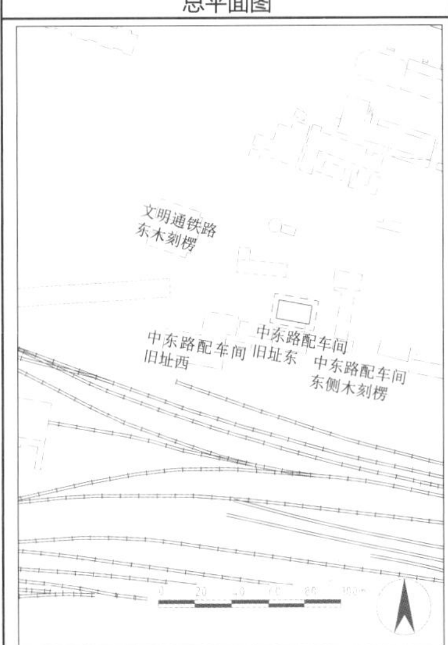

实景照片 1

实景照片 2

中东路修配车间东侧木刻楞

历史建筑介绍：

该建筑为典型俄式建筑，木结构。建筑的窗户、门上粘有装饰的木板，木板上雕刻着各种精美的图案和纹理。这一类建筑带有浓郁的历史氛围，不仅是中东铁路历史发展的见证，也承载了满洲里当地几代人的精神记忆，独特的建筑形式和历史文化丰富了人们对于家乡的情感和归属感，成为不可替代、不可复制的宝贵财富，是满洲里城市的名片。

历史建筑基本情况：

建筑层数	1 层
结构类型	砖木结构
建筑位置	杉社区西北 1500m 铁路西货场西侧
建筑面积	68m²
建设时间	1907 年
历史建筑公布时间	2017 年 10 月 30 日

总平面图

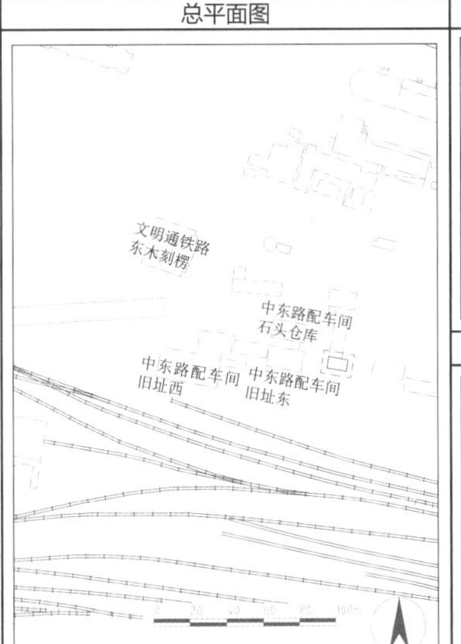

实景照片 1

实景照片 2

云杉一道 36 号石头房

历史建筑介绍:

该建筑为典型俄式石头建筑，厚厚的石砌墙体，木制的门窗，以最为朴实的原生态形式，向人们展示着俄罗斯建筑坚实耐用的悠远古味，成为满洲里别样的风景。俄式石头房建筑是满洲里城市发展历史研究、中东铁路历史研究、中俄早期贸易史研究、早期中国革命史研究、对外文化交流研究的重要实物资料。

历史建筑基本情况:

建筑层数	1 层
结构类型	石砌结构
建筑位置	云杉社区一道街 36 号
建筑面积	162m²
建设时间	1901 年
历史建筑公布时间	2017 年 10 月 30 日

总平面图

康馨家园

云杉社区

南三道街

实景照片 1

实景照片 2

文明通铁路东木刻楞

历史建筑介绍:

该建筑为典型俄式木刻楞建筑，建筑主体呈“U”形，深红色铁皮屋顶，建于 1903 年，东、西长约 26m。中东路时期曾为铁路工务段寻道工人宿舍，新中国成立后为铁路员工住宅，现已闲置。该建筑是满洲里地域文化的重要载体。中东铁路是俄罗斯人建造的，目的是建立殖民地，最初的建设成就带有浓郁的俄罗斯文化。

历史建筑基本情况:

建筑层数	1 层
结构类型	木结构
建筑位置	文明社区南 500 米通铁路东
建筑面积	509m²
建设时间	1903 年
历史建筑公布时间	2017 年 10 月 30 日

总平面图

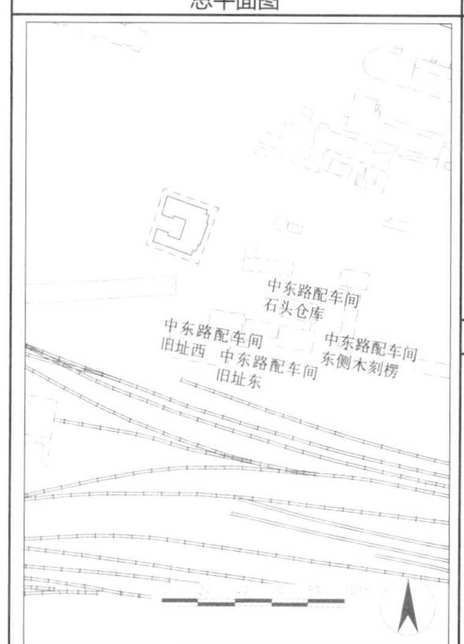

实景照片 1

实景照片 2

牙克石市博克图镇俄式木刻楞

历史建筑介绍：

木刻楞民居建筑群位于牙克石市博克图镇，被称之为彩色立体雕塑，是典型的俄式风格建筑，在中东铁路沿线地区比较常见。该地区现存木刻楞数量有27座，全部处于使用状态，27座木刻楞全部始建于20世纪初期，到现在仍然保存完好，为当地居民提供了居住场所。

木刻楞有一层或两层，一般带地下室，底层地板离地面较高，屋顶为木板，有双坡顶和四坡顶两类，为便于扫雪，屋顶起坡较大。内部空间简单，但保暖性能良好，中央设有俄式炉灶。这类建筑主要是用木头和手斧建造而成的，有棱有角，规范整齐，因此得名"木刻楞"。木刻楞墙体的安装快捷方便，且内外墙均无须装修，木材的自然花纹美观大方，形成天然的装饰。另外，木材抗震抗风，稳定性极佳，不易断裂，这也是这些木刻楞保留至今的必要条件。木刻楞加工时选用圆形实木开槽，具体流程为：选材、锯切、分段。开槽后还要经过打孔、卡扣等过程，再进行砌筑，圆木在墙角相互咬榫，体现了传统的结构美学。

现阶段这些木刻楞整体保存情况较好，仍然以它精美的建造工艺向人们诉说着百年以前的民间智慧。

历史建筑基本情况：

建筑层数	1层
结构类型	木结构
建筑位置	牙克石市博克图镇
建筑面积	2460m²
建筑时间	20世纪初期
历史建筑公布时间	2014年6月29日

俄式木刻楞

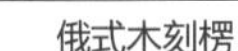

俄式木刻楞

俄式木刻楞

俄式木刻楞

俄式木刻楞

俄式木刻楞

牙克石市博克图镇俄式砖房

历史建筑介绍：

俄式砖房建筑群位于牙克石市博克图镇，是典型的俄罗斯风格建筑。这些俄式砖房始建于1898～1905年间，博克图地区现存26座，大部分都保存完好，并作为居民住宅继续使用。

该地区现存的俄式砖房分散在镇上的不同位置，建筑面积多在100～300m²之间，砖房内部空间布局简单，多为两间到三间，基本满足居民日常使用的要求。建筑外立面特征鲜明，外墙用红砖砌筑，再刷上黄色的涂料，门窗上的过梁有一定的弧度，厚度同外墙一致，与矩形的门窗边框形成曲直的对比，过梁上刷有白色的涂料，在色彩上与大面积的黄色外墙形成鲜明对比。立面上的装饰分为两种，少数的砖房上刻有砖雕，个性鲜明；多数的砖房以砖块拼成的图案作为装饰，既丰富了立面，又增强了建筑的厚重感，突出了北方严寒地区居住建筑的性格特征。

俄式砖房建筑群已经经历了百余年的历史，由于建筑年代久远，屋顶漏雨，居民们更换了屋顶的材料，但主体结构、外立面以及内部空间都保留着初建时的风貌，有很高的历史价值。

历史建筑基本情况：

建筑层数	1层
结构类型	砖砌结构
建筑位置	牙克石市博克图镇
建筑面积	2460m²
建筑时间	20世纪初期
历史建筑公布时间	2014年6月29日

俄式砖房

俄式砖房

俄式砖房

俄式砖房

俄式砖房

俄式砖房

11.4 兴安盟地区档案

乌兰浩特蒙古族小学

历史建筑介绍:

位于乌兰浩特市兴安北路 34 号，始建于 1932 年，是内蒙古自治区成立最早的民族学校之一。2013 年 7 月在自治区党委政府、盟委行署优先发展民族教育的政策落实下，搬迁到新校址。校园建筑以蒙古族特色为主，蒙元符号、蒙古包、苏力德、勒勒车等形成了浓厚的校园民族文化氛围，充分展示了民族建筑艺术特点。

历史建筑基本情况:

建筑层数	5 层
结构类型	砖混结构
建筑位置	乌兰浩特市兴安北路 34 号
建筑面积	20680m²
建设时间	1932 年
历史建筑公布时间	2016 年 3 月 1 日

总平面图

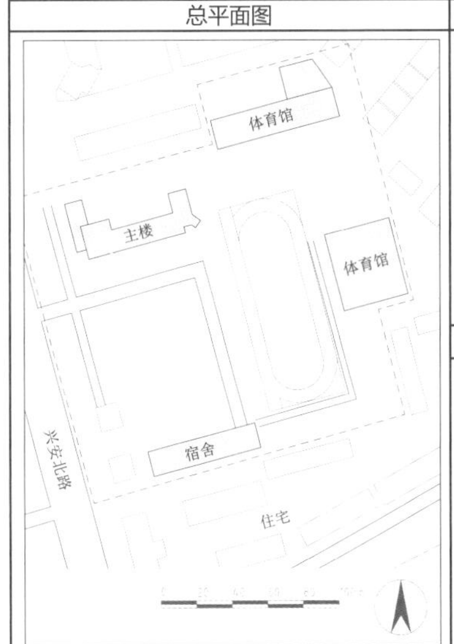

实景照片 1

实景照片 2

苏联红军烈士墓

历史建筑介绍:

苏联红军烈士墓及以纪念塔均位于索伦镇内，建于 1945 年 8 月。砖石结构，建筑面积 160m²，墓前墓碑高 10m，分三层。碑身底部四周边长为 3.5m，为水磨石面。墓内安葬着 450 名苏军烈士遗体。其中少将军长一名，墓碑上镶嵌着银色的苏联国徽及俄文碑文:“在这里安葬着为了苏联的荣誉和胜利在战斗中英勇牺牲的烈士们；为了苏联的荣誉和胜利在战斗中牺牲的英雄们永垂不朽！”

历史建筑基本情况:

建筑层数	—
结构类型	—
建筑位置	科右前旗索伦镇联兴村
建筑面积	160m²
建设时间	1945 年
历史建筑公布时间	2017 年 6 月 23 日

总平面图

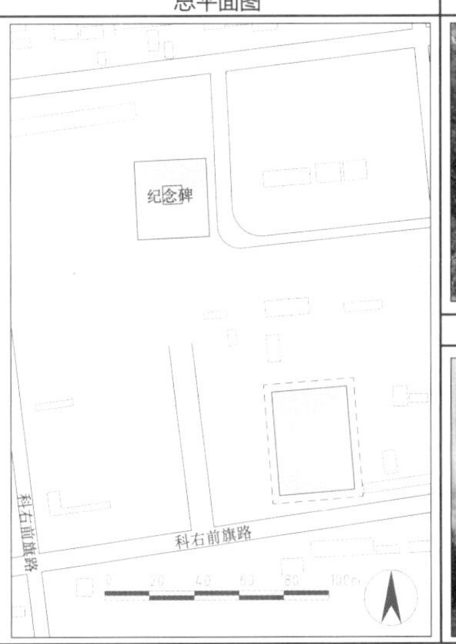

实景照片 1

实景照片 2

索伦水塔

历史建筑介绍:

索伦水塔建于 1950 年 4 月，位于索伦镇火车站站内，是火车站的附属设施之一。各机务段、机务折返段也都设置了水塔，保障机车和生活用水。这些老水塔大都经历了半个多世纪、甚至百年的风风雨雨，见证了百年中国铁路的发展变化。它目睹过喷云吐雾的蒸汽机车、力量无比的内燃机车、快速静音的电力机车，以及流线型的动车组。

历史建筑基本情况:

建筑层数	—
结构类型	—
建筑位置	科右前旗索伦镇联合村
建筑面积	120m²
建设时间	1950 年
历史建筑公布时间	2017 年 6 月 23 日

总平面图

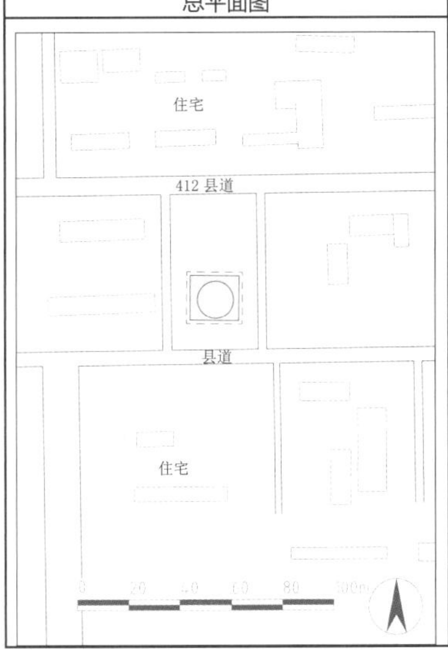

实景照片 1

实景照片 2

宿舍

历史建筑介绍：

贮木场宿舍位于阿尔山贮木场院内，建设于 20 世纪 60 年代，建筑结构为砖混结构，平房。曾用于林业生产加工，目前无人使用。它见证了 20 世纪 70 ~ 80 年代林业由手工作业到机械化的快速发展历程，也见证了 20 世纪 90 年代以后由林木采伐量的大量减少对林业发展带来的影响，在林业发展史、阿尔山市发展和建设史上具有重要的意义。

历史建筑基本情况：

建筑层数	1 层
结构类型	砖混结构
建筑位置	阿尔山市新城街贮木场
建筑面积	481m²
建设时间	20 世纪 60 年代
历史建筑公布时间	2017 年 6 月 8 日

总平面图

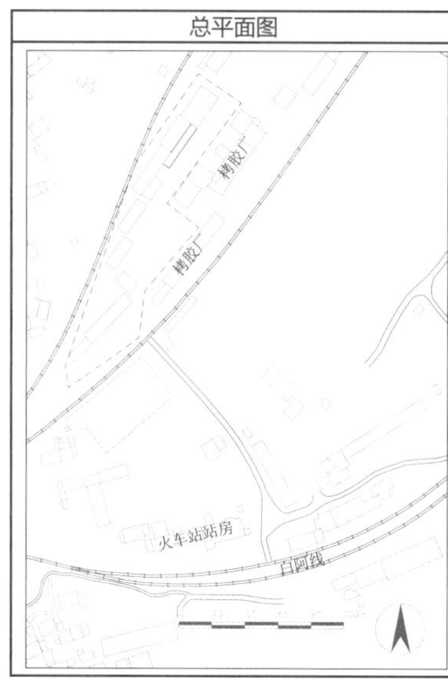

实景照片 1

实景照片 2

栲胶厂

历史建筑介绍：

栲胶厂位于阿尔山贮木场院内，建设于 20 世纪 60 年代，建筑结构为框架结构，目前无人使用。 栲胶厂的建设，将原始的原木生产为主产品、生产方式为原始手工作业转变为采集、装运全部机械化流水作业，由单一的原木生产，改为原木，原条生产相结合方式，是林业发展史上的一个历史性的转折点和突破点，在林业发展史、阿尔山市发展和建设史上具有重要意义。

历史建筑基本情况：

建筑层数	3 层
结构类型	框架结构
建筑位置	阿尔山市新城街贮木场
建筑面积	1554m²
建设时间	20 世纪 60 年代
历史建筑公布时间	2017 年 6 月 8 日

总平面图

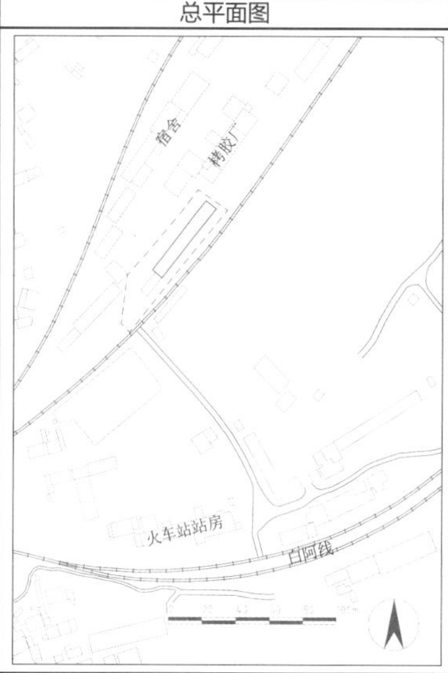

实景照片 1

实景照片 2

火车站站房

历史建筑介绍：

火车站站房位于阿尔山贮木场院内，建设于 20 世纪 60 年代，建筑结构为砖混结构，目前仍在使用。它见证了 20 世纪 70 ~ 80 年代林业由手工作业到机械化的快速发展历程，也见证了 20 世纪 90 年代以后由林木采伐量的大量减少对林业发展带来的影响，在林业发展史、阿尔山市发展和建设史上具有重要意义。

历史建筑基本情况：

建筑层数	1 层
结构类型	砖混结构
建筑位置	阿尔山市新城街贮木场
建筑面积	830m²
建设时间	20 世纪 60 年代
历史建筑公布时间	2017 年 6 月 8 日

总平面图

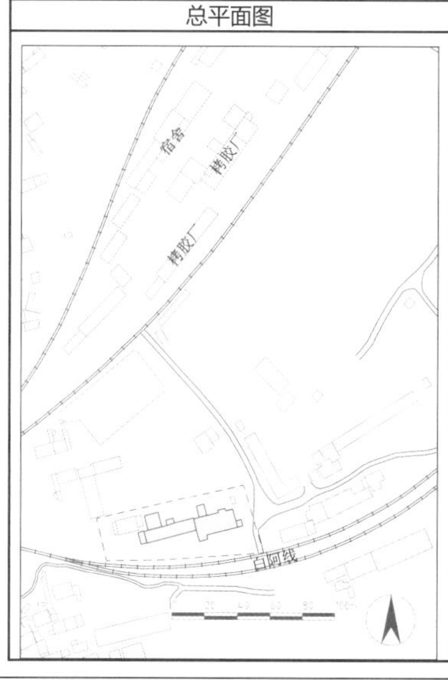

实景照片 1

实景照片 2

索伦大桥

历史建筑介绍：

从清朝开始，索伦镇一直隶属于黑龙江省，1932 年沦为"伪满洲国"所统治，民国 21 年，改为索伦县，划入兴安省。伪满政府为了掠夺东北区自然资源，1935 年在索伦洮儿河河上修建索伦大桥，1937 年秋建成，全桥长 131m，桥面宽 4.5m，由 8 对混凝土桥墩支撑。1945 年 8 月，苏联红军沿白阿铁路攻打关东军时，日伪军企图炸毁索伦大桥，所幸只有桥南端一对桥墩被毁，桥面损毁 20 余米。中华人民共和国成立后，在 1971 年，索伦大桥南端重新修建完成并通车。

历史建筑基本情况：

建筑层数	—
结构类型	—
建筑位置	科右前旗索伦镇联胜村
建筑面积	$120m^2$
建设时间	1940 年
历史建筑公布时间	2017 年 6 月 23 日

总平面图

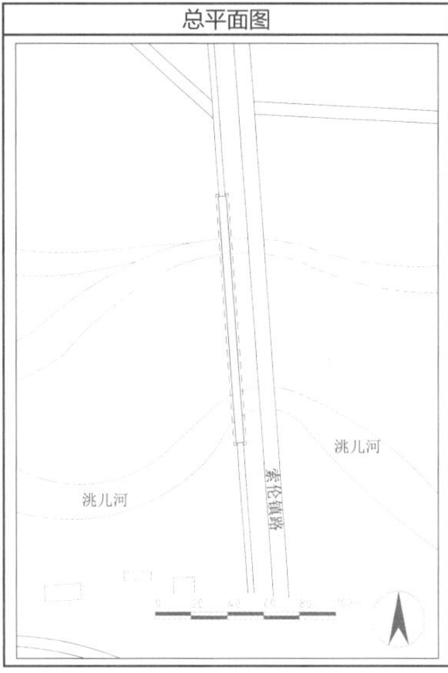

实景照片 1

实景照片 2

碉堡

历史建筑介绍：

铁路碉堡位于白阿铁路小靠山段铁路东侧，距今已有 80 余年的历史，是日本侵华期间为掠夺资源而修建的。这是该地区仅存的一处日本侵华时所修的铁路碉堡，十分坚固，现今仍保存完好。高约 8m，直径约 5m，底层四周有 $50cm^2$ 左右的方形射击孔，射击孔四周嵌有铁板。此建筑是日本侵华的有力证据。

历史建筑基本情况：

建筑层数	—
结构类型	—
建筑位置	科右前旗居力很镇靠山村
建筑面积	$200m^2$
建设时间	1935 年
历史建筑公布时间	2017 年 6 月 23 日

总平面图

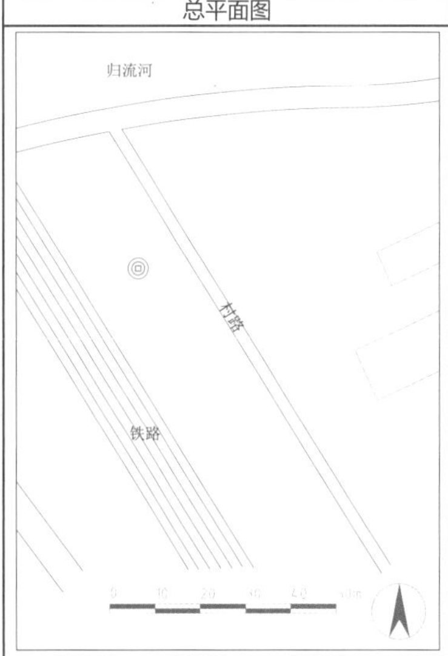

实景照片 1

实景照片 2

橡胶厂

历史建筑介绍：

栲胶厂位于阿尔山贮木场院内，建设于 20 世纪 60 年代，建筑结构为砖混结构，主体二层，局部四层，目前无人使用。栲胶厂的建设，将原始的原木生产为主产品、生产方式为原始手工作业转变为采集、装运全部机械化流水作业，由单一的原木生产，改为原木，原条生产相结合方式，是林业发展史上的一个历史性的转折点和突破点，在林业发展史、阿尔山市发展和建设上具有重要意义。

历史建筑基本情况：

建筑层数	1 层
结构类型	砖混结构
建筑位置	阿尔山市新城街贮木场
建筑面积	$2502m^2$
建设时间	20 世纪 60 年代
历史建筑公布时间	2017 年 6 月 8 日

总平面图

实景照片 1

实景照片 2

后记

说两则故事：

2019年9月25日，王卓男老师在朋友圈发布了一条动态，题目为：求救！全国首批“传统村落”、第六批“中国历史文化名镇”的隆盛庄，建筑命运是这样发展的！！！仅仅一年多的时间……下面的配图是大东街36号门楼、公义巷8号西厢房和粮库前后一年多的照片对比，有些破坏是因年久失修而自然塌陷，而有些破坏则完全是故意为之。对比之下，建筑的破坏程度简直惨不忍睹。隆盛庄是王卓男老师研究多年的一处古村落，也是这批次内蒙古历史建筑中价值含量最高的案例之一。虽然于我来说，远不及王卓男老师对这片古村落熟悉与亲密，但惋惜之痛依然异常的强烈。

这让我想起前不久和张小东老师的一次交流，张小东是内蒙古一名资深的古建筑专家，当时我正沉浸于本书的写作，正好抓住机会请教一下。当问及历史建筑保护制度的问题时，张小东老师愤愤地说：“没用！”，看我疑惑，接着他说：“文物建筑都能拆！就一晚上，你能抓住？抓住了，你又真能把他咋的？”我竟无言以对……

这本书就是在不断听到这样一些事情的过程中写完的，给这本书的诞生早早地渲染了一片悲观的色彩。

作为高校教师，我的研究方向更多侧重于建筑创作方向，对于建筑历史方面并没有过多系统性的研究，之所以写这本书，是因为在设计院的工作中，不断地接受到与之相关的旧建筑改造设计任务和历史建筑普查任务，多年的积淀，无意中竟形成了一套较为完整的一手资料。虽然如此，仍没想过要出版一本书，主要原因，还是源于对相关研究的不自信，总觉得还要更成熟一些再说，但在张鹏举老师的鼓动下，犹犹豫豫，还是下决心出版了。

有了王卓男老师和张小东老师的故事，回头再想，觉得早早出这本书还是做对了，只是目标没有一开始那般理想了，也不再纠结于研究是否学术，只求能够客观地、准确地把内蒙古历史建筑的现状信息呈现出来、留存下去！作为一个个体行为，能力范围所能做的，也许也就够了。这样来解释，会让自己更加舒服些……

说一些积极的事情：

本书的写作经费远比想象中的要多，内蒙古一大圈跑下来，经费就已经捉襟见肘了，困难之际，传来了好消息，在张鹏举老师的协调下，内蒙古工业大学校方和建筑学院院方愿意各支持本书 1/3 的出版经费，同时，中国建筑工业出版社也给予了本书最大限度的出版支持，大大减轻了本书后期的经费压力。

还有，张鹏举老师答应了为本书亲自作序！

这些事情又让我开始浮想联翩：这本书的意义难道比我想的要复杂？

也许：

也许有人正做着和我一样的事情，不是一个两个，是一群两群，是好几群……

也许这些人的研究工作能够得到政府更多的支持……

也许我们的历史建筑能够等到有效保护利用的那一天……

也许社会能够自觉地关爱我们的历史建筑遗产……

让我们祝福历史建筑！祝这样的事情早日成真！

贺龙

2019 年国庆节前夕

图书在版编目（CIP）数据

内蒙古历史建筑/贺龙编著.—北京：中国建筑工业出版社，2019.11
ISBN 978-7-112-19403-2

Ⅰ.①内… Ⅱ.①贺… Ⅲ.①古建筑-保护-研究-内蒙古 Ⅳ.①TU-87

中国版本图书馆CIP数据核字(2019)第273380号

内蒙古历史建筑以内蒙古地区历史建筑普查为基础，对内蒙古地区的历史建筑进行了整理分类，以地区为单位对内蒙古的历史建筑进行系统的介绍，并提取不同地区的历史建筑风貌特征和历史价值。同时，对历史建筑的保护和利用提出相应的方法，对内蒙古地区历史建筑的保护与利用具有一定的指导意义。本书适用于建筑学相关专业的从业者、在校师生、建筑领域政府工作者以及相关爱好者阅读。

文字编辑：李东禧
责任编辑：唐 旭 张 华
责任校对：李美娜

内蒙古历史建筑
贺龙 编著
*
中国建筑工业出版社出版、发行（北京海淀三里河路9号）
各地新华书店、建筑书店经销
天津图文方嘉印刷有限公司印刷
*
开本：880×1230毫米 1/16 印张：20¾ 字数：612千字
2019年11月第一版 2019年11月第一次印刷
定价：198.00元
ISBN 978-7-112-19403-2
（35047）